智能制造工程专业联盟系列教材

知识工程及应用

智能制造工程专业联盟　组　编

卞永明　刘海江　总主编

主　编　刘雪梅

副主编　陆剑峰

参　编　张文娟　朱文博

机械工业出版社

CHINA MACHINE PRESS

本书从知识系统构建的支撑技术和制造企业的实际应用出发，系统地介绍了知识工程的概念、方法和应用。

全书共 7 章，重点介绍了知识获取、知识表示、知识推理及知识管理，在此基础上，针对制造企业知识工程实施方法、工具展开了介绍，最后介绍了知识系统的结构、开发，以及知识工程技术在机械制造领域的应用。本书结合知识工程技术在制造业的应用案例进行分析，具有易懂和实用等特点。

本书可作为高等院校智能制造工程及其相关专业方向本科学生的教材，也可供从事智能制造相关工作的工程技术人员和科研人员阅读参考。

图书在版编目（CIP）数据

知识工程及应用／刘雪梅主编. -- 北京：机械工业出版社，2024. 9. --（智能制造工程专业联盟系列教材）. -- ISBN 978-7-111-76810-4

Ⅰ. TP182

中国国家版本馆 CIP 数据核字第 2024FQ8443 号

机械工业出版社（北京市百万庄大街 22 号　邮政编码 100037）
策划编辑：王勇哲　　　　　　责任编辑：王勇哲
责任校对：樊钟英　李　婷　　封面设计：张　静
责任印制：任维东
河北鹏盛贤印刷有限公司印刷
2025 年 6 月第 1 版第 1 次印刷
184mm×260mm · 14.75 印张 · 359 千字
标准书号：ISBN 978-7-111-76810-4
定价：49.80 元

电话服务　　　　　　　　　　网络服务
客服电话：010-88361066　　机　工　官　网：www.cmpbook.com
　　　　　010-88379833　　机　工　官　博：weibo.com/cmp1952
　　　　　010-68326294　　金　书　网：www.golden-book.com
封底无防伪标均为盗版　机工教育服务网：www.cmpedu.com

制造业是国民经济的支柱产业，随着新一代人工智能技术的发展，以智能制造为核心的新一轮工业革命席卷全球，制造活动正在从"信息化"为主过渡、转变为"知识化"为主。在此背景下，为了能在新一轮工业革命中占有主导地位，世界各国都把发展智能制造作为主攻方向。智能制造即把人的智能从隐性知识提炼为显性知识，进行模型化、算法化处理，再把各种模型化的知识嵌入物理设备中，由此而赋予机器一定的自主能力，让机器具有一定程度的"智能"。

知识是实现智能的基础，更是创新的基石。知识工程是伴随着人工智能发展而兴起的一门学科，它将具体智能系统研究中共同的基本问题提炼出来，使之成为指导各类智能系统研制的一般方法和基本工具。在智能制造时代，亟须用知识工程这个特殊的手段做好武装，来达到制造核心能力的提升。目前，我国正在推进传统制造业向智能制造转型升级，人才短缺成为我国推进智能制造发展的瓶颈。为此，同济大学立足"新工科"培养理念，设置了智能制造工程专业，并大力开展了教材建设工作。本书为智能制造工程专业联盟系列教材之一。

本书系统地介绍了知识工程的概念、方法和应用。全书共 7 章，具体内容安排：第一章介绍知识工程的概念、发展历程、研究对象和研究领域；第二章至第五章介绍知识工程基本原理与支撑技术，包括知识获取、知识表示、知识推理、知识管理；第六、七章主要介绍知识工程的应用，包括制造企业知识工程实施方法、专家系统的结构与开发方法及知识工程技术在机械制造领域的应用。本书以掌握知识工程基本原理与支撑技术为目标，结合知识工程在制造企业的应用案例进行分析，使学生在经过系统完整的学习后，对知识工程理论、方法及其在智能制造中的应用有一个总体的了解与把握，初步具备在制造企业实施知识工程的能力。

本书根据教育部新工科专业"智能制造工程"的建设要求进行编写，可作为高等院校智能制造工程及其相关专业方向本科学生的教材，也可供从事智能制造相关工作的工程技术人员和科研人员阅读参考。

本书的编写由机械工程、系统工程、工业工程等多个专业的教师共同参与。其中，同济大学刘雪梅教授任主编，同济大学陆剑峰副教授任副主编，同济大学张文娟副研究员、上海理工大学朱文博副教授参编。具体分工：刘雪梅主要负责第一章，第六章第五、六节，以及第七章的编写；陆剑峰主要负责第四章、第五章的编写；张文娟主要负责第二章、第六章第一至四节的编写；朱文博主要负责第三章的编写。

  编者在本书编写过程中参考了国内外相关专家学者和高校教师的论著等，在此一并表示感谢。

  由于编者水平有限，编写时间仓促，本书疏漏、错误之处在所难免，欢迎使用本书的师生和其他广大读者批评指正。

编　者

CONTENTS

目 录

第一章 绪论

第一节 知识及其演进

一、知识的定义

21 世纪，世界经济告别资源经济，踏上了知识经济的征途，知识成为比资源、资本、劳动力和技术更重要的经济因素。知识是人类世界特有的概念，是人类对于客观世界的一种较为准确、全面的认识和理解。知识，简单来说就是经验的固化，是人们在实践中获得的认识和经验的总结，是从感性认识上升为理性认识的高级思维劳动过程的结晶，是经过整理、易于理解和结构化的信息。知识是客观世界的主观映象，它以高度概括的形式揭示研究对象的属性和相互关系，用来解决实际问题和从事创造活动。然而对知识，迄今为止没有统一而准确的定义，《现代汉语词典》中的解释为"知识是人们在改造世界的实践中所获得的认识和经验的总和"，《韦伯斯特词典》中的解释为"知识是通过实践、研究、联系或调查获得的关于事物的事实和状态的认识，是对科学、艺术或技术的理解，是人类获得的关于真理和原理的认识的总和"。从总体来看，对知识的定义的深度和广度也各不相同，它是一种可以指导人做事的、结构化的信息。从广义上讲，知识是人类积累的关于自然和社会的认识和经验的总和；从狭义上讲，知识是关于自然和社会的运动规律、原理方面的理论体系。

长期以来，知识在哲学、教育学研究中经常被涉及。哲学认识论强调知识是客观世界的主体反映。我国教育类辞书中流行的对于知识的定义：知识是对事物属性与联系的认识，表现为对事物的知觉、表象、概念、法则等心理形式。在《中国大百科全书·教育》中的"知识"条目的表述为"所谓知识，就它反映的内容而言，是客观事物的属性与联系的反映，是客观世界在人脑中的主观映象。就它的反映活动形式而言，有时表现为主体对事物的感性知觉或表象，属于感性知识，有时表现为关于事物的概念或规律，属于理性知识"。从这一定义中可以看出，知识来源于外部世界，所以知识是客观的；但是知识本身并不是客观现实，而是事物的特征与联系在人脑中的反映，是客观事物的一种主观表征，知识是在主客体相互作用的基础上，通过人脑的反映活动而产生的，是主客体相互统一的产物。教育学认为知识属于人的认识范畴，是人们在社会实践中形成并得到检验的。

现代认知心理学兴起以后，知识成了心理学的一个重要概念。与哲学不同，心理学认为：知识是存在于人的大脑皮层中有组织地呈现的东西，是信息在记忆中的存储、整合和组织。知识是经过组织的信息，是结构化信息网络或系统的一部分。认知主义和当代信息加工心理学认为，知识是主体与其环境相互作用获得的、储备在长时记忆中的关于各种事物的特性与关系，以及个体自身如何完成各项任务和解决各项问题的信息及其组织。经验知识来源于个体与环境的交互作用，这种经验分为两类：一类是物理经验，来自外部世界，是个体作用于客体而获得的关于客观事物及其联系的认识；另一类是逻辑，即数学经验，来自于主体的动作，是个体理解动作与动作之间相互协调的结果。

人工智能的任务之一是让机器或计算机拥有知识，并且记忆或存储知识。在人工智能领域，知识是经过消减、塑造、解释和转换的信息，是信息接收者通过对信息的提炼和推理而获得的正确结论，由特定领域的描述、关系和过程组成，知识的表现形式是符号。图书馆学认为：知识不仅存在于人的大脑之中，还存在于书籍、地图、磁带等不断更新的载体之中。知识是某种论域的某些方面的符号表达，所谓知识是某种论域的某些方面的一种模型。

从知识的构成角度来讲，所谓知识是一种有价值的智能结晶，可以通过信息、经验心得、抽象的概念、标准作业程序、系统化的文件、具体的技术等方式呈现。知识呈现的形式虽然有很多种，但在本质上都必须具备创造附加价值的效果，否则就不能称为知识。因此引进、学习、扩散、创新知识，一直都是人类社会发展的特征，也是驱动社会进步的主要力量。

二、从数据、信息到知识、智能、智慧

知识是人类对客观世界的认识，人对世界的认识是由表及里、由此及彼地进行的。这个认识过程是一个从低级到高级不断发展的过程。目前大多数学者将人类思想的内容分为三类，即数据、信息和知识。

1. 数据（Data）

数据是世界的度量和表示，是外部世界中客观事物的符号记录，一般指没有特定时间、空间背景和意义的数字、文字、图像或声音等。外部客观世界中的原始资料可称为数据，其存在不依赖于人类对它是否认知。数据反映了客观事物的某种运动状态，可定义为有意义的实体，它涉及事物的存在形式。数据是关于事件的一组离散的客观的事实描述，是记录信息的符号，是信息的载体和表示，是构成信息和知识的原始材料。比如，"100"是一个数据，它可能表示"100元钱"，也可能表示"100个人"，若对于学生的考试成绩来说，则也可以表示"100分"。又比如，在生产过程中，由传感器获得的某个变量的测量值也是数据。

2. 信息（Information）

数据的关联将产生信息，信息是对数据赋予含义而生成的，是具有特定含义的彼此有关联的数据。信息来源于数据并高于数据。以数学的观点来看，信息是用来消除不确定的一个物理量。观点、定义、描述、术语、参数等都可以看作信息。信息是数据载荷的内容，是对数据的解释，是数据在特定场合下的具体含义。人们对信息的接收始于对数据的接收，对信息的获取只能通过对数据背景和规则的解读。背景是接收者针对特定数据的信息准备，即当接收者了解物理符号序列的规律，并知道每个符号或符号组合公认的指向性目标或含义时，便可以获取一组数据载荷的信息，亦即数据转化为信息。对于同一信息，其数据表现形式可

以多种多样。比如，为了告诉某人某事，可以打电话（利用语言符号），也可以写信（利用文字符号），或者画一幅图（利用图像符号）。信息有各种类型，如结构化信息和功能性信息，以及主观信息和客观信息等。

3. 知识（Knowledge）

信息的关联将产生知识，知识是对信息进行加工而形成的，是结构化、具有指导意义的信息。人们头脑中数据与信息、信息与信息在行动中的应用之间所建立的有意义的联系，体现了知识的本质、原则和经验。知识是信息经过加工整理、解释、挑选和改造而形成的，因此可分为加工的知识、过程性知识、命题型知识等多个类别。知识是信息接收者通过对信息的提炼和推理而获得的认识，是人类通过信息对事物运动规律的把握，是人的大脑通过思维重新组合、系统化的信息集合。例如，当我们知道零件加工过程的质量报表这个信息之后，分析出零件加工过程是否稳定、是否存在系统误差，这就是我们得到的知识。以数学的观点来看，知识是用来消除信息的无结构性的一个物理量。根据成熟度可将知识划分为认知、经验知识、规范知识、常识等。

要传输知识，传输者首先要将头脑中的知识转化为数据，使之成为按一定的规则排列组合的物理符号，再通过一定渠道将数据传至接收者。接收者如果能够解读数据的背景与规则，则可以接收到相关的信息，然而最终能否获取传输者意欲传递的知识，还取决于接收者个人对信息的提炼与推理。只有当信息接收者接收到信息并能够从中提取关于事物运动的规律性认识和合理解释时，信息才转化为知识。

4. 智能/智慧（Intelligence/Wisdom）

智能是理解知识、应用知识处理问题的能力，表现在知识与知识的关联上，即运用已有的知识，针对物质世界发展过程中产生的问题，根据获得的知识和信息进行分析、对比，演绎出解决方案的能力。推理、学习和联想是智能的重要因素。智慧是智能的提升，是迅速、灵活、正确地理解和解决事务的能力，是由智力体系、知识体系、方法与技能体系、非智力体系、观念与思想体系、审美与评价体系等组成的复杂系统。不同于数据和信息是可以被量化的这一特点，从知识升级到智能、智慧，必须加入创新的意念。

5. 数据、信息、知识、智能、智慧的关系

数据、信息、知识、智能、智慧层级关系如图 1-1 所示，它们的价值与隐性及获取的困难程度的关系如图 1-2 所示。从数据、信息、知识到智能、智慧，是一个彼此关联的过程，

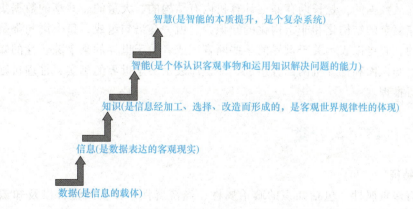

图 1-1　数据、信息、知识、智能、智慧层级关系

是一个不断重用和提炼的过程。数据在反复关联与使用中提升为信息，信息在反复关联与使用中转化为知识，而知识则进一步提炼、累积为智能、智慧，转化为个人、组织或企业的创新能力，沉淀为个人、组织或企业的智力资产。

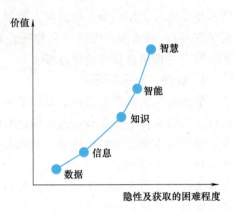

图1-2　数据、信息、知识、智能、智慧的价值与隐性及获取的困难程度的关系

下面以图1-3所示为例进行说明。数据（Data）=事实的记录，如超市的购买记录是数据。信息（Information）=数据+意义，如通过CD播放器购买记录数据分析，上季度CD播放器销售额比去年同期减少了25%。知识（Knowledge）=信息+关联，通过信息关联发现，购买了CD播放器，也会同时购买CD。智能（Intelligence）=信息+理解（Understanding）与推理（Reasoning），如CD播放器的销售会提高CD的销量；又如分析CD播放器销量下降的原因是该系列CD播放器进入了衰退期，或竞争产品强力促销导致，或是其他原因。智慧（Wisdom）=知识的选择（Selection），应对的行动方案可能有多种，但选择哪个需要靠智慧。行动则又会产生新的交易数据。

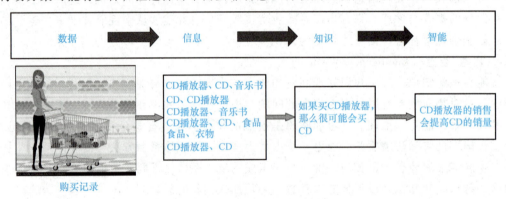

图1-3　数据、信息、知识与智能

6. 数据库与知识库

数据库是存放数据的，是长期存储在计算机内有结构的、大量的、共享的数据集合。知识库是用于存储复杂的结构化和非结构化的知识，它由一套语句组成，每个语句都是由知识通过语言表示的，它可以表示关于世界的某些断言，或者关于世界的某个陈述性的知识。知识库系统通常由知识库和推理机两部分组成，知识库表示关于世界的事实，推理机则可以基于这些事实进行推理。

三、知识的特征与分类

1. 知识的特征

知识本身有多重属性，包括知识的政治属性、经济属性、社会属性，以及知识的开发性、发展性、多元共存性、可表示性等。在知识的多重属性中，知识的主体性、内在性是最根本的属性。知识的主体性是指知识体系中的主观知识部分，其特征是主体的创建性。知识的内在性指人本身固有的属性在知识中的反映，其实质是人所具有的自我认知能力和主动求知的天性。在知识的内在属性方面，其特征可以概括为知识具有共享性、隐含性、增值性、资源性等。从历史发展的角度来看，知识具有如下特征：

1）知识是全人类的。知识是全人类共同创造和长期积累的，是为全人类所共有的。

2）知识是系统化的。知识是高级的信息，它不是杂乱无章的，而是有条有理并形成体系的，在知识体系中各门学科又是相互渗透的。

3）知识具有相对正确性。任何知识都是在一定的条件及环境下产生的，只有在这种条件及环境下才是正确的。人类在认识客观世界和改造客观世界的社会实践中，总要受制于历史的局限性。一定时代生产力和社会的发展，必然为新知识的产生创造条件；反过来，新知识的产生、传播和使用也会促进生产力和社会的发展。随着人类认识的不断深化，知识也不断地优化。

4）知识具有主、客观性。知识是客观事物在人们头脑中的反映，因而它具有主、客观性。主观性体现在由于个体的差异，不同的人对同一事物的认识存在差异。客观性体现在客观事物发展遵循一定的规律，实践能否取得成功，与人对客观世界内在规律性的认识与该内在规律是否一致息息相关。

5）知识具有不确定性。知识是有关信息关联在一起形成的信息结构，信息可能是精确的，也可能是模糊的，关联可能是确定的，也可能是不确定的，即知识不总是以"真"或"假"两种状态存在，可能在真与假这个区间以某种程度存在，这种特性是知识的不确定性。知识的不确定性来源于知识随机性、模糊性、经验性、不完全性引起的不确定性。

6）知识具有可表示性和可利用性。为了使知识得以传播、继承与发展，人们不断地创造了语言、文字等各种形式来记录、描述、表示和利用知识。事实上，人类历史就是不断地积累知识和利用知识创造文明的历史。

7）新知识的普及需要一个过程。任何知识的普及都是从个人向社会、从少数人向多数人传播的过程，普及所需的时间与知识本身的特点、社会的需要程度、传播的途径及方式有很大关系。

2. 知识的分类

目前知识的分类有多种，下面介绍常用的一些分类方式。

（1）含义——广义知识和狭义知识 广义知识指人类积累的关于自然和社会的认识和经验的总和，而狭义知识可认为是关于自然和社会的运动规律、原理方面的理论体系。

（2）作用范围——常识性知识和领域性知识 常识性知识是社会对同一事物普遍存在的日常共识，是众所周知的知识，通常是先验知识。领域性知识是适用于一定范围的知识。

（3）性质——陈述性知识和程序性知识 陈述性知识是描述客观事物的特点及关系的知识，包括事实、规则、事件、态度等，是关于"是什么"的知识。程序性知识是完成某项事物的行为或操作步骤的知识，是关于"怎么办"或"如何做"的知识。

（4）形式——隐性知识和显性知识 隐性知识是指高度个性化且难以格式化的知识，主观理解、直觉、预感等就属于隐性知识。显性知识可以明确地表示为形式语言，包括语法陈述、数学表达式等，是能用文字和数字表达出来，容易以数据的形式交流和共享的知识。显性知识可以快速地转化为其他形式，广泛适用性、能够被重复使用、与人分离是显性知识的特点。显性知识在扩散速度和学习效率方面均高于隐性知识，同时隐性知识和显性知识之间可以相互转换。

（5）来源——直接知识和间接知识　直接知识是从人类社会实践中直接获得的知识。间接知识是通过书本或其他途径获得的知识。

（6）深度——感性知识与理性知识　感性知识是反映事物外部属性、外部联系的知识。理性知识是反映事物本质属性的内在联系的知识。

（7）属性——物化知识与非物化知识　物化知识是可以被"物质化"的知识，是获得实际产品前的知识，如产品的图样、仿真分析结果、产品说明书等。非物化知识是还没有被"物质化"的知识，是形成物化知识之前的知识，如设计产品所需要的经验与创意等。

（8）内容——自然、社会、思维、人文、管理、研发、生产等　按内容可分为多种不同类别的知识。

知识的分类多种多样。知识根据状态可分为动态知识和静态知识；知识根据确定性可分为确定性知识和不确定性知识；知识根据用途可分为实用知识、学术知识、闲谈和消遣知识、精神知识及用不到的知识等；从工程角度又可以把知识分成事实知识、规则知识、控制知识和元知识四类。

除此之外，还有一种分类方式是经济合作与发展组织（OECD，Organization for Economic Cooperation and Development）在1996年提出的，他们将知识分为四类：①知道是什么的知识（Know-What），即关于事实的知识；②知道为什么的知识（Know-Why），即关于自然原理与规律的科学理论；③知道怎样做的知识（Know-How），即做某种事情的技艺和能力；④知道是谁的知识（Know-Who），即谁知道如何做某些事情的信息。

第二节　知识工程及其发展

一、知识工程的提出

伴随着人工智能技术的发展，研究人员发现人工智能系统要解决现实世界的复杂问题，不仅需要一般的解决问题求解方法，还需要解决问题有关领域的专门知识。人工智能研究者提出了各种知识表示技术，同时各种专家系统开始出现。1977年，美国斯坦福大学人工智能专家费根鲍姆（E. A. Feigenbaum）教授在第五届国际人工智能会议上系统地阐述了专家系统的思想，并提出了"知识工程"的概念。他认为"利用自动机对知识进行获取，不操作和利用的工程称之为知识工程，知识工程是利用人工智能的原理和方法，对那些需要专家知识才能解决的应用难题提供求解的手段。恰当运用专家知识的获取、表达和推理过程的构成与解释，是设计基于知识的系统的重要技术问题"。之后"知识工程"这个术语被广泛使用，这类以知识为基础的系统就是通过智能软件而建立的专家系统，是一种在特定领域内具有专家水平解决问题能力的程序系统。因此，费根鲍姆教授也被誉为"专家系统与知识工程"之父。

由于在建立专家系统时所要处理的主要是专家的或书本上的知识，正如在数据处理中数据是处理对象一样，所以知识工程又称为知识处理学。至此，知识作为智能的基础开始受到重视，并促使人工智能从实验室研究走向实际应用。在 1984 年 8 月全国第五代计算机专家讨论会上，史忠植提出"知识工程是研究知识信息处理的学科，提供开发智能系统的技术，是人工智能、数据库技术、数理逻辑、认知科学、心理学等学科交叉发展的结果"。

知识工程可以看作人工智能在知识信息处理方面的发展，研究如何用计算机表示知识，进行问题的自动求解。知识工程的研究使人工智能的研究从理论转向应用，从基于推理的模型转向基于知识的模型，涵盖了整个知识信息处理的研究。知识工程已成为一门新兴的具有方法论意义的学科，它将具体智能系统研究中那些共同的基本问题提炼出来，作为知识工程的核心内容，使之成为指导研制各类具体的智能系统的一般方法和基本工具。

二、知识工程的发展历程

知识工程的发展伴随着人工智能技术的发展，其发展历程分为如图 1-4 所示的五个阶段。

图 1-4　知识工程发展历程

（1）逻辑推理（20 世纪 50 至 70 年代）　人工智能旨在让机器能够像人一样解决复杂问题，这一阶段主要涌现出两种人工智能方法——基于符号主义的符号计算学派和基于联结主义的神经计算学派。符号计算学派认为智能的基本元素是符号，人的认知过程是基于符号的符号计算。神经计算学派认为智能的基本元素是神经元，生物的认知过程是神经系统内信息并行分布处理的过程。通用问题求解程序（General Problem Solver，GPS）成为当时具有代表性的方法：将问题进行形式化的表达，通过搜索，从问题的初始状态，结合定义的规则或表示，得到目标状态，其典型应用是博弈论和机器定理证明等。这一时期重视问题求解的方法，注重对人脑思维过程的模拟和仿真，而忽略了知识的重要性。这一阶段知识表达主要有逻辑知识表示、产生式规则、语义网络等。

（2）专家系统（20 世纪 70 至 90 年代）　人求解问题的过程是一个基于知识、应用知识的过程，只有通用问题求解不足以支持实现智能。1965 年，费根鲍姆团队在总结通用问题求解系统成功与失败经验的基础上，开始开发一个从化学数据推断分子结构的智能系统——DENDRAL，这套系统的实现需要丰富的物理化学知识作为支撑，由此费根鲍姆产生了知识工程的思想，认为知识是机器实现智能的核心。DENDRAL 能够代替专家解决化学领域问题，处理问题的水平已与专家水平相当，甚至比一般专家的处理水平还高。DENDRAL 标志着"专家系统"的诞生，预示着第一代知识工程，即中小规模知识工程的开始。20 世纪 70 年代中后期，费根鲍姆正式提出以专家系统为代表的知识工程概念，尝试将知识与工程相结合，通过"知识库+推理"实现更智能的系统。这表明在求解问题过程中还需要注入领域知识，以此确立了知识工程在人工智能领域的核心地位，人工智能的研究开始由以推理算法为主向以知识为主转变。将知识融合在机器中，让机器能够利用人类知识、专家知识解决问题，这就是知识工程要做的事。这一阶段知识表示有新的演进，包括框架和脚本等。1978 年，我国第一个国产专家系统问世，知识工程从此进入中国。

20 世纪 80 年代初，随着知识库规模的增大，人们在知识的获取与组织上，开始逐渐采用软件工程思想。20 世纪 80 年代后期出现了很多专家系统的开发平台，这些平台可以帮助将专家领域的知识转变成计算机可以处理的知识。美国 DEC 公司的专家配置系统 XCON 可以按照客户需求自动配置 VAX 系列计算机零部件，在投入使用的六年间，共处理 8 万个订单，节省了资金。比较著名的专家系统还有 Cyc，它由 Douglas Lenat 于 1984 年设立，旨在收集生活中常识知识的本体知识库。Cyc 不仅包含知识，还提供很多的推理引擎，共涉及 50 万条概念和 500 万条知识。除此之外，还有普林斯顿大学心理学教授维护的英语词典 Word-Net。这一阶段重视知识，专家系统的研究使人工智能走向实用化。1982 年，日本开始实施"第五代计算机的研制计划"，即"知识信息处理计算机处理系统 KIPS"，它的目的是使逻辑推理达到数值运算那样快的速度。不幸的是，随着日本五代机的幻灭，专家系统在经历了十年的黄金期后，终因无法克服人工构建成本太高、知识获取困难等弊端，而逐渐没落。

（3）Web1.0 万维网（20 世纪 90 年代至 2000 年）　万维网（World Wide Web，WWW）的出现、搜索引擎和浏览器的兴起带来了形形色色的海量信息，为知识的获取提供了极大的方便。万维网的产生为人们提供了一个开放平台，使用 HTML（Hypertext Markup Language，超文本标记语言）定义文本内容，通过超链接把文本链接起来，以此共享信息。随后出现了 XML（Extensible Markup Language，可扩展标记语言），对内容结构通过定义标签进行标记，为后续互联网环境下的知识表示奠定了基础。这一阶段还提出了本体的知识表示方法，出现了很多人工构建的大规模知识库，如广泛应用的英文词典 WordNet，采用一阶谓词逻辑知识表示的 Cyc 常识知识库等，知识工程进入超大规模阶段。

（4）Web2.0 群体智能（2000—2006 年）　这一阶段是信息爆炸式增长的过程，万维网的出现使知识从封闭走向开放，从集中走向分布。原来专家系统是系统内部定义的知识，现在可以实现知识源之间的相互连接，可以通过关联来产生更多、更丰富的知识，而非完全由确定的人或单位生产。这个过程就是群体智能，最典型的代表就是维基百科，大众用户去建立知识，体现了互联网大众用户对知识的贡献。2001 年，万维网发明人、图灵奖获得者 Tim Berners-Lee 提出了语义 Web 的概念，旨在对互联网内容进行结构化语义表示，而 RDF（Resource Description Framework，资源描述框架）和 OWL（Web Ontology Language，万维网本体语言）就是对内容结构化表示的标识定义，在这样的语义表示支持下，人与机器才能够更好协同工作。

（5）知识图谱（2006 年至今）　将万维网内容转化为能够应用的知识是这一时期的目标。这一时期有很多工作是在对维基百科进行结构化，如 DBpedia、YAGO 和 Freebase 等，谷歌的知识图谱（Knowledge Graph）就是收购了 Freebase 之后产生的大规模知识图谱。现在除了通用的大规模知识图谱，各行各业也在建立行业和领域的知识图谱。这一阶段的知识获取是自动化的，并且是在网络规模下运行的，自动构建的知识库已应用于包括语义搜索、问答系统与聊天、大数据语义分析及智能知识服务等。

上述是计算机领域、人工智能或专家系统对知识工程的定义，强调如何利用计算机来辅助并替代人脑，强调知识与计算机之间的相互作用。知识工程包括构建、维护、使用知识库系统中所关联的所有技术、科学和社会的方方面面。在工程上，面向大型企业应用，知识工程是以知识为处理对象，借用工程化的思想，利用人工智能的原理方法和技术进行设计构造和维护的知识型系统，也称为基于知识的工程。知识工程和基于知识的工程本质上是在知识模型基础上的工程，基于计算机识别和运算的知识表达、推送的技术和方法，通过信息化手段提高知识管理效率的技术手段和实施方法论，主要包括知识获取、知识表示和知识利用三大过程。

三、新一代知识工程

知识工程研究如何用机器代替人，实现知识的表示、获取、推理、决策，其基本目标就是把专家知识赋予机器，使机器能够利用专家知识来解决问题。知识工程提出后，人们曾对其寄予厚望，希望知识工程及专家系统能够很快代替人的大量脑力工作，但实际情况并非如此。传统的知识工程首先需要领域专家把自己的知识表达出来；进一步，还需要知识工程师把专家表达的知识变成计算机能够处理的形式，但依赖专家去表达知识、获取知识、运用知识，就会存在知识库规模有限、知识的质量存疑等问题。传统的知识工程主要面临知识获取困难和知识应用困难两个困难。

（1）知识获取困难　隐性知识、过程知识等难以表达。比如如何表达制造工艺设计运用了哪些知识，不同专家的观点之间可能存在主观性差异。例如有明确规范的零件表面加工方法占比非常小，大部分依赖工艺设计人员的经验。因为大量有价值的知识是隐性知识，很难获取和转化为显性知识，所以人们又提出了知识管理，以帮助企业开展隐性知识和显性知识的获取、积累、共享和管理。知识管理强调对人脑中知识的管理模式，强调知识在人群中的相互作用。知识工程与知识管理相结合，以人机交互、人机合一的方式对信息进行关联、对知识进行获取、处理、表达、组织、存储、共享、重用，共同实现了基于知识的创新。

（2）知识应用困难　传统知识表示的规模有限，更新困难，不能简单地推广到规模更大、领域更宽的复杂系统中去，难以适应互联网时代大规模开放应用的需求。很多的应用超出了预先设定的知识边界，还有很多应用需要常识的支持。为了应对这些问题，知识工程研究者们试图寻找新的解决方案。谷歌推出了自己的知识图谱，使用语义检索，从多种来源收集信息，以提高搜索质量。伴随着大数据的技术飞速发展，知识工程进入了大数据知识工程的全新阶段。以知识图谱为代表的大规模知识表示不仅为大数据的价值挖掘带来了全新机遇，也为机器智能的发展带来全新机遇。大数据知识工程以大规模自动化知识获取为其根本特征，自动化知识获取使得知识库的规模呈几何级数增长，知识库在规模上的量变也正在孕育着效用上的质变，这一质变将使得机器智能应对现实环境中的开放性复杂问题成为可能。

目前，没有对于知识工程明确且唯一的定义，传统知识工程与知识管理、大数据相结合被称为新一代的知识工程。大体上，知识工程是依托信息技术，最大限度地实现信息关联和知识关联，并把关联的知识和信息作为企业智力资产，以人机交互的方式进行管理和利用，在使用中提升其价值，以此促进技术创新和管理创新，提高企业核心竞争力，推动企业持续稳定发展的全部相关活动。

四、知识工程的研究内容

知识工程以知识为研究对象，以知识信息处理为主要研究对象，知识工程不仅研究如何获取、表示、组织、存储知识，如何实现知识型工作的自动化，还要研究如何运用知识、创造知识。知识工程的目标是构造具有良好的体系结构并易于使用和维护的知识系统。知识工程的研究内容主要包括基础研究、实际知识系统的开发研究、知识工程环境研究和企业知识工程体系建设与实施方法研究四个方面。

1. 基础研究

基础研究包括知识工程中的基础理论与方法的研究，主要包括知识的获取、知识的表示及知识的运用和处理等，如知识的本质、分类、结构和效用的研究，关于知识的表达方式和语言文法的研究，关于知识获取和学习方法的研究，关于知识推理和控制机制的研究，关于推理解释和接口模型的研究，以及关于认知模型的研究等。知识工程的主要活动包括知识获取、知识表示和知识推理等。

（1）知识获取　知识获取是将用于问题求解的专门知识从知识源中总结和提取出来，转换为一种形式化的知识的过程。简单地说，知识获取就是怎么去跟专家打交道，把专家的知识获取来放到计算机程序里面去。知识获取涉及人工、自动、半自动知识获取，是建立知识系统的关键，同时也是一个耗时、低效的过程。目前仍缺乏一种统一有效的知识获取方法，这被认为是知识处理中的一个"瓶颈"。

（2）知识表示　知识表示是利用计算机能够接收和进行处理的符号和方式来表示人类在改造客观世界时所获得的知识。它是在模拟人类大脑存放和处理信息的方法的基础上，对计算机信息处理中的知识形式的描述方式进行研究，其目的主要是利用计算机方便地表示、存储、检索、查询、处理和利用人类的知识。

（3）知识推理　人类的思维能力中一个重要的因素就是推理能力，推理是从已知的事实出发，通过运用已掌握的知识，找出其中蕴含的事实，或归纳出新的事实。严格地说，推理就是按某种策略由一个判断推出另一判断的思维过程。知识推理就是基于知识的推理的计算机实现，即在推理过程中解释和执行，用某种语言表示的一系列推理规则。推理的形式、过程、方法及路径等都是知识工程要研究的问题。

2. 实际知识系统的开发研究

知识工程的研究目标是构造高性能的知识系统。知识系统的应用领域众多，实际知识系统的开发强调建造知识系统过程中的实际技术问题，它以知识系统的实用化和商品化为最终目标。主要研究内容有实用知识获取技术，知识系统体系结构、实用知识表示方法和知识库结构，实用推理和解释技术，实用数据库、知识库管理技术，知识系统调试、分析与评价技术，以及知识系统的硬件环境等。

3. 知识工程环境研究

知识工程环境研究主要是为实际系统的开发提供一些良好的工具和手段。良好的环境可以缩短知识系统的研制周期，提高知识系统的研制质量，加速知识系统的商品化进程。环境研究包括知识工程的基本支撑硬件和软件、知识工程语言、知识获取工具、系统骨架工具和知识库管理工具等。

4. 企业知识工程体系建设与实施方法研究

企业知识工程包括知识群化、知识外化、知识整合、知识内化、知识应用和知识创新六个主要环节。在知识工程的进行过程中，知识不断地被群化、外化、整合和内化，显性知识和隐性知识在不同阶段呈螺旋形动态转化和上升，随时可用于企业的各项活动和创新。

（1）知识群化　知识群化是个人之间分享隐性知识的过程，主要通过观察、模仿和亲身实践等形式使隐性知识得以传递。

（2）知识外化　隐性知识通常难以表达，往往需要借助隐喻、类推、假设、丰富的语言想象、故事、可视化工具、模型和图表等方法，将隐性知识转化为显性知识。

（3）知识整合　对不同的、零碎的显性知识进行整合，将其条理化、系统化和优化。通过知识分类、内容管理和数据挖掘等工具将知识放入知识库、从数据库中抽取知识等，使个人知识上升为组织知识。

（4）知识内化　通过学习显性知识等过程，将显性知识转化为人们头脑中的隐性知识。

（5）知识应用　利用已有的知识增加企业价值。

（6）知识创新　利用已有的知识创造出新的知识，获得持续的创造力和竞争力。

（7）知识评价和激励　对知识的价值进行评价，并在此基础上对参与的员工进行有效激励，促进知识工程的深入开展。

第三节　大数据环境下知识工程挑战

在科技进步日新月异的今天，大数据时代已经降临，而且已悄然并深刻地改变着我们的生活和工作。大数据时代将带来新的思维变革、商业变革和管理变革，未来数据将会变得像土地、石油和资本一样成为经济运行中的根本性资源。人类社会发展的核心驱动模式已经由"动力驱动"转变为"数据驱动"；经济活动重点已从"材料的使用"转移到"大数据的使用"。在制造业、商业、经济及其他领域中，决策将日益基于数据，而非来源于经验与直觉。随着数字设备的更新换代，社交网络数据、遥测数据、传感器数据、监控通信数据、全球定位系统的时间数据和位置数据，以及网络上的文本数据都是大数据的来源，数据的多元化已经形成。数据是现实世界的记录，数据反映了现实世界的现状。数据中包含了自然界的规律，也包含了人类社会中人的行为，在这些数据中找到自然规律和人的特定行为并将其用于决策将会取得显著的效果。

大数据具有四个基本特征：①数据量巨大；②数据类型多样；③处理速度快、时效要求高；④价值密度低。大数据的本质是人们可以从大量的信息中学习到少量的信息中无法获得的东西。人们将利用越来越多的数据来理解事情并做出决策。知识归根结底来源于数据，大数据分析方法的出现为知识层级的提升提供了一种新方法，利用大数据智能分析技术可以进

12

一步挖掘各类数据资源中更多的隐性知识。利用大数据分析技术找到数据之间的相关性，往往能够突破基于预设模式的小样本数据分析的结论，得到预料之外的颠覆性成果。根据工作场景自动分析工作需要，从现有的知识体系中自动组合当前工作需要的知识，推送或嵌入业务系统中，使之具有自判断与自决策的特征。

大数据技术使得大规模获取知识成为可能，知识规模上的量变带来了知识效用的质变。海量的数据、强大的计算能力、群智计算及层出不穷的模型，解决了传统知识工程的一个瓶颈性问题——知识获取。可以利用算法实现数据驱动的大规模自动化知识获取。

大数据对智能服务的需求已经从单纯的搜集获取信息，转变为自动化的知识服务，这也给知识工程提出了很多具有挑战性的问题。我们需要利用知识工程为大数据添加语义或知识，使数据产生智慧（Smart Data），完成从数据到信息再到知识最终到智能应用的转变过程，从而实现对大数据的洞察，为决策提供支持。

在大数据时代，利用知识工程的思想和方法，对大数据进行获取、验证、表示、推论和解释，通过挖掘出的知识来形成解决问题的专家系统，也称为大数据知识工程。清华大学李涓子教授对费根鲍姆教授的知识工程定义做了进一步改进：知识工程是从大数据中自动或半自动获取知识，建立基于知识的系统，以此提供互联网智能知识服务，如语义搜索、问答系统等。

当前人工智能方法主要分为知识驱动的人工智能方法和数据驱动的人工智能方法。以符号表示为代表的知识驱动的人工智能方法表示的知识明确，可以举一反三、进行解释和推理。而以大数据深度学习为代表的数据驱动的人工智能方法可以进行感知、记忆和关联计算，但是难以解释其推理计算过程，并且鲁棒性很差，也非常脆弱。两种方法的融合为基于知识的智能技术提供了契机。同时，两种方法的融合也带来许多具有挑战性的问题。下面从知识表示、知识获取、知识计算和推理等方面阐述知识工程面临的挑战。

（1）知识表示方面　主要是研究大数据知识表示的理论与方法，使知识既具有显式的语义定义，又便于大数据环境下的知识计算与推理。

（2）知识获取与融合方面　主要研究知识获取和语义关联技术。目前符号表示的知识是稀疏的，如何在知识稀疏和大数据环境下研究知识引导的知识获取方法，获得大规模和高精度的知识是我们面临的挑战。此外，考虑到大数据的多源异构的特征，知识的获取通常是从局部的数据源中获取碎片化的知识，碎片化知识的刻画和融合则是知识工程的又一挑战。

（3）在知识计算和推理方面　当前基于符号的推理虽然有一些很好的工具，但是大规模知识推理效率还很受约束。深度学习或概率的推理方法，便于计算但是难以解释。大数据环境下知识计算和推理需要研究深度学习和逻辑规则相结合的知识推理和演化方法，以提升新知识发现的能力。

大数据决定了知识工程未来的发展方向，知识工程发展趋势可以归纳为以下四个方面：

1）知识引导和数据驱动的知识表示和计算。

2）高质量大规模知识获取（机器阅读理解、增强学习、多模态语言知识获取、常识知识获取、长尾知识获取等）。

3）构建数据转化为知识的智能信息处理平台。

4）建立智能知识服务的创新应用。

第四节　制造企业知识工程

21世纪的人类社会已进入了一个以知识为主导的时代，发达国家正由基于信息的竞争优势向基于知识的竞争优势转变，经济活动和社会发展等正在从以"信息化"为主过渡和转变为以"知识化"为主。在企业的生产、经营和管理等各种活动中也正由以信息的开发、管理和应用为主转变为以知识的管理、创新和应用为中心，正由"企业信息化"向"企业知识化"过渡和转变。

提高企业自身的竞争力和应变力，已经成为制造企业生存和发展的关键。因此必须从知识经济发展的需求出发，利用最新的信息技术和管理技术，对传统制造企业进行全方位改造和重组，提高知识资本在企业资本中的比重，充分挖掘和利用企业中的知识，提高知识资本的运行效率。企业的知识化水平已经成为决定企业生死存亡的关键，也已引起人们的重视。知识工程与企业能力、企业信息化、企业知识管理息息相关，它是永无止境的一个持续动态过程，随着时代的发展，其内涵也在不断发展和完善。

一、知识与企业能力

企业能力是指企业配置资源，发挥其生产和竞争作用的能力。能力来源于企业有形资源、无形资源与组织资源的整合。企业拥有的资源状况是决定企业能力的基础，由资源所产生的生产性服务发挥作用的过程推动知识的增长，而知识的增长又会导致管理力量的增长，从而推动企业演化成长。美国麦肯锡咨询公司的研究报告指出"企业核心能力是指企业内部一系列互补的技能与知识的结合，它具有使一项或多项业务达到世界一流水平的能力"。企业核心竞争力是企业能力中最根本、最核心的部分，它的形成需要经历企业内部独特资源、知识和技术的积累和整合的过程，是组织中的积累性学识。技术的进步和需求的升级，导致外部环境的加速变化，组织成果和知识也以前所未有的速度源源不断地产生。随着组织内部各领域的专业性越来越强，组织成员快速获取知识和使用知识的能力成为其核心技能，管理与应用知识的能力也成为企业的核心竞争力。

关于核心能力，基本上倾向于两种认识：

1）着重从核心能力的构成要素来定义，认为企业核心能力是指企业的研究开发能力、生产制造能力和市场营销能力。

2）着重从核心能力的知识特性来定义，即从知识能否被竞争对手获得和模仿来定义企业核心能力，认为专有知识和信息是企业能力的基础，学习是提高企业核心能力的重要途径。

企业核心能力来自于独特的、异质的、路径依赖的且不易为外界获取和模仿的知识体系。企业如何进行知识管理，即如何获取、创造、运用知识，成为企业核心能力培育的关键问题。很多企业开始对"企业知识存量"进行研究。知识存量是指在某一阶段内一个企业对知识资源的占有总量，表现为人们所具有的智力、知识、能力、技术等，是依附于企业的内部人员、设备和组织结构中的所有知识的总和，是企业在生产经营过程中知识的积累，是学习和创新的结果。企业知识存量在一定程度上反映了企业的知识状态，反映了组织系统生产知识的能力和潜力，体现了组织系统的竞争力。因此，通过知识创新增加企业的知识存量，能够为企业的长期发展提供动力，培育企业核心竞争能力从而占据竞争中的优势地位。

二、企业信息化与企业知识化

企业信息化是指企业在生产和经营活动中以现代信息技术为手段，充分开发、有效管理和广泛利用企业内外信息资源，逐步实现企业生产、经营和管理等的自动化、电子化和数字化，以提升企业的经济效益和竞争力为目标的动态发展过程。企业信息化主要包括了企业信息基础设施建设与管理、企业生产过程的信息化、企业业务管理的信息化、企业社会服务的信息化及企业信息资源的开发与利用。

企业信息化是一个很广泛的概念，总体来说就是广泛利用信息技术，使企业在设计、生产、经营、管理等方面实现信息化。具体可分为三个层次：

1）企业在设计、生产中广泛运用信息技术，实现生产自动化，如 CAD、CAPP、CAM、自动化控制、单片机的运用等。

2）企业数据的自动化、信息化。用信息技术对生产、销售、财务等数据进行处理。

3）更高层次的辅助管理、辅助决策系统，如计算机集成制造系统（CIMS，Computer Integrated Manufacturing Systems）、企业资源规划（ERP，Enterprise Resource Planning）、办公自动化（OA，Office Automation）等。

企业信息化的第一个目的是构造一个健全的"企业神经系统"，将互联网的概念引入企业内部与合作伙伴之间，建立内联网和外联网，借以能够实时和准确地反映物料供应情况、工作进度和产品质量，加强企业内部各部门及合作伙伴之间的协作。它将使企业能够像人体一样随时"感知"其所处的环境，迅速察觉竞争者的挑战和客户的需求。企业信息化的第二个目的是提高组织的柔性，形成快速反应团队或网络制造联盟。企业信息化的第三个目的是打破时空概念对企业活动的约束。信息化将使企业对客户和供应商，以及所有合作伙伴的信息交换和业务处理过程大为简化，克服地域和距离的障碍。

企业知识化的核心是对知识进行不断开发、持续创新、高效管理和广泛应用，在理念、重心、功能、机制等方面与企业信息化既有重大差别又存在着密切的内在联系。实践表明，解决这一问题最有效的办法就是全面实现企业管理信息化、智能化、集成化，以最快的时间、最高的性能价格比提供满足用户需求的个性化产品。企业知识化的具体含义：①企业加大对研发的投入，提高技术创新和产品开发能力，提高产品的知识含量；②企业注重对员工的培养，开发拥有熟练技术和较高知识水平的人力资源；③企业挖掘内部关键性的隐性知识，提高企业知识编码化水平；④企业建立和培育内部知识平台和外部知识网络，提高企业利用外部知识和信息的能力。

三、企业知识管理

当今社会竞争异常激烈，识别、获取、管理和利用核心资源，是企业竞争制胜的唯一选择。由于知识比其他生产要素具有更高的生产率和创造性，能大大增加产品和服务的价值，因而越来越成为企业增强竞争力最重要的战略性资源。知识管理作为企业竞争优势的重要来源，正在日益成为当代企业管理工作的重心。

知识管理的核心是知识，它的对象是人和组织。知识管理是在组织中构建一个知识系统，通过知识的获取与积累、内化共享、应用的循环，使人与知识紧密结合，创造集体智慧，从而提高创新能力，以帮助企业做出正确决策，应对市场变化。知识管理是一种观念，把利用知识作为提升企业竞争力的关键，通过建立知识工程体系来推动技术创新；知识管理也是一种文化，要求企业机构具有组织学习能力，并建立知识共享机制。通过知识管理提高企业员工的素质，从而提高员工的工作效率，为企业带来更高的收益。

知识管理的内涵包括两个层次：①不断创新、不断积累新知识，并通过新知识本身的传播、交流和应用使知识资产不断增值；②要通过将先进的知识全面用于管理，使之改进产品，不断提高产品质量，改革管理模式，不断提高管理效能。因此，企业需要建立学习文化、知识文化，并通过建立学习型组织使其制度化、规范化，才能确保企业获得可持续发展的能力，从而与时俱进、不断创新。

四、知识工程与智能制造

智能制造即把人的智能从隐性知识提炼为显性知识，进行模型化、算法化处理，再把各种模型化的知识嵌入物理设备中，由此而赋予机器一定的自主能力，让机器具有一定程度的"智能"。智能制造系统是一种由智能机器和人类专家共同组成的人机一体化智能系统，其"制造资源"具有不同程度的感知、分析与决策功能，能够拥有或扩展人类智能，使人与物共同组成决策主体，促使信息物理系统实现更深层次的人机交互与融合。它能在制造过程中进行诸如分析、推理、判断、构思和决策等智能活动，通过人与机器的合作共事，去扩大、延伸和部分取代人类专家在制造过程中的脑力活动。它把制造自动化扩展到柔性化、智能化和高度集成化。

智能制造的研究开发目标主要有两点：①以机器智能取代人的部分脑力劳动，实现整个制造工作的全面智能化，强调整个企业生产经营过程范围的自组织能力；②实现信息和制造智能的集成和共享，强调智能型的集成自动化。

知识是实现智能的基础，更是创新的基石。在智能制造时代，亟须用知识工程这个特殊的手段做好武装，来促进核心能力的提升。智能制造不仅利用现有的知识库指导制造行为，同时具有自主学习功能，能够在制造过程中不断地充实制造知识库，更重要的是它还有搜集与理解制造环境信息和制造系统本身的信息，并自行分析判断和规划自身行为的能力。制造企业知识工程的建设将帮助制造企业在智能制造过程中产生知识，便捷地使用知识，提升知识共享化程度。促进外部知识内部化、内部知识体系化、隐性知识显性化、个人知识组织化、组织知识资产化，将个体的知识在更大范围内分享，激发知识拥有者之间的碰撞，促进企业技术的创新、人才的成长、核心竞争力的持续提升。

参 考 文 献

[1]　施荣明，赵敏，孙聪. 知识工程与创新［M］. 北京：航空工业出版社，2009.

［2］ 史忠植. 知识工程［M］. 北京：清华大学出版社，1988.

［3］ 谭建荣，顾新建，祁国宁，等. 制造企业知识工程理论、方法与工具［M］. 北京：科学出版社，2008.

［4］ 陈文伟，陈晟. 知识工程与知识管理［M］. 2 版. 北京：清华大学出版社，2016.

［5］ 田锋. 智能制造时代的研发智慧：知识工程 2.0［M］. 2 版. 北京：机械工业出版社，2017.

［6］ 机器智能加速器：大数据环境下知识工程的机遇和挑战｜清华李涓子教授［EB/OL］. （2017-12-28）［2024-07-25］. https：//blog. csdn. net/tMb8Z9Vdm66wH68VX1/article/details/78927865.

［7］ 从知识工程到知识图谱全面回顾｜AI&Society［EB/OL］. （2019-05-06）［2024-07-25］. https：//baijiahao. baidu. com/s？id＝1632766020084640117&wfr＝spider&for＝pc.

［8］ 吴信东，何进，陆汝钤，等. 从大数据到大知识：HACE＋BigKE［J］. 自动化学报，2016，42（7）：965-982.

［9］ 清华大学李涓子教授：知识工程及其领域知识图谱构建［EB/OL］. （2018-08-29）［2024-07-25］. http：//www. 360doc. com/content/18/0829/11/49219684_782089343. shtml.

习　　题

1. 知识工程的研究意义是什么？

2. 简要说明数据、信息、知识、智能、智慧的关系。

3. 以"工件的实测尺寸""质量控制图""加工误差产生的原因"为例说明数据、信息、知识的关系。

4. 知识工程提出的背景是什么？

5. 知识工程的发展经历了哪几个阶段？

6. 知识工程的主要研究内容是什么？

第二章 知识获取

第一节 知识获取概述

一、知识获取的概念

知识获取是将某种知识源（如人类专家、教科书、数据库等）的专门知识转换为计算机中知识采用的表示形式。这些专门知识是关于特定领域的特定事实、过程和判断规则，而不包括有关领域的一般性知识或关于世界的常识性知识。知识获取是构造知识系统的关键和主要工作，包括获取事实和规则，从规则中演绎新的事实，精炼和维护知识，以及构建知识系统需要的完整的、一致的知识库。

通常情况下，知识获取工作的完成需要由知识工程师（分析员）全力配合相关专家来完成。20世纪七八十年代的传统知识工程时期所采用的知识都是由知识工程师手工处理的，这就要求知识工程师在这一领域内必须学到充足的知识，从而可以达到专家具有的知识水平，而且知识工程师并非将推理过程与知识分开，而是常常将推理与知识结合到整个程序中。如今，知识系统通常将推理过程与知识分开，并将知识放入知识库。知识工程师的工作是帮助专家建立知识系统，其重点是知识获取。知识工程师最困难的任务是帮助专家完成知识转换、构建领域知识，以及统一和形式化这些领域知识中的概念。如果专家熟悉计算机技术，则可以通过智能编辑程序将其知识直接转换为可以在计算机中运行的知识。编辑程序必须具有启发式对话的能力，并且可以将获取的知识存储在知识库中。

伴随着信息技术和计算机网络通信的飞速发展，信息处理在整个社会范围内已迅速完成了产业化发展。一些新兴的知识获取技术（如机器学习、数据挖掘、图形挖掘、Web挖掘、文本挖掘等）随着时代的需要而迅速发展，为智能地将海量数据自动转换为有用的信息和知识提供了一批非常好的方法和手段。

为了加快知识获取的过程，有必要选择合适的知识获取工具。知识获取工具可以是简单的程序，也可以是复杂的系统。简单的知识获取工具就是一种知识库编辑程序，具有如下功能：

1）简化知识库的输入并自动进行一些记录工作。

2）检查语法以避免输入错误和语法错误。

3）保持知识库的一致性和完整性。

复杂的知识获取工具还应具有如下功能：

1）根据现有知识库中的信息，协助完成知识库的输入和求精。

2）直接同领域专家展开会谈并提取相关领域知识。

3）能够动态地检查知识库的一致性与完整性。

4）机器学习的功能。

二、知识获取的来源

1. 在企业内部获取知识

不同的企业往往有不同的知识获取来源，通常至少包括以下两个方面：①对现有的已掌握的知识进行收集整理；②对未来日常工作所产生的知识进行收集整理。

（1）收集整理现有的知识

1）面向人的知识源来做收集工作。需要强调的一点是，应该注意对即将退休或已经退休的老专家和技术人员的知识挖掘。如果这些知识可以由中青年员工掌握和发展，那么创新的潜力将是惊人的。在上述人员的知识收集工作中，采用的基本技术手段是讲座、会议、内部讨论和交流，以及发布问题知识和解决方案知识模板等方式进行人工采集。

2）面向文献资料的知识源来做收集工作。在每个企业的信息室、档案室、资料室和图书馆中，都保存有大量的技术文件、手册和科学研究资料，其中包含丰富的企业知识。企业可以组织人力来筛选、总结和分类这些资料，并提取一些解决问题的经验、技能和方案，作为知识库中的基本资料。即使失败的案例也不应放过，可以将其作为一种警告和启发后人的知识形式放入知识库。

（2）收集整理未来日常工作所产生的知识 依靠建立和调整企业研发流程的一些规章和制度，来收集和管理今后日常工作流程中随时可能产生的企业知识。通常可采取 BBS（Bulletin Board System，公告板系统）社区、互联网搜索引擎、全文检索挖掘工具、电子邮件等技术手段来进行信息化收集。

2. 从企业内网服务器挖掘文档资料

在企业的服务器中，通常会存储大量由日常工作生成的电子文档。这些文档具有多种格式，并且包含丰富的知识资源。挖掘这一知识来源并整理出知识非常重要。由于这些电子文档数量众多，因此通常使用信息技术来解决该问题。

3. 从外包专利库中获取知识

一些商业化的专利数据库包含高度针对性和及时性的行业和泛制造业的高级发明专利。因此，外包专利数据库是获取知识的良好知识来源。通过这种方式，企业可以了解计划中的研发项目是否已经具有竞争性专利，跟踪竞争对手的最新专利申请，了解竞争对手的技术发展状况，制定自己的知识产权战略，提高自己单位发明专利的"含金量"，并促进知识的吸收和内部化。

4. 在互联网上获取知识

互联网是由基于统一标准的计算机网络组成的全球网络。它包含了数百万个网络和数以千万计的服务器（也称为主机或宿主计算机），充斥着数以百亿计的网页。它是一个巨大的信息和知识仓库。对于任何组织和个人来说，挖掘这一知识来源都是一项重要的工作。

互联网上常用的 Web 知识挖掘工具是百度和谷歌搜索引擎，还有用于特定设计和开发的 Web 搜索工具，以及常用的专利检索工具。这些知识搜索工具具有免费下载和使用的特点，大多数具有操作简单、搜索速度快的优点；但缺点是只能根据关键字进行检索（目前为止），不能自动地进行本体关系语义扩展，检索到的相似结果太多，真正有用的知识和信息则需要手动筛选。

5. 从 BBS 中获取知识

BBS 的核心在于"电子公告板"。它具有独特的形式和强大的功能。它通常包括信函讨论区、文档交换区、信息布告区和交互式讨论区四大区域。随着用户需求的增加和互联网技术的发展，BBS 的功能也在不断增加。BBS 具有方便、无障碍、开放、快速、双向交互等特点，已成为企业内部新的重要的信息和知识交流渠道，并且是知识获取的重要知识来源。

三、知识获取的过程

知识获取的整个过程可以大致分为四个阶段，这四个阶段之间存在着重叠和反复。下面给出四阶段知识获取过程的具体描述。

1. 明确问题的性质，建立问题求解模型

本阶段的目的是建立一个粗略的问题解决模型。在本阶段，知识工程师和领域专家应密切合作，以确定问题的性质、系统的作用，并梳理解决问题的专家思路。

在这一阶段通常需要着重考虑以下问题：

1）问题求解的目标及其类型。

2）问题是如何划分成子问题的。

3）问题求解中涉及的主要概念及它们的关系。

4）信息流的特征，哪些信息是由用户提供的，以及哪些信息是应当导出的。

5）问题求解策略。

在这一阶段，知识工程师利用与领域专家的联系来熟悉领域知识并建立该领域的重要概念，从而为下一步工作做好准备。

2. 确定知识表示形式，建立问题求解的基本框架

本阶段是形式化领域知识的过程。在过程中，有必要对关键概念、信息流特征和子问题进行形式化，并根据问题的性质选择合适的系统框架或专家系统构建工具。形式化过程中有假设空间、基本过程模型和数据表征三个主要因素。为了理解假设空间的结构，必须对概念进行形式化，确定它们之间的关系，并确定概念的粒度和结构。因此应该关注以下问题：

1）将概念描述为结构化对象或将其视为基本实体。

2）概念之间的因果关系或时空关系是否重要，是否应明确表达，以及假设空间是否有限。

3）假设空间由预定类型组成或通过某种过程生成。

4）是否应考虑假设的层次。

5）是否存在与最终假设和中间假设有关的不确定性或其他决定性因素。

6）是否应考虑不同的抽象级别。

寻找可用于生成解决方案的基本过程模型是形式化知识的重要步骤。过程模型包括行为模型和数学模型。即使只使用简单的行为模型进行分析，也可以生成许多重要的关系和概念。数学模型可以提供其他解决问题的信息，或者可以用于检查知识库中因果关系的一致性。

在形式化知识过程中，了解问题领域中数据的性质极为重要，为此应重点关注以下问题：

1）数据是不足、充足还是冗余。

2）数据是否存在不确定性。

3）数据的解释是否取决于它们出现的顺序。

4）获取数据的成本。

5）获得数据的途径。

6）数据的可靠性和准确性。

7）数据是否一致和完整。

3. 实现知识库，建立原型专家系统

在形式化阶段，已经明确了知识表示形式和问题求解策略，同时也已经选定了系统框架或构造工具，接下来便是把前一阶段形式化的知识映射到选定的表示框架中。前一阶段产生的形式化知识与选定的表示框架所要求的数据结构、推理规则与控制策略可能有不匹配之处，这一阶段要消除这些不匹配以实现原型知识库。如果这些不匹配不能消除，则要考虑重新选择系统框架或构造工具。

4. 测试与精炼知识库

这一阶段的任务是通过运行实例发现知识库和推理机制的缺陷。通常出现的导致性能不佳的因素有以下几种：

1）输入输出特性，即数据获取与结论表示方面存在缺陷。例如，含义模糊、提问难以理解，使得存在错误或不充分的数据进入系统；结论过多或太少，没有适当地组织和排序，或者详细的程度不适当。

2）推理规则有错误、不一致或不完备。

3）控制策略有问题，不是按专家采用的"自然顺序"解决问题。

在测试过程中，实例的选择应考虑到所有方面，包括"典型"情况和"边缘"情况。

根据测试结果，确定是否修改原型系统。修改过程包括重新实现、重新形式化，甚至重新定义问题的性质。测试和修改过程可以重复进行，直到系统拥有令人满意的性能，这一过程称为求精。

求精过程可大致分为五个步骤，如图 2-1 所示。

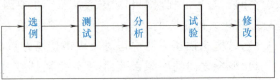

图 2-1　求精过程

（1）选例　选例即选择实例，原则是使实例能够检测系统在特定方面是否有缺陷。选例的最简单方法是按顺序或随机从实例库中抽取实例。但是这种方法不容易确定问题。更好的方法是根据当前的求精目标选择几个相关实例。这样可以避免因为数据太多而掩盖问题本质，或者数据太少而不易暴露问题的情况。

（2）测试 将所选实例输入系统，然后观察系统运行情况，并记录最终结果和必要的中间数据。在求精期间，系统可以临时添加一些辅助输出或簿记功能，或使部分系统功能关闭以便于进行测试。

（3）分析 根据系统的运行情况确定系统是否达到预期的目标、是否得出正确的结论。对所发生的问题进行分析，找出产生问题的原因进而提出修改方案。

（4）试验 对于所提出的若干修改方案进行试验，从而确定一个可行的方案。

（5）修改 根据上述方案修改原型系统。

四、知识获取的主要方法

知识获取是知识工程师和领域专家共同合作的过程，根据他们的工作方式。知识获取的过程可以分为交互式和非交互式两种。交互式（也称为主动式）知识获取是当知识工程师提出询问时，领域专家回答，在交互中获取领域知识。非交互式（也称为被动知识）知识获取中知识工程师不会干扰领域专家的工作，而是以观察方式获取领域知识。这种获取知识的方式比交互式更难，但在某些情况下只能用这种方式完成。以下是知识获取的一些主要方法。

1. 面谈法

与专家进行面对面交谈是获取知识的一种广泛使用的方法。然而，通过非正式的会谈形式不容易获得详细的知识，因此多采用专题访谈的形式，即向专家提出事先准备好的问题，由专家任意回答问题。大致有两种类型，即"在某种情况中要怎么处理"和"为什么要这样做"。在面谈过程中，知识工程师应进行录音或笔录，之后再整理记录。

2. 模拟法

模拟法可分为静态模拟和动态模拟两种。

（1）静态模拟 静态模拟是提出某一实例的情况，请专家谈其求解过程。这一方法能够得到说明其求解过程所用的知识和步骤的完整资料。其优点是由于它是在静态条件下进行的，因此可以专注于我们最感兴趣的领域；缺点是对于专家来说，其工作压力和时间与现实不同，有些细节可能被忽视。

（2）动态模拟 动态模拟是指当专家处理实际问题时，知识工程师观察并记录实际的解决步骤，然后进行分析。这种方法的优点是可以在自然状态下观察专家的工作过程，但是既耗时又耗力。

3. 口语记录分析

所谓的心理学家口语记录分析，是对专家思维活动的叙述记录。做到这一点的方法是当专家解决问题时（可以现场，也可以回忆），我们要求专家描述他们的想法，并进行笔录或录音，然后再分析记录。

在口语记录分析中，要处理的问题有两种：①分析明显的部分，即从口头记录中可以清楚地看到专家的思维过程的部分；②分析隐含表达的部分，即专家没有清楚表达的思维过程，需要分析者根据记录进行推断其所基于的知识背景，这种情况要求分析人员熟悉所讨论的问题，以便进行正确的分析。

4. 多维度量法

对于相同的事物，如果仅从宏观性质的某个方面来看，通常很难区分相似点与不同点或区别它们之间的细微差别。例如，碳、石墨和钻石在外观上明显不同，但是从分子角度来看，它们都是由碳原子组成的。再例如，化学中的同位素在外观上和某些基本的化学和物理性质上可以相同，但是可以根据原子量区分不同的同位素。多维测量法是用不同尺度来测量或确认多种不同的特性，并发现同类事物的相似特性之间的差异，从而达到区分相似事物的细微差异或确认其同一的目的。这种方法已在心理学中有了多种实现技术，主要用于证明对象的相似性并在概念上对其进行聚类。

5. 概念分类法

除了该专业领域的详细知识外，人类专家通常还具有本专业领域全局结构方面的知识和关于如何组织有关领域知识的元知识。概念分类法是认知心理学研究中常用的一种方法，这种方法常用来把某一专业领域内的许多概念，按其内在联系组织起来，形成一个全局结构。例如，动、植物学中对各种动、植物的分类而形成的各种类属。所以对于涉及分类的知识提取也可以尝试使用这一方法。

上述每种方法都有其自身的特点，但也有其局限性。由于人类专家知识的多样性和复杂性，实践中经常需要采用多种不同的方法来提取专家知识。

五、基于神经网络的知识获取方法

常用的实现知识自动获取的方法是基于神经网络的知识获取方法，该方法能够有效地解决专家系统的知识获取瓶颈问题。人工神经网络是一种具有自组织、自学习和自适应特点的大规模信息并行处理系统，能够在智能系统中很好地自动获取知识，即通过实例学习获取知识，基于神经网络完成知识求精，以及从神经网络中提取规则知识。

1. 通过学习获取知识

神经网络通过学习训练实现知识获取。学习过程是先根据应用问题选择神经网络的模型和结构，再选择学习算法，对求解问题有关的样本进行学习，通过学习调整神经网络的连接权值，完成知识的自动获取。

神经网络模型的选取可以是自组织神经网络模型，也可以是多层前馈神经网络模型。前者根据学习算法和训练样本集确定神经网络的权值；后者在学习过程中对整个训练样本集进行训练，根据神经网络的实际输出模式与期望输出模式的误差调整网络的权值，直到误差的均方值小于某一预定的极小值，网络达到稳定时为止。

目前，知识获取最常用的神经网络是采用 BP（Back Propagation，反向传播）算法的多层前馈神经网络，如图 2-2 所示，它由输入层、隐含层和输出层构成。其中隐含层可以有一层或多层，相邻层的神经元之间相互连接，但同一层的神经元之间不相互连接。输入信号从输入层向前传播到输出层，成为输出信号，这种神经网络也常称为 BP 神经网络。

BP 算法对网络权值优化是通过非线性优化中的梯度下降法来实现的。该算法在知识获取的应用中取得了一些成果，但也存在一些问题，如难以确定合适的网络结构、学习时间较长等。为了解决这些问题，就要采用一些收敛速度快的改进 BP 算法或结构学习算法等。

2. 基于神经网络的知识求精

知识求精是知识获取不可缺少的一步。通常情况下，得到的初始知识库常常存在一些问题，比如，知识不完全、知识之间不一致、有的知识不正确等，因此需要对初始知识库进行调试、修改与补充。经过实践证明，求精后的初始知识库显著提高了专家系统的运行性能，比如，利用知识求精系统 SEEK2 对风湿病诊断专家系统 EXPERT 的知识库求精后，提高了 21.1% 的诊断正确率，因此专家系统研制者往往会给予知识求精这一步极大的重视。

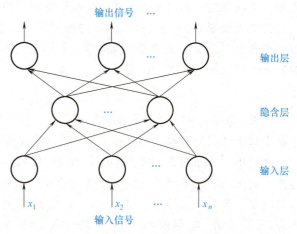

输出信号 …
输出层
隐含层
输入层
输入信号

图 2-2 多层前馈神经网络

一般来说，知识求精问题是指：

1）已知——初始知识库（规则集）和专家例证。

2）求解——用专家例证检测初始知识库，并对它进行调试、修改和补充，使加工后的知识库达到预期的运行性能。

基于神经网络的知识求精方法的流程如图 2-3 所示，图中的初始规则集即初始知识库，训练样本即专家例证，由三个步骤组成。

（1）将初始规则集转化为初始神经网络 一般通过下面的映射关系：

1）最终结论→输出结点。

2）支持的事件→输入结点。

3）中间结论→隐含结点。

4）依赖关系→连接权值和阈值。

利用上述映射关系，可以将知识库中的待求精知识转化为初始神经网络，

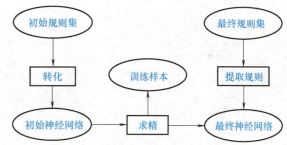

图 2-3 基于神经网络的知识求精方法流程图

但是，用于构造神经网络的规则必须满足无谓词运算变量和不构成回路。

构造初始神经网络的方法有很多种，采用不同的方法会产生不同拓扑结构和不同规模的初始网络。

（2）用训练样本和学习算法训练初始神经网络，即知识的求精过程 在知识求精时，由于初始规则集可能不完善或含有一些错误的规则，会导致初始神经网络缺少结点或包含一些错误的连接。因此必须使网络的拓扑结构进行合理变化，包括增加结点、连接及删除结点、连接等，只有通过结构学习才能实现网络拓扑结构的改变。

（3）提取求精后的规则知识 通过上述算法训练好的神经网络实际上是求精的神经网络，其知识分布表示于网络结构和权值中，是一种隐含表示，不易于理解，需要进一步从中提取规则知识。

3. 从神经网络中提取规则

通过神经网络获取的知识是分布式、隐式且难于理解的，因此从神经网络提取规则十分

重要，下面介绍一种用神经网络来获取规则知识的典型方法。

首先用如图 2-4 所示的三层 BP 神经网络（将输出层神经元结点也作为附加输入结点放到网络输出层之中）来学习训练样本，并用式（2-1）获取输出结点 b 和输入结点 a 之间的逻辑相关程度度量 SSE_{ab}（SSE_{ab} 越小，结点 a 与 b 之间相关程度越大），有

$$SSE_{ab} = \sum_{j=1}^{k} (W_{aj} - W_{bj}) \tag{2-1}$$

式中，W_{aj} 是原始输入结点 a 和隐含层结点 j 之间的连接权值；W_{bj} 是附加输入结点 b（对应于某个输出结点）和隐含层结点 j 之间的连接权值。

然后用一个如图 2-5 所示的单层 BP 神经网络对样本进行学习，获取输出结点 b 与输入结点 a 之间的逻辑不相关（无关）程度度量 $Weight_{ab}$（网络输入结点 a 与输出结点 b 之间的连接权值，$Weight_{ab}$ 越小，结点 a 与 b 之间的无关程度越小，相关程度越大）。最后将 $Weight_{ab}$ 与 SSE_{ab} 的乘积 $Product_{ab}$（$Product_{ab} = Weight_{ab} \cdot SSE_{ab}$）作为结点 a 与 b 之间的因果关系度量。若 $Product_{ab}$ 接近于 0，则结点 a 是 b 的逻辑前提，将结点 b 的所有逻辑前提（a_i）进行"逻辑与"运算，得到逻辑规则

$$\text{if } a_1 \text{ and } a_2 \text{ and } \cdots \text{ and } a_n \text{ then } b \tag{2-2}$$

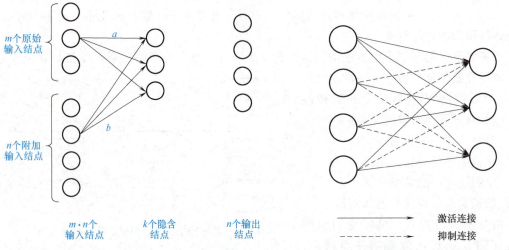

图 2-4　学习 SSE 度量的三层 BP 神经网络　　图 2-5　学习 $Weight$ 度量的单层 BP 神经网络

这种方法试图通过分析三层 BP 神经网络输入层与隐含层之间的连接权值矩阵，得到原始输入概念结点与附加输入概念结点（对应于结论概念）之间的逻辑相关程度度量。但忽略了概念结点之间的组合情况，即如果原始输入概念结点 a_i、a_j 单独与附加输入结点 b 之间没有相关性，而它们的组合与结点 b 有相关性，该方法无法对这种情况进行分析（对于无关程度度量的分析也存在同样的问题），这实际上是忽略了 BP 神经网络隐含层中的非线性变换所带来的问题。

从神经网络中直接提取规则可以将神经网络的"黑箱"知识表示为显示规则形式，而且能将这些显示知识用于推理或解释神经网络的行为。但从任意结构的神经网络提取规则知识极其困难，因此现有的方法都假设了一种专用的结构，这些方法概括起来大体上有两类：

（1）把网络结构限制在多层前馈网络　网络中每层结点有固定的特性，在一个已训练好的神经网络中，可以提取每层至多 k 个连接的规则；也可以提取至多 k 个连接的模糊规

则；或者用 Lukasiewicz 逻辑提取规则。

（2）用递归神经网络实现规则知识提取　以统计为基础的规则提取，用 2 阶函数连接网络的规则提取，用于减轻网络结构造成的复杂性。KT（Knowledge Tracing，知识追踪）算法是从多层前馈神经网络中提取规则的算法中比较经典的方法，KT 算法由"规则生成"和"规则重写"两个步骤组成。

将规则提取与神经网络的结构学习相结合可以生成采用网络删除学习（Destructive Leaning）的规则提取方法。该方法利用了删除后的网络包含更精彩的知识这一思想，与其他算法不同之处在于增加了一个网络删除过程，不仅删除多余的权值连接，而且也删除多余的结点。

第二节　数据挖掘

一、数据挖掘概述

自 20 世纪 90 年代以来，随着数据库系统的广泛应用和网络技术的飞速发展，数据库技术进入了一个新的阶段，即从过去的一些简单数据管理，到图像、音频、视频、网页、电子档案及由计算机产生的各种类型和大量的其他复杂数据的管理，在为我们提供丰富信息的同时，还显示了明显海量信息特征。人们希望能对海量数据进行深入分析，发现并提取隐藏在其中的信息，利用这些数据。但是仅依靠数据库系统的查询、统计等功能，无法根据现有数据预测未来的发展趋势，也无法发现数据中存在的规则和关系，更缺乏挖掘数据背后隐藏知识的手段。正是在这样的条件下，数据挖掘技术应运而生。

数据挖掘（Data Mining）是从大量数据中挖掘知识和规则的高级处理过程，这些数据和知识是隐藏的和未知的，对决策具有潜在价值。由于数据挖掘中使用的数据直接来自数据库，因此数据的组织形式和规模取决于数据库，并且数据挖掘处理的数据量很大，难以确保数据的完整性、正确性和一致性。因此，数据挖掘算法的效率、有效性和可扩展性非常重要。为了提高数据挖掘算法的效率，我们需要充分利用现代数据库技术的优势。数据挖掘涉及人工智能技术、数理统计技术、数据库技术、可视化技术、逻辑和哲学等学科，是跨学科整合形成的一个新兴的、广泛应用的研究领域。数据挖掘在中文语境中还可被翻译成知识挖掘、知识提取、知识检查等。

与传统的数据库检索方式不同，数据挖掘技术从一开始就是面向应用程序的。它不仅是对特定数据库的简单检索、统计和调用，还是对这些数据的分析、综合和推理，以查找事件之间的关系，指导实际问题的解决，甚至使用现有数据来预测未来的活动。这样，人们的数据应用将从低级的查询操作改善到为各级决策者提供决策支持。

数据挖掘起源于知识发现（Knowledge Discovery in Database，KDD），是知识发现的一个关键步骤。1989 年 8 月，Gregory I. Piatetsky-Shapiro 等人在美国底特律的国际人工智能联合会议（IJCAI）上召开了一个专题讨论会，首次提出知识发现和数据挖掘的概念。知识发现的过程是一种以知识用户为中心的人机交互探索过程，从数据中识别有效的、潜在有用的、最终可理解的模式，包括数据清理、数据集成、数据过滤、数据转换、数据挖掘、模式评估、知识表示和其他处理过程。每个步骤都相互影响，并形成一个螺旋上升的过程。如图 2-6 所示，数据挖掘是知识发现的一个重要步骤。有时可以不加选择地使用知识发现和数据挖掘。通常，数据库领域的知识发现被划分为研究领域，而数据挖掘则被划分为工程领域。

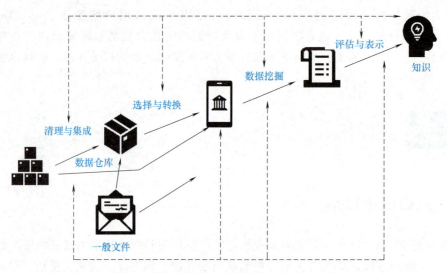

图 2-6　数据挖掘是知识发现的一个重要步骤

二、数据挖掘的构成和分类

一个典型的数据挖掘系统主要由以下部分组成：

（1）数据仓库或其他信息库　这是一个或一组数据库、数据仓库、展开的表或其他类型的信息库，可以在数据上进行数据清理或集成。

（2）数据库或数据仓库服务器　根据用户的数据挖掘请求数据库或数据仓库服务器负责提取相关数据。

（3）知识库　领域知识，用于指导搜索或评估结果模式的兴趣度。

（4）数据挖掘引擎　这是数据挖掘系统最基本的部分，由一组功能模块组成，用于特征、关联、分类、聚类、演变和偏差分析。

（5）模式评估　该部分通常使用兴趣度度量，并与数据挖掘模块交互，以便将搜索聚焦在有趣的模式上，它是使用兴趣度阈值过滤发现的模式。

（6）图形用户接口　该模块使用户与挖掘系统对接，允许用户与系统进行交互，决定数据挖掘查询或搜索聚焦，根据数据挖掘的中间结果进行探索式数据挖掘。此外，该模块还允许用户浏览数据库和数据仓库模式或数据结构，评估挖掘的模式，以及以不同的形式对模式进行可视化处理。

数据挖掘有多种分类方式见表 2-1。同时，数据挖掘也可以按照行业应用来进行分类，比如生物医学、交通、金融等行业都有其独特的数据挖掘方法，并不能做到应用同一个数据挖掘技术到各行业领域。

表 2-1　数据挖掘的分类

分类依据	分类
按挖掘的数据库类型	文字型、网络型、Time 型、Space 型
按挖掘的知识类型	高抽象层、原始数据层、多个抽象层
按所用技术类型	模式识别、神经网络、可视化、统计学、面向数据库或仓库技术

三、数据挖掘的方法

利用数据挖掘进行数据分析常用的方法或关键技术主要有关联分析、时序模式、聚类、分类、偏差检测和预测六项，它们分别从不同的角度对数据进行挖掘，用于描述对象内涵、概括对象特征、发现数据规律、检测异常数据等。

1. 关联分析

关联分析是从数据库中发现知识的一种重要方法。若两个或多个数据项的取值之间重复出现且概率很高时，那么就可以断定它们之间存在着某种关联，因而可以建立起这些数据项的关联规则。例如，在所有购买可乐的顾客当中有约 80% 还会同时购买薯片，这就是一条关联规则。若商店将可乐和薯片放在一起销售，则将会明显提高它们的销量。

大型数据库中，存在着很多类似的关联规则，为了选取有意义的关联规则需要对这些关联规则进行筛选，那些无用的关联规则一般会利用"支持度"和"可信度"这两个阈值来进行淘汰。

"支持度"表示该规则所代表的事例（元组）占全部事例（元组）的百分比，如同时购买了可乐和薯片的顾客占全部顾客的百分比。

"可信度"表示该规则所代表事例占满足前提条件事例的百分比，如同时购买了可乐和薯片的顾客占买可乐的顾客中的 80%，则称可信度为 80%。

2. 时序模式

通过时间序列发现具有高重复概率的模式，并在此强调时间序列的影响。例如，在所有购买可换芯碳素笔的顾客中有 80% 在两个月后购买了新的笔芯。

在时序模式下，有必要找出一个规则，即在一定的最短时间内该比率始终高于一定的最小百分比（阈值）。

在时序模式中，一种重要的方法是"相似时序"，这是指按时间顺序查看时间事件数据库以查找另一个或更多相似的时间序列事件。例如，在零售市场中，找到另一个具有类似销售额的部门，以及在股票市场中找到具有类似波动性的股票。

3. 聚类

数据库中的数据可以根据其内部的距离关系划分为一系列有意义的子集，即类。简而言之，就是在原本没有划分类别的数据集合中，根据其内容的"距离"概念集成了多个类别。在同一类别中，个体之间的距离较小，而在不同类别中的个体之间的距离较大。聚类可以增强人们对客观现实的理解，即通过聚类建立宏观概念，如将牛、马、羊等聚类到牲畜中。

常用的聚类方法有神经网络、统计分析和机器学习等。在神经网络中，使用自组织神经网络进行聚类，如 ART 模型、科霍嫩（Kohonen）模型等，给定距离阈值后，将根据阈值对样本进行聚类，是一种无监督的学习方法。在统计分析中，聚类分析基于距离，如欧几里得距离、海明距离等。这种聚类分析方法是一种基于全局比较的聚类。它需要考察全部个体以确定分类。在机器学习中，聚类是无监督的学习。这里的距离是根据概念的描述确定的，因此聚类也称为概念聚类。当聚类对象动态增加时，概念聚类称为概念形成。

4. 分类

分类在数据挖掘中的使用最为广泛。在聚类的基础上，分类是找出所确定类的概念描述，该类描述表示该类数据的整体信息。通常，它由规则或决策树模式表示，可以将数据库中的元组映射到给定类别。

一类的内涵描述可分为特征描述和判别描述。特征描述是类中对象共同特征的描述；判别描述是对两个或多个类之间差异的描述。特征描述允许不同的类具有共同的特征，而判别描述对于不同的类不能具有相同的特征，用得更多的是判别描述。在数据库中，存在噪声数据（错误数据）、密度不均、缺陷值等诸多问题，这将严重影响分类算法获得的知识。它可以应用于客户分类、客户属性和特征分析、客户购买趋势预测、客户满意度分析等。例如，汽车零售商可以根据客户对汽车的喜好将其划分为不同的类别，以便营销人员以这种喜好将新的汽车手册直接邮寄给客户，从而增加商机。

分类是利用训练样本集（已知数据库元组和类别所组成的样本）通过有关算法而求得。建立分类决策树的方法，典型的有 ID3、C4.5 和 IBI-E 等方法。建立分类规则的方法，典型的有 AQ 方法、粗糙集方法、遗传分类器等。

5. 偏差检测

数据库中可能存在很多异常情况，因此找到这些异常情况以引起人们的注意也很重要。偏差包括分类异常示例、模式异常、观测结果与模型预测的偏差、量值随时间变化等内容。

偏差检测的基本方法是找到观测结果与参照之间的差异。观测结果通常是某一阈值或多阈值的汇总。参照是给定模型的预测、外界提供的标准或其他观察结果。

6. 预测

预测是使用历史数据找出变化规律，建立模型，并使用该模型预测未来数据的类型和特征的手段。

典型的预测方法是统计机器学习中的回归分析，它使用大量历史数据来建立以时间为变量的线性回归方程或非线性回归方程。只要输入任何时间值，就可以通过回归方程获得时间的预测值。分类也可以用于预测，但是分类通常用于离散值，而回归预测用于连续值。神经网络方法可用于连续和离散数值预测。

四、数据挖掘的过程

如图 2-7 所示，一般来说，数据挖掘过程有确定挖掘目的、数据准备、进行数据挖掘、结果分析、知识的同化五个步骤。

1. 确定挖掘目的

清晰地定义出业务问题、认清数据挖掘的目的是数据挖掘的重要一步。挖掘的最后结果是不可预测的，但要探索的问题应是可预见的，为了数据挖掘而数据挖掘则是盲目的，不会成功。应该根据任务的目的选择数据集，或者从实际中构造自己需要的数据。

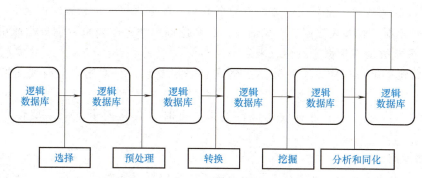

图 2-7　数据挖掘过程的五个步骤

2. 数据准备

数据准备是决定整个数据探求是否成功的关键性步骤，通常要占去整个数据挖掘项目的半数时间。因为数据库包含了庞大数据，任何一种数据挖掘算法都不可能处理所有的原始数据。这就要求我们利用其中的某一部分的数据，并寄希望于我们从中得到的结果对于整个数据库具有代表意义。

这个阶段可以再分成数据选择、数据预处理、数据转换三个子步骤。

（1）数据选择　搜索与目标对象有关的所有内部和外部数据信息，并从中选择适合数据挖掘应用的数据；数据集成将合并多个文件和多个数据库操作环境中的数据，解决语义歧义、清理脏数据和处理数据遗漏等问题。数据选择的目的是识别需要分析的数据集，缩小处理范围，提高数据挖掘的质量。

（2）数据预处理　数据预处理是为了克服当前数据挖掘工具的局限性，研究数据的质量，并确定将要进行的挖掘操作的类型，以提高数据的准确性、完整性和一致性，为进一步的分析做准备。数据预处理包括数据清理、数据集成、数据归约、数据变换等方法，见表 2-2。

表 2-2　数据预处理

方法	说明
数据清理	填充缺失值、光滑噪声、识别离群点
数据集成	集成多个数据库
数据归约	数据集的简化表示
数据变换	规范化、数据离散化、概念分层等

1）数据清理。忽略元组、人工填充缺失值、使用属性的中心度量填充、给定同一类所有样本的属性均值或中位数填充、最可能的值填充。

2）数据集成。实体识别、冗余和相关分析（如卡方检验、相关系数、协方差等）。

3）数据归约。维规约（小波变换和主成分分析，最常用）、数量规约（较小的数据替代原始数据）、数据压缩（有损和无损两种，尤其在图像、视频等多媒体中常用）。

4）数据变换。将数据转换成一个分析模型。这个分析模型是针对挖掘算法建立的，是数据挖掘成功的关键。

（3）数据转换　数据转换是对数据进行规格化，使其满足某种挖掘工具和算法的要求，

29

以进一步提高挖掘效率。常采用的方法有数据分割、数据规格化、新属性构建等。

1）数据分割。太大块数据缺乏灵活性，影响挖掘效率，应该将数据分割成更有利于挖掘的形式，分割方法常根据实际情况来确定。

2）数据规格化。有些算法对数据的格式有一定要求，在使用它们时要对数据进行规格化。

3）新属性构建。为了更有效地进行挖掘，有时需要从两个或更多属性中构建新的属性。

3. 数据挖掘

对得到的经过转换的数据进行实际的挖掘工作，包括以下要点：

1）决定如何产生假设。采用发现型（Discovery-Driven）的数据挖掘，让数据挖掘系统为用户产生假设；或者采用验证型（Verification-Driven）的数据挖掘，用户自己对数据库中可能包含的知识提出假设。

2）选择合适的工具。

3）挖掘知识的操作。

4）证实发现的知识。

4. 结果分析和同化

结果分析是根据最终用户的决策目的，对提取的信息进行分析，找到最有价值的信息，这一步骤往往与知识同化有着紧密联系，即通过决策支持工具移交给决策者，将分析所得到的知识集成到所要应用的地方。因此，这一步的任务不仅是把结果表达出来，还要对信息进行过滤处理。使用的分析方法根据数据挖掘操作而定，通常会用到可视化技术。因为事物在不断变化发展，很可能过一段时间之后，模型就不再起作用了。因此随着使用时间增加，要重新对模型做测试，甚至需要重新建立模型。

5. 知识的同化

将分析所得的知识集成到业务信息系统的组织结构中去，使这些知识在实际的管理决策分析中得到应用。

五、数据挖掘的发展

数据挖掘技术主要经历了四个阶段。第一阶段是电子邮件阶段，20 世纪 70 年代，随着美国信息高速公路的建设，网络信息数据以每年几倍的速度增长，该阶段数据挖掘技术属于独立系统，支持一个或多个模型；第二阶段是信息发布阶段，20 世纪 90 年代，Web 技术的创新，导致网络信息呈现爆炸式增长，很多企业处于粗放式营销模式，该阶段的数据挖掘技术已经可以集成数据库，系统支持多种挖掘模型同时运行；第三阶段属于电子商务阶段，21 世纪初，IBM、HP、Sun 等信息技术厂商将互联网转换成为常用的商业信息网络，该阶段的数据挖掘技术可以对数据进行管理，同时集成了预言模型系统；第四阶段是全程电子商务阶段，SaaS（Software as a Service，软件即服务）模式的出现延长了电子商务产业链，原始数据挖掘技术成为一门独立的学科，该阶段的数据挖掘技术将移动数据及各种计算设备的数据进行了有机融合。

经过几十年的努力，对于数据挖掘技术的研究已经取得了丰硕的成果。目前，对 KDD

的研究主要围绕理论、技术和应用这三个方面展开。多种理论与方法的合理整合是大多数研究者采用的有效技术。

21世纪以来，国内外数据挖掘的新发展主要有对发现知识的方法的进一步研究。例如，近年来注重对 Bayes（贝叶斯）方法及 Boosting 方法的研究和改进提高；KDD 与数据库的紧密结合；传统的统计学回归方法在 KDD 中的应用；对海量数据的处理；将粗糙集和模糊集理论二者融合用于知识发现；构造智能专家系统及研究中文文本挖掘的理论模型与实现技术等。在应用方面主要体现在 KDD 商业软件工具从解决问题的孤立过程转向建立解决问题的整体系统，主要用户有保险公司、大型银行和销售业等。许多计算机公司和研究机构都非常重视数据挖掘的开发应用，IBM 和微软都相继成立了相应的研究中心。使用数据挖掘技术解决大型或者复杂的应用问题是数据挖掘研究领域重要的任务。

第三节　机器学习

一、机器学习概述

机器学习（Machine Learning）是一种研究学习的理论，其通过计算机模型，模拟或实现人类的学习行为，给予计算机学习能力，进而获取新的知识或技能，或者重新组织已有的知识结构，使之不断改善自身性能的过程、原理和方法。机器学习是人工智能的研究核心，是计算机具有智能的重要标志。机器学习也是一种知识获取手段，可由计算机取代部分知识工程师和领域专家的工作。

人们研究机器学习的目的主要是希望理论上能够从认知科学的角度研究人类学习的机理，工程上开发具有学习能力的计算机系统。

二、机器学习的发展

机器学习的发展过程大体分为五个发展阶段。

第一阶段始于 20 世纪 50 年代中期，数值表示和参数调整是这一阶段的一个重要特点，这期间最具代表性的工作有 Rosenblatt 在简单 MP（麦卡洛克-皮特斯）模型上研究的感知机神经网络；采用了判别函数法的 A. L. Samuel 的计算机跳棋学习程序（曾击败过州级冠军）。

第二阶段始于 20 世纪 60 年代初期，概念学习和语言获取是这一阶段的主要研究方向，因此第二阶段也被一些人称为符号概念获取阶段。这一时期的代表性工作有 E. Hunt 的决策树学习算法 CLS 和 Winston 的积木世界结构学习系统。另外，这一时期，在学习计算理论方面，出现了极限辨识理论。

第三阶段始于 20 世纪 70 年代中后期，随着机器学习的逐渐兴盛，各种学习策略、学习方法相继出现，除了归纳学习这种主流学习方法以外，还出现了诸如类比学习、解释学习、观察和发现学习等学习策略和学习方法。这一时期比较有影响力的工作有利用信息论的 ID3

方法、数学概念发现系统 AM、学习质谱仪预测规则系统 Meta-DENDRAL、利用 A011 方法学习大豆疾病诊断规则系统、符号积分系统 LEX 及物理化学定律重新发现系统 BACON。关于学习计算理论的研究，则在 L. G. Valiant 提出的概率近似正确 PAC 学习模型等成果的推动下得到了发展。

第四阶段始于 20 世纪 80 年代中后期，神经网络的重新兴起使得机器学习也得到了发展。这一时期所提出的使用隐含层神经元的多层神经网络及误差反向传播算法，克服了早期线性感知机的局限性，而使非符号的神经网络的研究得以与符号学习并行发展。同时，机器学习在符号学习的各个方面更加深入、广泛地展开，并形成了较为稳定的几种学习风范，如分析学习（特别是解释学习和类比学习）、归纳学习、遗传学习等。在这一时期出现的比较有影响力的工作有多层神经网络 BP 学习算法、一系列的决策树归纳学习方法、基于解释的学习、J. H. Holland 遗传学习和分类器系统 A. Newell 等的 SOAR 学习系统，以及 PRODIGY 学习系统等。

第五阶段就是近几年的时间，知识发现和数据挖掘的快速发展，使得机器学习的方法和技术得到了继承和发展，并用于从数据库中获取知识。机器学习中的归纳学习、遗传算法、神经网络等方法都被引入了数据挖掘。在这一时期有影响力的工作主要包括粗糙集的属性约简和知识获取、关联规则挖掘，以及数据仓库的多维数据分析等。

可见，数据挖掘是机器学习发展的新阶段，也是机器学习和数据库结合的一门新学科方向。近来，深度学习已成为人工智能和机器学习的新潮流。

三、机器学习的方法

与人类有着多种多样的学习方法一样，机器学习也有很多方法。根据机器学习所采用的学习策略、知识表示方法及其应用领域，可将机器学习方法划分为六类，下面分别加以叙述。

1. 机械学习（Rote Learning）

机械学习就是直接把知识存储起来，需要时只需对存储的知识进行检索即可，不需要进行额外的推理和计算。这种学习方法是非常直接的，不需要系统进行过多的加工。机械学习应注意以下几个问题：

1）采用适当的存储组织来存储组织信息以加快检索速度。因为只有检索的速度比推理或计算的速度更快时，机械学习才有意义。

2）信息的适用性问题，在急剧变化的环境下，学习到的信息在短时间内就会过时，不再具有适用性，因此不适合对其进行机械学习。

3）存储与推导计算之间的权衡，对于一条信息，应对存储该信息所占用的存储空间与检索其所需要的时间进行估算，然后将其费用与推导或计算该信息的费用相比，只有存储与检索该信息的费用少时，存储该信息才是有利的。

2. 通过采纳建议学习（Learning by Advicetaking）

这种方法是接受并记住专家提出的建议，并用于指导以后的求解过程。

采纳建议学习系统的实现步骤如下：

（1）请求 向人类专家请求建议，可以要求专家给出一般建议，也可以要求专家找出知识库中存在的错误并要求专家给出修改办法。

（2）解释　接受专家的建议并转化成内部形式。如果专家的建议以自然语言的形式给出　因为有一个自然语言理解的问题，所以解释过程相当困难。为了简化解释过程，专家的建议应以受限制的自然语言给出。

（3）实用化　将信息从建议的级别转化为执行系统可以使用的级别，即将抽象的建议转化为可以执行的规则。

（4）并入　在知识库中加入已形成的知识。有两个问题可能会在并入过程中出现，一个是知识的重叠应用问题，另一个是产生矛盾性动作问题。解决的方法则分别是对新的规则进行修改和利用元规则排序，以确定哪些规则应优先使用。

（5）评价　通过系统的执行效果对新的知识做出评价，如果效果不佳则应当将系统的评价反馈到请求步骤，通知人类专家并请求附加建议。

3. 通过例子学习（Learning from Examples）

这种学习方法也称为归纳学习（Learning by Induction），系统从环境提供关于实例的输入和输出描述的信息这类特殊知识中归纳出一般规则来。

4. 通过类比学习（Learning by Analogy）

类比学习就是在几个对象之间检测相似性，根据一方对象所具有的事实和知识，推论出相似对象所具有的事实和知识。这时，环境提供的信息是另一问题，甚至是另一领域的知识，这个问题或领域与未知问题或领域在某些方面有相似之处，即具有共同的性质，学习系统要根据相似性推论出未知问题或领域的知识。

5. 基于解释的学习（Explanation-Based Learning）

这种方法根据应用领域的知识，从单个训练例得出正确的抽象概念。这种方法可以仅根据一个训练例进行学习，且能够对该训练例之所以是所学概念的一个例子的原因进行解释。

6. 通过观察学习（Learning from Observation and Discovery）

这种方法的学习策略，是在没有帮助的条件下，搜索规律性和一般规则，以解释观察到的事物。

上述几种方法是在符号机制下根据学习策略进行分类的。近年来，随着新的机制与算法的兴起，又出现了一些新的学习方法，下面是两种主要的方法：

（1）连接机制学习（Connectionist Learning）　连接（Connectionism）机制与人工智能传统的符号（Symbolism）机制形成了人工智能的两大学派。连接机制由一些相同的单元及单元间带权的连接组成，是一种非符号的、并行的、分布式的处理机制，连接学习就是通过训练实例来调整网络中的连接权，比较有名的网络模型和学习算法有单层感知器（Perceptron）、Hopfield 神经网络、玻尔兹曼机（Boltzmann Machine）和 BP 算法等。

（2）遗传算法（Genetic Algorithm）　遗传算法模拟了生物界的遗传机制（互换、倒位突变等）和达尔文的自然选择学说（在每一生态环境中适者生存）。具体来讲，就是一个概念描述的变形对应于一个物种的个体，这些概念的变化和重组用一个目标函数（相应于自然选择的准则）来衡量，看其中哪些能够保留在基因库中。遗传算法适用于非常复杂的环境，如带有大量噪声和无关数据的不断更新的事物，不能明显和精确地定义目标，以及通过很长的执行过程才能确定当前行为的价值等情况。

四、机器学习的过程

机器学习系统的一般结构如图 2-8 所示。

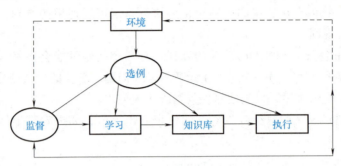

图 2-8　机器学习系统的一般结构

当监督环节为示教式时，图 2-8 所示为示教式学习系统；当监督环节为监督器时，图 2-8 所示为自学学习系统；当环境与系统不直接联机时，图 2-8 表示离线式学习系统；当环境与系统直接联机时，图 2-8 表示在线式学习系统。系统中的环境、学习、知识库、执行四个环节是构成机器学习系统的基本组成环节。其中环境和知识库是以某种知识表示来表达的信息描述体，分别代表外界信息的来源和系统拥有的知识（包括学习的结果）。而学习环节和执行环节代表两个过程：学习环节对环境所提供的信息进行处理，以便改善知识库中的显示知识；执行环节利用知识库的信息来完成某种任务。

通常情况下，机器学习系统的过程：①由环境通过选例环节给学习环节提供信息；②学习环节利用这些信息对显示表示的知识库进行知识的扩充和改进；③执行环节利用知识库的知识，采取相应的行动去完成工作任务，行动结果直接引起环境的变化；④环境通过监督环节给出评估信息又反馈给学习环节，学习环节根据这种反馈信息决定知识库是否需要进一步改进或检验上一次获取的知识是否达到了"改善性能"的效果。

五、机器学习在数据挖掘领域的应用

数据挖掘具有复杂的迭代过程，在数据集上不断地循环处理，才能得到有意义的知识或模式，这就需要充分利用计算机在计算和存储上的优势。机器学习是人工智能的一个重要研究领域，目标是使计算机具有自我学习能力，从而使计算机处理数据的性能不断得到改进和提高。Tom Mitchell 曾提出了一个较为经典的定义——机器学习这门学科所关注的问题是计算机程序如何随着经验积累自动提高性能。

由于大多数传统的机器学习算法都是基于内存的，并且无法将 TB 级甚至 PB 级的海量数据加载到计算机内存中，因此许多传统算法无法处理大数据。如何使机器学习算法适应大数据挖掘的需求已成为工业界和学术界的主要研究方向。

在大数据环境中，机器学习算法的设计与实现涉及很多方面，包括分布式计算、数据流技术、云技术等。结合这些技术，机器学习算法可以有效地处理数亿个数据对象，并快速训练模型，从而获得有价值的知识。机器学习技术已广泛用于企业数据挖掘，如推荐系统、智能语音识别、搜索引擎等。随着大数据的发展，关键技术和评估指标的开发与研究对机器学习方法的研究工作提出了新的挑战和要求。

当前，大数据技术已广泛应用于电信、金融和医疗保健等许多行业和领域。在实际应用中如何从高维、稀疏、异构和动态的大数据中获取模式，迫切需要深层机器学习的理论和技术来进行指导。由此可以预见，以下几个领域必然会受到未来的机器学习研究的关注：①超高维数据采样和特征提取；②借助 Hadoop 和 Spark 等分布式计算平台设计和实现分布式机器学习算法；③研究机器学习算法的泛化能力，执行效率和可理解性。

第四节　Web 挖掘

一、Web 挖掘概述

随着互联网技术及 Web 技术的快速普及和发展，各种信息在此基础上迅速发展传播。如何在这个全球最大的数据集合中发现有用信息，已成为数据挖掘研究的热点，Web 挖掘也由此产生。

Web 挖掘是指通过数据技术在万维网数据中发现潜在和有用的模式或信息。Web 挖掘研究涵盖了许多研究领域，包括数据库技术、信息获取技术、统计、机器学习和神经网络等。

与传统的数据和数据仓库不同，Web 上的信息是半结构化或非结构化的，并且是动态的，易于混淆。它必须经过必要的数据处理，否则很难直接从网页上进行数据挖掘。

将数据挖掘技术应用于 Web 数据在理论上是可行的。但是，由于 Web 本身的特性，它面临一些需要克服的技术难题。

1) Web 上的数据量非常大，这样巨大的数据还是动态的，且增长率惊人。简单地为其创建数据仓库显然是不现实的。目前，通用的方法是利用多层 Web 信息库的构建技术进行处理，并以 Web 的海量数据统一视为最详细的一层，而不是像常规的数据挖掘分析技术一样单独做一个历史数据的数据仓库。

2) Web 的结构比普通的文本文件复杂得多，并且可以支持多种媒体的表达。毕竟人们希望通过网络实现世界上各种信息的交换，自然希望在这个平台上可以表达任何信息，这也导致了 Web 数据的复杂性。在网络上，文档通常是异构、分布式、非结构化或半结构化的。XML 技术的出现提供了解决此问题的可行方法。

3) 网络上的数据动态性很强，页面本身的内容和相关链接经常更新，而且 Web 面对的客户也不同，这使得分析用户行为模式变得困难。

4) 尽管 Web 上有很多信息，但实际上并不需要太多信息。如何找到我们需要的信息也是一个难题。

二、Web 挖掘的分类

根据在挖掘过程中使用的数据类别不同，Web 挖掘通常可以分成 Web 内容挖掘（Web

Content Mining）、Web 使用挖掘（Web Usage Mining）和 Web 结构挖掘（Web Structure Mining）三类。

Web 内容挖掘是一个从 Web 内容、数据、文档中获取潜在的有价值的知识或模式的过程。Web 使用挖掘是挖掘用户访问时 Web 在服务器留下的访问记录，挖掘的对象是保留在服务器上的日志信息，也称为 Web 访问信息挖掘。Web 结构挖掘是从万维网的组织结构和链接关系中获取知识，主要通过对网站结构的分析、变形和归纳对网页进行分类，以便于信息搜索。由于超文本之间存在链接，因此万维网上的网页信息远远超过其包含的文本内容。使用这些信息，我们可以对页面进行排序并找到重要页面。

1. Web 内容挖掘

对于 Web 内容挖掘，目前主要有两种常用的技术：

（1）建立在统计模型的基础上 采用的技术有分类、聚类、决策树、关联规则等。然而，图像、音频、视频、多媒体和其他类型的相关数据挖掘技术还不太成熟。目前常用的主文本挖掘技术包括自动文摘、文本聚类、文本分类和关联规则。

1）自动文摘。从文档中提取信息并以简单的形式汇总或解释文档的内容。其目的是压缩文本信息并给出简洁的描述。这样，用户不必浏览全文即可了解文档或文档集合的整体内容。

2）文本聚类。将一组文档根据其内部相似性关系，归纳成若干个类别。

3）文本分类。在现有数据的基础上，学习分类函数或构建分类模型，通常称为分类器。

4）关联规则。发现不同文档间或者同一文档内部内容的关联。发现关联规则的算法通常要经过三个步骤：①数据准备；②给出最小的支持度和最小的可信度，使用数据挖掘工具提供的算法发现规则；③可视化显示、理解、评估关联规则。

（2）建立一个以机器为主的人工智能模型 采用的方法包括神经网络、自然法则计算方法等。

2. Web 使用挖掘

Web 使用挖掘，即 Web 使用记录挖掘。它通过对相关的 Web 日志记录进行挖掘，来找到用户访问网页的模式；通过分析日志记录规则，便能够确定用户的忠诚度和偏好满意度，从而可以找到潜在的用户，并提高站点的服务竞争力。Web 使用记录的数据量巨大，并且数据类型非常丰富，不仅包含了服务器的日志记录，Web 使用的日志数据还囊括了代理服务器的浏览器端的日志注册信息、用户会话信息、交易信息、Cookie 中的信息、用户查询、鼠标点击率和用户与站点之间的其他所有可能的交互式记录。

根据数据源处理方法的不同，Web 使用挖掘可以分为两类：①将 Web 使用记录的数据转换成传统的关系表，然后使用数据挖掘算法挖掘数据关系表；②直接对 Web 使用记录的数据进行预处理和挖掘。

Web 使用情况会详细、稳定地记录访问者访问 Web 服务器的信息。因此，就可以利用这些原始数据来做一些研究，如分析系统性能，通过 Web 缓存来改进系统设计，使页面缓存机制更符合实际需求，并能动态适应访问者访问行为模式。这些分析还可以为单个用户构建定制的 Web 服务。在这些分析结果的驱动下，我们可以使网站更加智能化，实现迅速且精准地找到用户所需的信息，从而为不同的用户提供个性化的服务，并针对用户提供产品的营销策略信息。

3. Web 结构挖掘

Web 结构包含了在不同网页之间的超链接结构，可以用 HTML 和 XML 表示的树形结构，以及文档 URL（Uniform Resource Locator，统一资源定位系统）中的目录路径结构。Web 结构挖掘的对象是 Web 本身所包含的超链接，即挖掘 Web 文档的结构。对于一组特定的 Web 文档，该算法可以找到有关它们之间的连接的有用信息。例如，文档之间的超链接反映了文档之间的包含、引用或从属关系。这些超链接中具有潜在的人类语义。Web 结构挖掘技术主要就是通过对这些超链接进行分析，将潜在的语义明确表示出来。搜索引擎中面临的一个重要问题是如何确定页面的重要性。对于信息用户而言，用户不仅希望检索出所需信息，还希望检索出的信息具有高质量、权威性。

Web 结构挖掘将网页之间的关系分为入站连接和出站连接，并使用引用分析方法查找同一网站内及不同网站之间的连接关系，其中 HITS（Hyperlink-Induced Topic Search，超文本敏感标题搜索）算法和 PageRank 算法便是极具代表性的著名算法。他们的共同点是使用某种方法来计算网页之间超链接的质量，从而达到获取页面的权重的目的，著名的搜索引擎谷歌就是采用了这种算法。

另外，在 Web 数据仓库环境中进行挖掘是对 Web 结构挖掘的另一种尝试，包括通过检查同一服务器上的本地连接来衡量 Web 结构、挖掘 Web 站点的完整性。检查不同 Web 数据仓库中的副本以帮助定位镜像站点；通过发现特定字段中的超链接的层次结构，探索信息流如何影响网站设计。

4. Web 信息抽取技术的分类

Web 挖掘作为一个完整的技术体系，进行挖掘之前的信息检索（Information Retrieval，IR）和信息抽取（Information Extraction，IE）相当重要。信息检索的目的是找到相关 Web 文档，它把文档中的数据看作未经排序的词组的集合；而信息抽取的目的是从文档中找到需要的数据项目，它的一个重要任务就是对数据进行组织整理并适当建立索引。相对而言，信息检索的理论和方法较为成熟，已在 Web 中广泛应用，而信息抽取则是近年来发展起来的，下面将具体介绍信息抽取相关技术。

关于 Web 信息抽取技术的分类方式有多种：依据自动化不同程度可以将 Web 信息抽取分为人工方式、半自动化方式和全自动化方式三类。这种分类方式主要根据 Web 信息抽取的核心——包装器（Wrapper）的生成方式的不同来分类的。采用人工方式信息抽取的系统主要有 W4F、informia、ANDES 等，采用自动半自动化方式信息抽取的系统主要有 XWRAP、WIEN、Softmealy、Stalker 等。

根据各种信息抽取工具所采用的原理不同，可以将现有的信息抽取分为五类：基于 NLP（Natural Language Processing，自然语言处理）方式的信息抽取、基于 Wrapper 方式的信息抽取、基于 Ontology（本体论）方式的信息抽取、基于 HTML 结构的信息抽取和基于 Web 查询的信息抽取。

（1）基于 NLP 方式的信息抽取　基于 NLP 方式的信息抽取过程通常可以分为语音、单词、词性语法分析、语义标注、专有对象（如人、公司）的识别和抽取规则，包含大量文本（尤其是符合语法要求的文本）的网页更适合采用这类方法。在某种程度上，它使用传统的自然语言处理技术将网页的文本部分分为多个句子，标记每个句子的句子成分，然后将标记的句子语法结构与自定义的语言模式（规则）进行匹配从而获得句子的内容。也就是说，通过使用句子结构、短语和句子关系建立基于语法和语义的提取规则，以实现信息抽取。规则可以手动制定，也可以从人工标签的语义数据库中主动学习。该方法的难点在于：抽取速度很慢，信息抽取与文本理解之间存在比较大的不同信息，抽取只关注相关的抽取内容，而文本理解则要能理解作者的用意和目的。采用这种原理的典型的系统目前有 RAPI-ER、SRV、WNISK。

（2）基于 Wrapper 方式的信息抽取　采用这种方式进行信息抽取，原理上会要求先由用户标注一组为样例的 Web 页面文档，然后使用机器学习方式的归纳算法，再基于定界符的生成某种特定的抽取方法，从而获得待抽取数据在 Web 页面中的结构特征，最终达到实现数据抽取的目的。通常情况下是选择样本页面和模式，进而生成模式信息和提取规则，并存入知识库；然后使用知识库自动从其他类似页面中提取信息，根据对象关系模型重新组织信息，并将其存储在数据库中来为查询和各种应用程序提供基础支持。与基于 NLP 方式的信息抽取技术相比，这种信息抽取技术最显著的区别在于它仅使用语义项的上下文来定义信息，而不使用语言的语法约束。目前采用这种方式的典型系统有 STALKER、SOHTMEALY、WIEN。

（3）基于 Ontology 方式的信息抽取　"Ontology"在哲学范畴中指的是对自然存在的一个系统的阐述，客观事物的抽象本质是其所关注的焦点。Ontology 应用在计算机领域可以构造对象模型，以及对象的关系和属性。基于 Ontology 方式的信息抽取首先需要构建一个知识库，知识库包含各个元素一系列的属性和关系。在进行信息抽取之前，将包含有数据的各个记录块分隔开来，再对各个记录块分别进行抽取。这种抽取方式不依赖于任何结构和表现形式，它使用本体来界定主要信息并根据这些信息元素构造对象。不过，它首先需要专家花费很长时间构建一个完整的本体库；再利用本体库得到形式化的表达；还要利用这些定义关系参与网页中文本的语法分析，并把语法分析获得的结果和本体标记规则相结合；一起生成信息标记器；最后运用信息抽取器获得有用的信息。

（4）基于 HTML 结构的信息抽取　基于 HTML 结构的信息抽取就是先根据 Web 页面的结构特点，定位要抽取的信息。在对信息抽取之前，使用解析器把 Web 页面文档分解成一个语法树，通过自动或半自动的方式形成一个相应的正则表达式（Regular Expression）形式的抽取规则，将数据从文档中提取出来的过程化为对语法树的操作来实现信息抽取。目前有 w4F、XWRAP 和 RoadRunner 等典型系统采用该类技术。

（5）基于 Web 查询的信息抽取　互联网本来就是一个巨大的数据库，基于 Web 查询的信息抽取就是利用数据库技术在对互联网的网上数据进行管理和查询，将 Web 信息抽取转化成运用标准的 Web 查询语言对 Web 页面文档进行查询，具有很强的通用性。采用这种技术的系统有 Web-OQL 及自主开发的原型系统 PQAgent。

三、Web 挖掘的过程

Web 挖掘一般包含以下过程：

1）查找资源。从目标 Web 文档中得到数据，除了在线 Web 文档，还包括电子邮件、电子文档新闻组及网站的日志数据，甚至是通过 Web 形成的交易数据库中的数据。

2）信息选择和预处理。从取得的 Web 资源中剔除无用信息，并对信息进行必要的整理。例如，从 Web 文档中自动去除广告链接，去除多余格式标记、自动识别段落或字段并将数据组织成规整的逻辑形式甚至是关系表。

3）模式发现。在同一个站点内部或在多个站点之间自动进行模式发现。

4）模式分析。验证、解释上一步骤产生的模式。该任务可以机器自动完成，也可以通过与分析人员进行交互来完成。

四、Web 挖掘技术的应用

21 世纪互联网技术的普遍应用，如何统计和挖掘越来越丰富的网络数据成为科学领域研究的重要课题。当前，Web 数据挖掘的研究重点已从理论转向应用，Web 数据挖掘在以下实际生活领域中已得到普及：

（1）Web 数据挖掘应用于电子商务　电子商务网站存在大量客户访问记录，将数据挖掘技术应用在电子商务中的 Web 日志和访问内容中，可以为不同的用户提供个性化的产品，从而做到对于用户群体的精确定位，更好地开展电子商务工作。有利于电子商务经营商挽留老客户、挖掘潜在的消费客户，为了便于用户浏览，引导用户消费，可以对电子商务站点设计进行改进，促进电子商务经销商与客户之间的联系。

（2）Web 数据挖掘应用于网页搜索　在互联网飞速发展的时代，为了更好地适应用户的个性化需求，解决用户信息利用率低的问题，可以将 Web 数据挖掘技术应用到 Web 检索中，以提高 Web 检索的速度和准确率。具体方法：利用文本个性化推荐提高用户体验质量；对页面的权威度进行分析并排序，仅仅给用户查看权威度高的页面；通过分析用户历史浏览记录，发掘用户兴趣偏好，实现个性化推荐等。

（3）Web 数据挖掘应用于知识定向服务　利用 Web 数据挖掘技术，可以从 Web 浏览页面中收集基本网页信息（如页面布局、网页主题、文字间相互关系、网页关键元素等），并创建面向个性化定制领域的知识系统，将 Web 页面中的文本信息重排，提供个性化的知识定向服务。

（4）Web 数据挖掘应用于政府部门　运用 Web 数据挖掘技术建立健全政府政务决策导向系统，通过对政府公开网站站点数据进行统计分析，挖掘普通百姓真正关心的热点问题，为政府高层领导提供决策信息，为政府出台重大惠民政策提供数据支撑。

第五节　文本挖掘

一、文本挖掘概述

文本挖掘是指从文本文件中提取有价值的知识，并利用它更好地组织信息的过程。通过使用基于案例的推理、可能性理解和其他神经网络智能算法，并结合文字处理技术，通过分析大量非结构化文本源（如文档、电子表格、客户电子邮件、网页等），提取或标记关键字的概念，以及文字之间的关系，根据内容对文档进行分类，从而发现和提取隐藏的未知知识，最终形成用户可以理解的有价值的信息和知识。文本挖掘是知识获取的一个分支，是人工智能研究领域中自然语言理解与计算机语言学的结合用于基于文本信息的知识发现，是一个跨学科领域，并且涉及许多技术，如数据挖掘、信息检索、机器学习、自然语言处理、计算语言学、统计数据分析、线性几何、概率论和图论等。

二、文本挖掘的发展

文本挖掘的产生主要源于人们发现传统的信息检索技术已不能满足海量数据的处理需求。特别是随着互联网时代的到来，用户可以获得大量的非结构化文本数据，包括技术数据、业务信息、新闻报道、娱乐信息和其他类别的文档，这些数据构成了一个巨大的异构开放的分布式数据库。

Web 挖掘侧重于分析和挖掘网页相关的数据，包括文本、链接结构和访问统计（最终形成用户网络导航）。Web 挖掘就包含了文本挖掘、数据库中的数据挖掘、图像挖掘等，因为网页包含多种不同的数据类型。实际上，当数据挖掘的对象完全由文本组成时，该过程就变成了文本数据挖掘。将文本挖掘集中在 Web 文本信息上，就产生了基于 Web 的文本信息挖掘。作为数据挖掘的新领域，文本挖掘旨在将文本信息转换为人类可用的知识。

根据挖掘对象的不同，文本挖掘可以分为基于单个文档的数据挖掘和基于文档集的数据挖掘。基于单个文档的数据挖掘在文档分析中仅针对单个文档进行而不涉及其他文档。它的主要挖掘技术包括文本摘要和信息提取（包括名称提取、短语提取、关系提取等）。基于文档集的数据挖掘则是针对大规模文档数据的模式提取。它所应用的主要技术包括了文本分类、文本聚类、个性化文本过滤和因素分析等。

基于 Web 的文本信息挖掘与 Web 挖掘密切相关。因为存在于 Web 上的信息在很大程度上是文本信息，所以，Web 文本挖掘是 Web 挖掘最重要的部分，并且被认为具有比数据挖掘更强的商业潜力。实际上，研究结果表明，一般公司的信息有 80% 包含在文本文档中。Web 文本挖掘主要是对 Web 上大量文档集合的内容进行总结、分类、聚类、关联分析，以及利用 Web 文档进行趋势预测等。Web 文本挖掘中，文本的特征表示是挖掘工作的基础，文本的分类和聚类则是最重要、最基本的挖掘功能。

三、文本挖掘的方法

目前，对于自然语言处理的方法主要包含三类：①基于语言学和人工智能的方法；②基于语料库和统计语言模型的方法；③混合的方法。第一种方法是一种理性主义（Rationalism）方法，又称为基于规则的方法；第二种方法是一种经验主义（Empiricism）方法，又称为基于统计的方法；混合的方法是指理性主义方法与经验主义方法的有机结合。

1. 从语句分析的角度分类

从语句分析的角度讲，文本知识获取的方法主要有基于语句分析的方法和基于语境的方法两种。文本分析法（Text Analysis Approaches）的具体步骤：首先对文本进行词性标注，然后将出现频率高的词语识别为领域概念，最后人工验证概念并做人工标注。

2. 从学习的角度分类

从学习的角度讲，文本知识获取方法主要有机器学习方法和基于记忆的方法。

（1）机器学习方法（Machine Learning Approaches） 首先对文本进行词性标注和句法分析，然后提取语言表层形式相关的概念，最后由关联学习算法来识别具有某种关系共现的概念。采用的机器学习算法主要有关联学习算法和自底向上学习算法。

（2）基于记忆的方法（Memory-Based Acquisition） 首先假定一些概念已经包含在系统中，然后提取与文本所描述的概念最相关的系统概念，并分析概念之间的区别。

3. 从人机交互的角度分类

从人机交互的角度讲，文本知识获取方法可分为交互的方法和非交互的方法，也可分为监督的方法、无监督的方法及半监督的方法。

4. 从规则的构造方法的角度分类

根据规则的构造方法，从文本中提取信息的主要方法有人工方法和自动训练方法两种。

（1）人工方法 指手动建立规则以使系统能够处理特定知识领域中的信息提取问题的方法。开发过程可能是费时费力的。

（2）自动训练方法 指系统从带注释的语料库中获取规则，并将训练后的系统用于处理新文本。该方法比知识工程方法要快，但是它需要足够的训练数据来确保结果的准确性。

四、文本挖掘的过程

到达最终用户前，来自各种数据源的文本数据通过挖掘处理主要经过文档预处理、特征信息提取和数据挖掘三个阶段。

1. 文档预处理

当来自各种信息源的文档到达服务器时，首先需要对文档进行过滤以确定这些文档的类型。根据可能的文档类型的特征，它们可以分为结构化文档和非结构化文档。过滤器可以为不同类型的文档提供不同的文本过滤方法。对于结构化文档，过滤器将文档分为自己的组件，如标题、摘要、主要内容、参考目录等。在该步骤中，文档的不同形式（Word 文档、PDF 文档、图像等）都需要转换为 XML 语言中新的相同（或相似）形式，如标题、作者、摘要和全文。对于非结构化文档，需要语言预处理以将其转换为可用形式算术分析，以便可以在下一步中自动提取文档特征信息。它可以使用语法知识将句子分解为基本部分，包括名词、动词、形容词、日期、货币和数字等，并从标题或摘要或所有文档中选择新的关键字。

2. 特征信息提取

特征信息的提取使非结构化数据转化成可以直接记录在数据库中的结构化数据，为下一步的挖掘处理做准备。特征提取主要是识别文本中代表其特征的词项。提取的特征大部分是文本集中表示的概念，由于这些概念包含着重要的信息，因此要提前定义哪些信息必须被抽取和被怎样抽取。目前使用的方法主要有向量空间模型和布尔模型两种，其中向量空间模型是近年来应用较广泛并且效果较好的方法之一。

3. 数据挖掘

利用结构分析、文本摘要、文本分类、文本聚类、关联分析等技术对已经转化为结构化的数据进行数据文本挖掘工作，目前研究和应用最多的几种关键文本挖掘技术有文档聚类、文档分类和自动文摘。

（1）文档聚类　首先，文档聚类常用于查找与某个文档相似的一批文档，并帮助人们查找相关知识；其次，文档聚类可以将文档自动分为几个类别，提供了一种组织文档集的方法；最后，文档聚类可以生成分类器以对文档进行分类。

文本挖掘中聚类的应用场景：①提供大规模文档集内容摘要；②识别文档之间的相似性，从而达到减少浏览相关相似信息过程的目的。常用的聚类方法：层次聚类法、分级聚类法、平面划分法、简单贝叶斯聚类法、K 最近邻参照聚类法和基于概念的文本聚类等。

（2）文档分类　文档分类与文档聚类之间的区别在于，文档分类是基于现有的分类系统表，而文档聚类仅基于文档之间的相似性，没有分类表。由于分类系统表一般更准确，因其科学地反映了某个领域的划分，因此信息系统中使用的分类方法可以让用户手动遍历分级分类系统以找到子集所需的信息，从而达到知识发现的目的。当用户无法准确表示子集的信息需求，或者当用户刚开始联系某个领域并希望了解情况时，这就显得特别有用。

另外，用户在搜索时通常可以获得数千个文档，并且在确定哪些文档与自己的需求有关时会遇到困难。如果系统可以按类别将检索结果呈现给用户，则可以减少用户分析检索结果的工作量，这是自动分类的又一个重用应用。

（3）自动文摘　简而言之，自动文摘是指通过计算机自动从原始文档中提取简单且连贯的短文，以全面、准确地反映文档的中心内容。自动文摘可以自动提取原始文本的主题或中心内容并将其呈现给用户，以便于用户决定是否读取文档的原始文本，从而可以节省大量的浏览时间。它具有通用性、客观性、可理解性和可读性的特点，可以应用于任何领域。根据句子的来源，自动摘要可以分为两类：①提取生成，它完全使用原始文本中的句子生成摘要；②自动生成句子以表达文档的内容。后者的功能更强大，但自动生成句子经常出现新句子不能被理解的情况，因此目前大多使用前者。之后，我们还需要评估和表达模型，即使用已经定义好的评估指标来评估获得的知识或模型。如果评估结果符合要求，则将存储该模式供用户使用；否则，它将返回到先前的链接以进行调整和改进，然后进行新一轮的发现。

五、文本挖掘的研究与应用

拉丁语系国家的研究人员最早展开对文本挖掘的研究。他们的研究基本涵盖了文本挖掘领域中的热点和难点问题，是该领域研究趋势的引领者。其中主要包括：①文本的表示方法及对相关模型的建立；②结合自然语言理解领域的基础进行更深层次语义挖掘的相关研究；③针对文本数据高维性问题的特征提取及降维方法的研究；④针对目标特点选择不同类型的挖掘算法，来解决文本的分类、聚类问题；⑤结合不同领域的文本挖掘的应用，如应用在金融证券领域的股票预测、一些科学研究领域文献的挖掘，以及互联网上的主题检测、Web挖掘、自动问答等。目前使用比较广泛的文本挖掘系统有 KDT、IBM Business Intelligence、TextVis 等。

国内的文本挖掘研究除紧跟国际前沿外，有相当一部分研究集中在如何充分利用中文文本特点更好地进行文本挖掘上。围绕中文文本的处理，特别是结合自然语言理解技术，找到适合中文文本的快速高效方法从而更好地设计和开发中文文本挖掘应用。中国知网的学位论文学术不端行为检测系统、拓尔思的文本检索系统 TRS 和香港科技大学的中文自动问答系统等都是针对不同目标实施的不同的文本挖掘应用实例。

同时，文本挖掘的研究具有广阔的应用背景和商业前景。各行各业历史资料文档的管理、与企业自身相关情报的收集、获取数据的整理、电子邮件文档的分类等都离不开文本数据的分析和处理。文本挖掘不仅可以应用于企业的决策部门，通过分析企业历史文档挖掘出对企业有用的信息从而为决策提供参考，还可以为综合信息网站提供服务，辅助用户对所收集的文档资料进行有意义的整理和分析，为用户的工作提供方便。同时，文本挖掘技术也日益在不同的专业领域发挥出越来越重要的作用。如专利分析、邮件分析和处理、话题识别与跟踪、企事业文档管理等领域都广泛应用了文本挖掘技术。

第六节 图挖掘

一、图挖掘概述

1. 图挖掘的概念

近年来，随着图数据结构越来越多地在日常生活中出现，如社交网络中的照片、生物信息学相关图像、Web 应用的图片等，图挖掘作为数据挖掘的重要组成部分引起了社会各界的极大关注。图挖掘（Graph Mining）是指利用图模型从海量数据中发现和提取有用知识和信息的过程。通过图挖掘所获取的知识和信息已广泛应用于各种领域，如商务管理、市场分析、生产控制、科学探索和工程设计等。图挖掘所涉及的领域主要是图的聚类、图的分类和频繁子图（子结构）挖掘等，其中频繁子图挖掘的目的是找到在图集中频繁出现的子图集模式。由于频繁子图挖掘得到的结果集可以应用到图聚类、图分类等其他图挖掘研究，故在实践中应更加重视频繁子图的挖掘工作。

2. 图数据的定义

图是最常用的数据结构之一，能够描述事物之间错综复杂的关系。在进行图数据挖掘技术的探讨之前，需要先给出图数据的基本定义。

图是由若干结点和连接点与点之间的边所构成的结构，用于描述结点对象之间的特定关系，每一个结点代表一个对象，用边来表示结点之间的确定关系。各结点的位置可以变化，而且点与点之间的连线也可以为任意距离，并没有长短之分，具有拓扑性质。在图论中，网络是顶点和边的集合，通常用 $G=(V, E)$ 表示，V 表示顶点，E 表示边。顶点代表现实世界中的各类实体，两点之间的边表示两个实体的关联关系。作为一种常见的数据结构，采用图论知识来描述各类实体间的数据关系，形式上更生动准确且易于理解。

定义 2.1 标号（确定）图 标号图 G 是一个四元组，$G=((V, E), \Sigma_V, \Sigma_E, L)$。其中，$(V, E)$ 是一个无向图；V 是图 G 的顶点集合；$E \subseteq V * V$ 是图 G 的边集合；Σ_V 和 Σ_E 分别是图 G 的结点标号集合和边标号集合；$L: V \rightarrow \Sigma_V$，$E \rightarrow \Sigma_E$ 是一个函数，用来对顶点和边分配标号。

定义 2.2 不确定图 不确定图 UG 是一个五元组 $UG=((V, E), \Sigma_V, \Sigma_E, L, P)$。其中，$(V, E)$、$V$、$E$、$\Sigma_V$、$\Sigma_E$ 和 L 的定义与定义 2.1 中相同。$P: E \rightarrow (0, 1]$ 是边的存

在可能性函数。

边的存在可能性为 1 表示边一定存在。因此，确定图（定义 2.1）可以看作所有边的存在可能性皆为 1 的特殊的不确定图。如图 2-9 所示为一个不确定图模型。

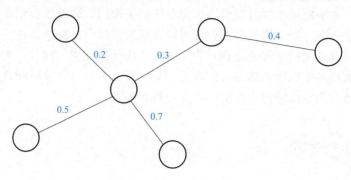

图 2-9　不确定图模型

定义 2.3 子图　设图 $G_1 = ((V_1, E_1), \sum_{V1}, \sum_{E1}, L_1)$，图 $G_2 = ((V_2, E_2), \sum_{V2}, \sum_{E2}, L_2)$，如果存在 $V_1 \subseteq V_2 \cap E_1 \subseteq E_2 \cap L_1 = L_2$，则图 G_1 是图 G_2 的子图，记作 $G_1 \subseteq G_2$。

定义 2.4 图（子图）同构　设图 $G_1 = ((V_1, E_1), \sum_{V1}, \sum_{E1}, L_1)$，图 $G_2 = ((V_2, E_2), \sum_{V2}, \sum_{E2}, L_2)$，如果存在一个 V_1 到 V_2 的双射函数 $f: V_1 \rightarrow V_2$，且 f 满足以下的条件：$e_1 = <v_{1i}, e_{1j}>$ 是图 G_1 的一条边，当且仅当 $e_2 = <f(v_{1i}), f(e_{1j})>$ 是图 G_2 的一条边，则称 G_1 与 G_2 同构，记作 $G_1 \cong G_2$；如果存在 $G \subseteq G_2$，且 $G_1 \cong G$，则称 G_1 与 G_2 子图同构。

图 2-10 表明了图同构与子图同构的不同。其中，图 2-10b 与图 2-10a 同构，图 2-10c 与图 2-10a 子图同构。

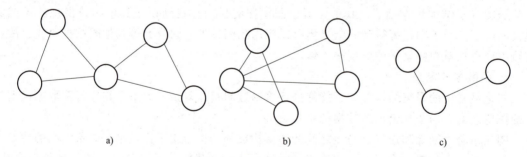

a)　　　　　　　　　　　　b)　　　　　　　　　　　　c)

图 2-10　图同构与子图同构

二、图挖掘的主要内容

长期以来，图数据挖掘问题被广泛研究，主要包括图匹配、图数据中的关键字查询、频繁子图挖掘、聚类及分类等。

1. 图匹配

图匹配是比较图之间的结构相似性。图匹配可以分为精确图匹配和不精确图匹配。精确的图形匹配需要严格的数学描述，这在现实中通常是不实际的。为了进行精确的图形匹配，常用的方法包括图形（子图）同构、最小公共子图、最大公共子图等。对于不精确的图形匹配，测量图形之间差异的最直观方法是编辑距离，即一条从字符串匹配派生的概念。其主要思想是通过编辑操作对结构差异进行建模，这反映出可以通过适当的编辑操作（如修改边属性或删除结点）将不同的结构相互转换。一组标准编辑操作包括结点插入、结点删除、结点替换、边缘插入、边缘删除和边缘替换等。

2. 图数据中的关键字查询

目前，有越来越多的挑战需要基于图数据的关键字查询技术来解决，如排位的准确率、语义查询、效率查询等。通常，图查询会采用图模式（搜索图）作为输入，通常从具有相同或相似图模式的数据库中检索图，从而搜索构成搜索图的每个图模式。关键字查询技术在大型图数据库中主要面临两个挑战：①如何有效挖掘图结构；②如何找到包括所有查询关键字的子图结构。许多图搜索算法的关键字查询结果是包含每个匹配关键字的结点集中至少一个结点的最小根树。一般来说，图形数据的关键字查询算法有两种：①通过挖掘图的连接结构来找到匹配的子图结构，其中具有代表性的算法是双向查询算法和存储库算法，但这些方法还存在一些缺陷，主要是研究人员既不知道图中关键词的分布，也不知道图中的整体结构，因此挖掘带有一定的盲目性；②BLINKS 算法则是基于索引的，使用索引指导图挖掘，并且支持向前跳跃式搜索。

3. 频繁子图挖掘

频繁子图挖掘（Frequent Subgraph Mining）是指在图集合中挖掘公共子结构，常见的频繁子图挖掘算法可以分为基于模式增长的算法、基于模式增长和模式归约算法、基于 Apriori 的算法和基于最小描述长度的近似算法四类。

基于模式增长的频繁子结构挖掘算法主要包括 gSpan、CloseGraph、FFSM（Fast Frequent Subgraph Mining）等。这些算法的频繁子图都是通过逐渐扩展频繁边缘来获得的。gSpan 算法基于深度优先搜索（Depth First Search，DFS）及最右路径扩展技术生成频繁子图，以达到减少冗余候选子图的产生的目的。同时，gSpan 算法通过对访问过的顶点集合反复扩展，可以建立一个完全的深度优先搜索树。另外，gSpan 算法扩展时只对最小的 DFS 编码进行最右扩展，因此可以有效地减少产生复制图的数量。CloseGraph 算法不仅可以减少不必要的子图的生成，还可以提高挖掘大型图数据集的效率。FFSM 是一种使用深度递归来挖掘频繁子图的算法，该算法可以避免图与图之间的直接同构测试。对于子图同构的基本问题，该算法则是通过使用代数图方法进行了有效处理，它的性能相比 gSpan 算法更优。

基于模式增长和模式归约的精确稠密频繁子结构挖掘算法，包括 Splat 和 CloseCut 等，用来在大型关系图中挖掘具有连通性约束的闭频繁图模式。它们采用边连通性的概念并运用相关的图论知识来加速挖掘过程。Splat 是一种模式规约的算法，而 CloseCut 是一种基于模式增长的算法。

基于 Apriori 的频繁结构挖掘算法，包括 AGM（Apriori-based Graph Mining，基于 Apriori 的图挖掘）、FSG（Frequent Subgraph Discovery，频繁子图发现）、路径连接算法等。基于递归统计的 AGM 算法可以通过在每个步骤中添加一个结点来挖掘所有频繁子图，扩展子结构的规模，特别是用于密集数据集的合成。FSG 算法通过一次添加一条边来改进 AGM 算法，以增强对候选子图的修剪和校正，并采取了一些优化措施来计算候选子图的支持度，与 AGM 算法相比提高了执行效率。尽管 FSG 算法仅用于连接图，但是由于实际上许多应用程序都可以转换为连接图，因此 FSG 算法的局限性不会影响其应用范围。

基于最小描述长度的近似频繁子结构挖掘算法，如 SUBDUE 是一个基于图的学习系统，它是建立在最小描述长度（Minimum Description Length，MDL）的基础之上使用贪婪策略来挖掘近似的频繁子结构的。同时，它还支持发现近似结构。根据现有知识修改 MDL 的计算方法，是 SUBDUE 的一大特点，因此其可以灵活地应用于实际问题，如社会关系网络图和其他模糊定义的领域。

4. 图的聚类

目前，图聚类算法的主要研究方向有对象聚类（Object Clustering）和结点聚类（Node Clustering）两个。一个图数据库可以有很多相对小的图构成，也可以只包括一个大图。对于前者，聚类的对象是图本身，图形之间的距离可以通过结构相似性函数（如编辑距离）或通过使用类似于频繁模式的结构特征来测量。对于后者，聚类的对象是在图中具有紧密关系行为的结点，图聚类的目的类似于图分割、图探索等。一些传统技术，如基于距离的结构化方法及基于轮廓的结构化方法，已经逐渐扩展到了结构化数据的聚类算法中。

5. 图的分类

图分类是图挖掘的重要研究分支，根据是否提供训练元组的类别标签，我们可以将图分类分为无监督分类和有监督分类。目前，图分类的方法主要有基于频繁模式分类、基于概率子结构分类和基于核函数分类三种。将频繁子图作为分类特征的算法一般包括挖掘频繁子图、选择分类特征和构建分类模型三个主要步骤。两个标记图之间相似度的度量则通过图核来表示。主流的图核有基于游走的图核（Walk-based Graph Kernels）和基于循环的图核（Cyclic-based Graph Kernel）两种。Horvath 等提出了一种基于核函数的方法，根据图中的环型集和树型集定义图的核函数，然后利用支持向量机进行分类。但是，图核函数的计算仅适用于环数受某个常数限制的图。

三、图挖掘的应用

现实生活中存在着大量的图挖掘的应用，如社交网络、隐私保护、软件缺陷定位、生物网络和 Web 应用等，这些都包含着图数据挖掘的现实应用。

1. 社交网络

社交网络分析（Social Network Analysis，SNA）一般来讲是研究人与人之间关系的，包括社会结构、社会地位、角色分析等。实际上，社交网络分析涉及很多方面，如网络分类、中心位置分析、角色分析、网络建模、信息传播、聚类检测、异常检测和病毒式营销等。另外，群聚的方法也可以用于网络中的集群检测。

2. 隐私保护

为了便于说明，这里仅涉及社交网络挖掘的隐私保护问题。社交网络的隐私保护（Privacy-preserving），要求在挖掘之前对原始数据进行相关的包装处理，同时不丧失数据有效性，使挖掘算法在不精确访问原始数据详细信息的条件下，挖掘出准确的模式与规则。网络挖掘中保护隐私的常用方法是使用匿名网络结点，但是由于攻击者可以通过结点与邻居之间的结构关系重新标识目标结点，从而依然存在隐私暴露的风险。目前匿名网络上有主动攻击和被动攻击两种类型的隐私攻击方式。根据攻击者对社交网络目标参与者的背景了解，攻击者可以通过分析其拓扑结构来定位目标参与者。一般而言，隐私保护可以通过添加或删除边来调整图的结构，或以适当比例对结点和边进行聚类来隐藏参与者隐私的详细信息。此外，研究人员也考虑了通常用于数值数据的隐私保护方法，以保护图形数据的隐私。

3. 软件缺陷定位

在软件工程中，因为手动测试源代码的成本极高，所以自动定位程序错误是非常有意义的。一种研究方法是对程序的执行轨迹进行分析，从而获得函数调用图，如通过引入边缘权重来分析正确执行与错误执行之间最具区别性的调用图，从而实现对错误的定位；另一种研究方法是静态源代码分析，如由于忽略的条件语句通常是错误的来源，通过揭示代码中被忽略的隐式条件，并查找违规规则，可以用来完成软件错误的定位。具体地，规则被建模为增强程序依赖图（Enhanced Procedure Dependence Graph，EPDG）的子式（子式是关于图的一种宏观结构，利用子式可以揭示图的一些较为深刻的性质），采用启发式最大频繁子图挖掘算法从 EPDG 中获取候选规则。

4. 生物网络

早期，为了发现生物序列中的频繁模式，研究者针对性地开发了 BLAST 和 ClustalW 等程序包。但是，随着后来分子生物学的飞速发展，大量不同的生物学网络数据开始涌现，如蛋白质相互作用网络、基因调控网络、代谢途径等。因为这些数据可以通过图形来进行描述，所以生物网络中的频繁模式挖掘在理解这类数据中能发挥重要作用。如通过对比不同种类的频繁子图的支持度，可以在一个人类免疫缺陷病毒（又称为艾滋病病毒）（Human Im-munodeficiency Virus，HIV）筛选数据集中发现一些具有活性的化学结构。

5. Web 挖掘

PageRank 算法是用来挖掘 Web 网络的链接结构的最著名的应用。其核心思想：如果某个网页被许多其他网页链接，则该网页通常被认可并信任，那么其就具有较高的重要性。同时，对搜索引擎查询流形成的图结构的分析也有助于挖掘主题分布。Web 挖掘的另一个应用是对网页的聚类分析。Shingling 常被用来进行 Web 文档聚类，计算 Web 文档中最密切联系的区域通常使用最小哈希（Min-Hash）方法。挖掘查询日志的相关性则可以通过分析查询者的查询记录和提交查询后的后续行为来定义图结构的方法来实现。网络挖掘的应用是挖掘查询日志的图形结构并给出 Web 的查询建议。很多查询建议的算法都是基于不同查询的相似性度量。另外，还出现了一种不同于传统 Web 网络的社交媒体，这些社交媒体环境是具有不同类型的结点及结点关系的典型图形结构。

四、图挖掘的发展

近年来，越来越多的图数据结构在我们的日常生活中出现，这就对图数据挖掘提出了更多的新要求：①如何有效且高效地管理大量的图数据（图数据库）；②如何针对现实的数据利用图结构进行建模；③如何从图数据中挖掘出令研究人员感兴趣的模式，如频繁模式、显露模式等。同时，在过去的数年中，图数据挖掘研究日益受到研究人员的关注，这更显示了其重要性。图数据挖掘的相关论文在数据挖掘领域的主流会议，如 ICDM、SIG KDD、SIAM DM 等中有逐年递增的趋势；围绕图挖掘的主题展开的 Workshop 越来越多，包括有关链接分析和群组检测、多维数据挖掘的 KDD Workshop，以及有关图、树、序列挖掘的 European Workshop。同时，越来越多的国内外重要期刊明确提出对有关图挖掘方面的文章的征集。

近年来图数据挖掘领域发展方向：

1）目前大多数的工作都是针对规模小并常驻存储器的图数据，然而在现实应用中常常需要面对很多规模很大的图数据，因而这在图数据挖掘技术的应用中依然是一个挑战。

2）开发对大数据量图数据流的处理办法。比如，在社交网络中，大量参与者之间的交流以图结构的形式在不同的时间点获得。由于整个数据不能存储在磁盘进行结构分析，所以类似这样有关图数据流的应用很具有挑战性。因此基于大规模的、数据流形式的图挖掘技术的研究成果备受关注。

3）由于数据处理中普遍存在不确定性，所以可以考虑将不确定性加到现有的图挖掘技术中。比如，如何挖掘不确定图中的显露模式，以及如何进行不确定图数据流挖掘等。

目前，在诸如物理学、化学、社会学等众多学科的研究开发中都有使用到图挖掘技术的场景。随着图挖掘技术进一步成熟，相信图挖掘技术一定可以引起更多研究人员的关注，图数据技术将在促进社会进步方面做出更多贡献。

第七节　应用案例

知识获取作为一种新方法，已在社会各个领域逐步应用。为了更好地了解知识获取的应用情况，本节中将给出一些实例进行说明。

1. 知识获取在制造业的应用：数控机床 ICAID 系统

数控机床 ICAID 系统是面向机床行业提供的一种基于知识的工业设计解决方案，系统的使用者是机床的设计主体，包括工业设计师和机床工程师。其目的是将工业设计技术作为一项装备制造关键共性技术，进行研究、应用，提升产品质量，解决机床行业和制造业的设计问题。系统是以基于互联网的计算机辅助工业设计概念（Internet-based Computer Aided Industrial Design，ICAID）为原型和研究基础，通过引入基于网络的设计和基于知识的设计等理念和技术，在网络环境下建立一个工业设计师和机床工程师共同参与的由知识驱动的计算机辅助工业设计系统，该系统的建立依赖于知识的收集和获取。

有研究表明，对于典型数控车床和立式加工中心的产品设计，工程师习惯在进行造型设计时以侧视图和侧面轮廓为起点，先勾画出合理的侧面形式，再进行正面和其他部件的设计。对某些典型的机床来说，这种由侧视图入手的设计思路比较合适，比如小型立式加工中心和数控车床等侧面造型特征明显而正面形式较简单的情况。该系统应用后的访谈与一系列调查也证明这是机床工程师可以普遍接受且容易上手的一种外形设计方式，可作为在造型设计初期生成机床产品基本形式和各种变形可能的入口，并应用到辅助设计系统。

基于这一发现，结合 Flash 软件和 Web 交互技术，可针对数控车床类的机床产品设计一个基于机床工业设计实际经验的侧面轮廓草图绘制和三维概念生成的原型系统。将侧面轮廓定义为由若干关键结点组成的连接线，并事先预设若干个关键造型控制点。设计者通过自由拉伸这些控制点的位置，调节曲率等参数来实现自己预想的轮廓效果，然后模拟出立体的设计效果，并进行适当的人机关系分析。在试验中，设计者结合多年机床造型设计的经验，根据机床种类和结构布局的特点，提取出了数控车床的八种典型侧面轮廓形式，并设计开发了针对数控车床的侧面轮廓草图设计与查询系统。设计者可将确认的侧面轮廓拉伸成有立体效果的机床形体，并与实际比例的人体模板进行人机尺度分析等有关使用者要素的比较性分析研究，作为门、窗和把手等的位置及大小的设计依据等。

系统测试本身也是一个获取设计知识和应用知识的过程，可以看作一种知识获取的有效方法。以系统设计中的专家样本为研究对象，建立对这类问题的较为科学的研究体系，并从试验分析中进行知识的提取和建模，是建立知识系统的基础。

目前，知识辅助的 ICAID 系统可以应用在机床造型设计中，还可以逐步积累并总结使用的基本规律，为今后工业设计师与机床工程师合作从事机床造型设计提供参考价值。

ICAID 系统（http：//icaid.hnu.cn）建立了具有 2000 个方案的造型设计图库，并以其为基本设计工具进行了大量数控机床产品的实际设计，其中有以侧面轮廓入手完成的南京数控机床有限公司 CK1480 型数控车床的外观造型设计，该产品在第八届中国国际机床展览会（CIMT 2003）上展出，验证了这种表达造型设计知识的方式和设计思路的可行性。

在系统测试中还发现，机床工程师对其独立设计的外形方案很难有完全的把握，在一些关键环节还希望得到有经验的工业设计师对色彩搭配、尺寸和造型比例等方面的帮助和指导。这再次体现了建立设计知识应用系统的必要性，也说明有效的设计评价是造型设计过程中一个必不可少的重要阶段。由于方案的设计和评价过程存在不同的心理衡量标准，因此设计过程使用的设计知识系统和评价过程的决策知识系统应该有所不同，这将是下阶段研究的方向。

2. Web 挖掘在搜索引擎中的应用

由于搜索引擎是从传统的信息检索技术发展而来的，对于 Web 文档的处理不够深入，因此可以利用 Web 文本挖掘技术来对搜索引擎中 Web 文档的处理部分进行完善。具体而言可以应用于以下三个方面。

（1）自动摘要的形成　搜索引擎在向用户返回检索结果时，通常要给出每个文档的一个简单摘要。目前，大部分搜索引擎只是机械地截取文档的前几句。例如，有些搜索引擎的摘要是从页面中抽取前 300 个词，这就限制了自动摘要的质量。一方面，仅仅通过位置进行自动摘要实际上很不准确，很难真正反映出 Web 文档中的信息内容；另一方面，固定字数的摘要有时会使得信息反映不完整。

（2）文本的自动分类　搜索引擎中的自动分类还很不成熟。搜索引擎分类绝大部分依靠手工操作，而对页面的自动分类还没有出现比较成熟的技术。与一般的纯文本文件不同，Web 页面是 HTML 格式的超文本，页面中有"title""meta"等标记，以及描述页面的标题、关键词和 URL 等，这些都包含了重要的分类信息。通过 Web 挖掘和机器学习技术可以对索引数据库中的信息进行整理，对文档进行自动分类，用户的检索速度和检索精确度也相应提高。采用机器自动分类的方法，可以克服人工分类中信息检索不全面、更新速度慢的缺点。

（3）搜索结果　聚类搜索引擎面临的一个巨大的问题在于网络是动态增长的，如何对一些新出现的信息进行分类就成为一个很复杂的问题。聚类没有预先定义好的主题类别，从而使得搜索引擎的类目能够与所收集的信息相适应。与人工分类相比，文本聚类技术分类更加迅速、客观。同时，文本聚类可与文本分类技术相结合，使得信息处理更加方便。可以对检索结果进行分类，将相似的结果集中在一起。研究证明，对与用户查询结果相关的文档进行聚类，相关文档之间的聚类会比较近，而不相关文档的聚类会非常远。如果这个结论成立的话，那么通过对文档聚类则可以使搜索引擎检索结果中的相关文档集中在一起，使用户在进行浏览选择的时候可以只选择最为相关的簇，这样就大大减少了用户需要浏览的数量。

3. 文本挖掘在专利信息分析中的应用

世界技术竞争日益激烈，各国企业越来越重视专利战略研究，而其核心正在于专利信息分析。通过对专利说明书、专利公报中大量零碎的专利信息进行分析、加工、组合，并利用统计学方法和技巧使这些信息转化为具有总揽全局及预测功能的竞争情报，从而为企业的战略决策提供信息支持。专利分析不仅是企业争夺专利的前提，更能为企业发展技术策略、评估竞争对手提供有用的竞争情报。

面对海量数据和大量繁杂信息，如何才能从中提取隐藏的有价值的专利信息，提高专利信息的利用率？文本挖掘为专利信息分析及相关研究提供了新的思路和手段。

通过文本挖掘中的特征信息提取，可以解决不同专利数据库模式不同的问题，提取出来的特征信息可以用统一的模式按照使用者感兴趣的分类存储在数据库中。通过对这些特征信息进行聚类分析，可以获得确定特定技术的核心技术、确定特定技术部门的共同开发倾向、确定特定技术领域共同的开发动向、发现专利技术的种子技术及最新研究热点等有价值的信息。而通过关联分析可以确定专利的相关技术要素、掌握专利产品及替代品情况、发现新的技术合作机会等，为组织确立和实施科技战略提供充分的信息支持。

在进行专利信息分析时，文本挖掘工具可以有以下具体出现方式：

1）一个完整的专利集合，具有充分的索引，被存储在相关的数据库中，并具有全文检索能力。根据特性，其文本聚类技术可以自动产生专利的层次簇或类，并利用这些簇或类对新文本进行高效归类。同时，对于每个专利的层次簇或类能够编制自动摘要，以便使用者了解该层次簇或类专利的核心技术。

2）一种高级搜索引擎，采用神经网络模型描述文本及文本集合中各概念之间、文本与文本之间，以及概念与文本之间的相互关系，而一般的搜索引擎则不需要分析文本概念之间的相互关系，只是根据用户的查询情况返回相关文本集合。当然，它提供关键词检索、时间检索、专利权人检索、国别检索和分类号检索等功能。同时，它有提问式举例，提高了使用特殊知识领域字典和辞典的能力。

3）网络搜索器和"过滤器"可以进一步从现存的在线系统或文件集合或数据库中提炼专利文献。

4）能够提供清晰的专利分析报告的工具。

4. 图挖掘在零件加工特征识别中的应用

零件加工特征识别是从零件 CAD 模型中获得具有一定加工意义的几何形体，是 CAD/CAPP 集成的基础，是工艺数字化的关键。基于图的模式匹配法是加工特征识别常用的方法之一。属性邻接图（Attributed Adjacency Graph，AAG）是一种表示零件模型的数据结构，结点表示零件模型的特征加工面，弧表示特征加工面相交成的边，面和边具有一定的属性，分别附加在结点和弧上。面的属性包括平面、非平面等；边的属性包括凹凸性、直线、曲线等。其中，当零件实体上两个邻接表面，在实体外所成的角度小于 180°时，这样的两个表面的邻接边称为凹边。当所组成的角度大于 180°时，两个表面的邻接边称为凸边。图 2-11a、b 分别表示一个零件和其对应的 AAG，其中 0 表示边的属性为凹边，1 表示边的属性为凸边（图中省略）。为了降低图的匹配空间，去掉属性邻接图的凸边弧长，保留特征加工面，形成最小属性邻接图（Minimum Attributed Adjacency Graph，MAAG）。最小属性邻接图是一个集合，集合元素包括孤立的结点图（如结点①、②等）和面边邻接图，如图 2-11c 所示。

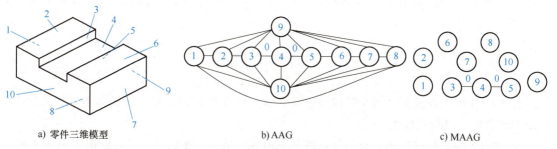

a) 零件三维模型　　　　　　　　b) AAG　　　　　　　　c) MAAG

图 2-11　零件属性邻接图

零件加工特征识别的过程可分为两步：①将三维 CAD 模型转化为 STEP AP203 文件格式，通过提取 STEP AP203 中面边几何信息，构建零件 AAG 图；②通过分解属性邻接图，生成最小属性邻接图（MAAG）集合，而后与预定义的加工特征基本单元的 AAG 匹配，在此基础上进行聚类，即可完成基本加工特征和复合加工特征的识别。

参 考 文 献

［1］　胡洁，彭颖红. 企业信息化与知识工程［M］. 上海：上海交通大学出版社，2009.

［2］　陈文伟，陈晟. 知识工程与知识管理［M］. 2 版. 北京：清华大学出版社，2016.

［3］　施荣明，赵敏，孙聪. 知识工程与创新［M］. 北京：航空工业出版社，2009.

［4］　田盛丰，黄厚宽. 人工智能与知识工程［M］. 北京：中国铁道出版社，1999.

［5］　杨炳儒. 知识工程与知识发现［M］. 2 版. 北京：冶金工业出版社，2000.

［6］　丁悦，张阳，李战怀，等. 图数据挖掘技术的研究与进展［J］. 计算机应用，2012，32（1）：182-190.

［7］　张军，赵江洪，孙宗禹. 网络协同数控机床工业设计系统中的知识获取与应用研究［J］. 机械工程学报，2004，40（6）：149-154.

［8］　任新社，陈静远. 关于数据挖掘研究现状及发展趋势的探究.［J］. 信息通信，2016（02）：171-172.

［9］　王惠中，彭安群. 数据挖掘研究现状及发展趋势［J］. 工矿自动化，2011，37（02）：29-32.

［10］　张绍成，孙时光，曲洋. 大数据环境下机器学习在数据挖掘中的应用研究［J］. 辽宁大学学报（自然科学版），2017，44（01）：15-17.

［11］　王晓. 大数据环境下机器学习算法趋势研究［J］. 哈尔滨师范大学自然科学学报，2013，29（04）：48-50.

［12］　何清，李宁，罗文娟，等. 大数据下的机器学习算法综述［J］. 模式识别与人工智能，2014，27（04）：327-336.

［13］　徐璐. 基于 Web 挖掘的视频推荐系统分析与实现［D］. 南京：南京邮电大学，2016.

［14］　刘雅冬. Web 数据挖掘技术在电子商务中的应用研究［J］. 电子世界，2019（06）：154-155.

［15］　王伟. Web 挖掘技术及其在互联网中的应用研究［D］. 济南：山东大学，2013.

［16］　李芳. 文本挖掘若干关键技术研究［D］. 北京：北京化工大学，2010.

［17］　宣照国. 文本挖掘算法及其在知识管理中的应用研究［D］. 大连：大连理工大学，2008.

［18］　侯敬飞. 基于图挖掘的移动通话网络节点聚类与识别研究［D］. 兰州：兰州大学，2014.

［19］　姜燕生，李凡. 数据挖掘中的数据准备工作［J］. 湖北工学院学报，2003（06）：37-40+44.

［20］　张媛. 基于数据挖掘的选修课成绩分析系统［D］. 青岛：中国海洋大学，2010.

［21］　刘雪梅，贾勇琪，陈祖瑞，等. 缸体类零件加工特征识别方法［J］. 计算机集成制造系统，2016，22（5）：1197-1204.

习　　题

1. 整个知识获取过程有四个阶段，相互之间会出现重叠和反复。请根据本章相关知识，画出知识获取的过程流程图。

2. 本章介绍了数据挖掘、机器学习的基本内容，请进一步阐述二者之间的关系和区别。

3. 本章介绍了 Web 挖掘、文本挖掘的基本内容，请进一步阐述二者之间的关系和区别。

4. 频繁子图挖掘是图挖掘的重要方式，gSpan 算法是一种常用的基于模式增长的频繁子图挖掘算法，请进一步阐述该算法的过程、主要特点等。

5. 本章介绍了图挖掘的基本内容，请进一步阐述图挖掘的特点、过程及应用领域。

第三章 | 知识表示

本章将着重介绍知识表示的含义、类型和应用。从知识工程的层面来看，机器系统走向人工智能，就必须以人类知识作为工作基础。知识表示就是要研究用机器表示知识原则和方法的可行性、有效性和通用性。近年来，关于知识表示的研究吸引了不少的关注，并已成为知识研究领域中最炙手可热的部分之一。

第一节 知识表示概述

一、知识表示的概念

知识表示是人工智能（Artificial Intelligence，AI）领域中的一个关键课题。对于知识表示的研究早已开展，尤其是近几年知识工程颇受关注，知识表示的研究也显得不可或缺。知识的处理是知识工程重点研究对象，因此，知识工程中的关键问题就是怎样表示和管理知识使其能被智能系统充分利用。知识工程的存在进一步推动了知识表示的发展。如今，知识表示已经成为 AI 的一个重要分支，并且已经形成了一个单独的研究领域。

知识表示是借助计算机能够接收处理的符号和方式，利用计算机表示、存储、处理数据的优势，把人在客观世界中所接收的知识进行转换。知识表示是一种"符号表示"方法，规定了一种无歧义的语言或标准的定义语法和语义。符号表示是通过不同结构和各种符号来表达不同概念和概念之间的联系。任何一种表示方式都是一种数据结构，同时把数据结构与人类知识联系起来。人类知识的结构及机制决定了知识表示方式。

知识表示要选择适合的方式表达知识，即找准知识与表示之间的对应关系。各种数据结构的设计是其研究的关键问题，即知识的形式、研究表示与控制的联系，表示和推理的关系，以及知识表示和不同领域的联系。知识表示的目的是基于知识的准确表示，智能算法程序能利用其知识表示做出对应的决策、制订相关计划、判别状况和识别对象、分析目标物体和获得结果等。

二、知识表示的准则

鉴于不同的知识结构的针对性，并且知识结构有一定的局限性，故相同领域知识也能使用不同的知识表示方式。应根据具体情况来选择知识表示方式。在实际应用中选择的知识表示方式与知识的结构、组织及使用方式的相关性很强。目前尚未有统一的准则和标准用于针对知识表示模式的选择，在选择知识表示方式时可以从以下四点进行思考。

（1）完整表示领域知识　确定知识表示的方式之前，首先应当考虑的是它能否完整地表示领域知识。知识表示方式的选择和确定受到领域知识自然结构的约束，具体的选择应该根据实际情况来确定。选定一种或多种知识表示方式来表示对应的领域知识，需要建立在充分考虑领域知识的特点及每种知识表示特征的基础上。有时只采用一种知识表示方式无法完全反映出知识结构关系，那就需要把不同的知识表示方式相结合。如果当前的知识表示方式无法适用于表达该领域知识，那么就要重新选择一种新的知识表示方式。

（2）助力知识推理　知识表示是为了推理知识，来解决现实问题。知识推理一般指根据知识表示利用存储在计算机中的知识来推出执行某个操作过程或新的事实。知识推理与知识表示关系密切，知识表示是知识推理的重要基础。数据结构很复杂或很难理解及实现的知识表示方式一定会降低系统的推理效率，系统求解问题的能力也随之下降。

（3）便于知识的管理和维护　在知识系统使用时，随着时间的消耗和一些实例的运行，知识可能在数量或性能方面出现一些问题，这时就要添加某些新知识或需要修改、删去部分存在的知识，因此知识表示应该便于知识的后期管理和维护。在开展以上工作的同时，必须做到全方位的检查，以确保知识的完整性和一致性。在选择知识更新的表示模式及组织方式的同时，维护与管理的便捷性也需要重点考虑。

（4）便于知识的理解和实现　任何一种知识表示的方式需要符合人们的思维习惯，使得人们更容易理解。同时，这种表示模式要便于在计算机上实现，否则没有一点实用价值。

三、知识表示的发展

最初在知识工程领域内，知识表示没有被当作一个重点问题。在大部分系统中，知识并非直接插入数据和规则。随着人工智能时代的到来，人们慢慢开始关注知识表示这个问题。比如，在 SIR 系统中，Lisp 性质用来表示用户信息并对其推理；在 Deacan 系统中，使用环形结构来表示各种知识，随时变更信息；F. Black 重点关注的是推理存贮知识。20 世纪中叶，知识表示初步作为一个独立的研究题目。各种不同的表示方法先后被提出，这些方法产生了现在使用的不同形式，如常见的一阶谓词逻辑、语义网络、框架和产生式系统。

20 世纪 60 年代末，Quillian M. 和 Shapiro S. 等研究人员研究了现在的语义网络表示模式。作为人类记忆的一个显式心理模型，语义网络系统在当时被提出。其使用了结点和链，结点指的是事物、含义，链指的是它们之间的关系。在 20 世纪 70 年代中期，Simmon R. 确定了语义的表示模式，然后使用自然语言解释。Carborell J. 设计出语义网络作为基础的教学系统。Scholar Walker 等人用到了语义网络，在口语理解系统中来表示领域知识。同时，Hendrix 引入网络划分的概念，以用来解决多种假设等。目前有关语义网络的研究，还在进一步地进行。

作为知识表示的一种方法，一阶谓词逻辑是机器定理证明的成果。很多学者致力于在各种情况下使用归结原理的方法，还有其他人尝试更改逻辑公式，以使其成为面向计算的结构，如 Strips 计划范例、Planner 形式和目前使用广泛的 Prolog 语言等。作为一种表示方法，逻辑表示现在有两种相对的观点：反对方觉得其没有明确的模式来组织相关知识，很难解决动态、不准确和不完整的知识，还伴随着演绎推理局限；支持方的观点则是逻辑表示的严谨性和可解释性较好，其他方法无法替代。

20世纪70年代，框架表示法被 Minsky M. 等人提出，把知识库整理成了模块化程度高且全部能分离的库。一部分学者将框架作为知识表示的基础。现在，框架在计算机视觉、自然语言理解中得到广泛应用。比如，Bobrow 等人开发的基于框架的自然语言理解系统 GUS，与此同时还提出了基于框架的一种程序设计语言；Novak 等人用英语说明物理问题的解答程序，通过规范客体框架表达静态问题与实际客体之间的关系。此外，Sefik 等人推出了 Units 包，实现了相关框架系统的有益思想。框架表示法现在依然是一个重点研究领域。

另外一种表示方法是产生式系统，早期由 Newell A. 提出。它开始是作为人类推理模型提出的，它的主要特点是将知识表示成"模式-动作"对，可以自然地吸取和编码有关规则的知识。现在在构造专家系统和知识系统中广泛使用这种方法。

知识表示成为一个独立研究的领域的象征就是以上几种表示方法的出现，它目前还在进一步发展。本书后续内容将会介绍几种常见的知识表示方法。

第二节　一阶谓词逻辑表示法

一阶谓词逻辑表示法是目前最精确地表达人类思维和推理的方法之一，它基于数理逻辑借助计算机进行精确运算（推演）。因为人类自然语言与其表现方式大致相同，所以，人们易于接受将逻辑当作知识表示工具。

一、一阶谓词逻辑表示规则

一阶谓词逻辑一般由谓词符号、变量符号、函数符号和常量四个部分组成，使用逗号、花括号、圆括号、方括号隔开，用来说明论域内的关系。例如，"张三是学生"可用最简单的原子公式表示为 Student(张三)。Student 是谓词符号，张三是常量。如果表示任意学生，则可以表示为 Student(x)，Student 仍是谓词符号，x 是变量符号。又如，"学生张三在203教室"可表示为 Inroom[Student(张三),Room(203)]；同理，"某学生在某房间"就可以表示为 Inroom [Student(x),Room(y)]，谓词符号是 Inroom、Student、Room，变量符号是 x、y。

一阶谓词逻辑的基本积木块是原子公式，应用联结词∧（与）、∨（或）及→（蕴涵）等，更加复杂的合式公式可以通过组合多个原子公式来实现。

复合句子常通过联结词表示。比如，"张三和李四"等同于 Student(张三)∧Student(李四)。再如，"学生张三住在一栋黄色的房子中"可表示为 Lives[Student(张三),House(x)]∧Color[House(x),Yellow]。谓词 Lives 指人与房子的关系，谓词 Color 指房子和自身颜色之间的关系。通过联结词∧（与）将多个公式组合起来的公式称为合取式，合取式的每个构成部分称为合取项。

联结词∨指的是"或"。比如，"张三或李四"等同于 Student(张三)∨Student(李四)。再如，"张三或李四去打篮球"表示为 Plays[Student(张三)∨Student(李四),Basketball]。

又如，"张三去打篮球或者去踢足球了" 表示为 Plays［Student（张三），Basketball］∨ Plays［Student（张三），Football］。通过联结词∨（或）将多个公式组合起来的公式称为析取式，析取式的每个构成部分称为析取项。

合取式和析取式的真值就是由其构成部分的真值决定。假设每个合取项取值均是 T，那么合取值为 T；反之，合取值为 F。假设析取项中存在一个 T 值，那么析取值为 T；反之，析取值为 F。

联结词→表达的含义是"如果-那么"。比如，"如果这本书是张三的，那么它是蓝色（封面）的" 等同于 Owns［Student（张三），Book-1］→Color（Book-1，Blue）。

通过联结词→（蕴涵）连接两个单独的公式来构成的公式为蕴涵式。蕴涵式的左式为前项，右式为后项。如果前项和后项都为合式公式，则该蕴涵式是合式公式。假设后项值为 T（不管其前项的值），或前项值为 F（不管其后项的值），那么蕴涵式值为 T；反之，蕴涵式值为 F。

联结词¬（非）常用来否定一个公式的真值，意思是对一个合式公式的取值取反。比如，"张三不是学生" 等同于¬ Student（张三）。联结词¬（非）的公式称为否定式，合式公式的否定式仍为合式公式。

二、谓词逻辑表示的演算

一个 n 元谓词公式用 $P(x_1, x_2, \cdots, x_n)$ 来表示，P 是 n 元谓词，$x_1, x_2, \cdots, x_n$ 为客体变元。通常把 $P(x_1, x_2, \cdots, x_n)$ 称为谓词计算的原子公式，也称为原子谓词公式。通过联词将原子谓词公式组合为复合谓词公式，也称为分子谓词公式。所以，采用归纳来定义谓词公式。谓词计算中合式公式的递归含义如下：

1）原子谓词公式是合式公式。

2）假如 A 是合式公式，那么¬ A 也是一个合式公式。

3）假如 A 和 B 都为合式公式，那么（A∧B）、（A∨B）、（A→B）也都是合式公式。

4）假如 A 是合式公式，x 是 A 中的自由变元，那么（∀x）A 和（∃x）A 都是合式公式。其中∀代表全称量词，指的是个体域中的任意一个 x；∃为存在量词，指的是个体域中存在个体 x。

5）只有按照以上规则计算得到的公式，才是合式公式。

假设 P 和 Q 是两个合式公式，则这两个合式公式所构成的复合表达式的值见表 3-1。

表 3-1　两个合式公式的计算表

公式	P	Q	P∨Q	P∧Q	P→Q	¬ P
取值	T	T	T	T	T	F
	F	T	T	F	T	T
	T	F	T	F	F	F
	F	F	F	F	T	T

两个合式公式是等价的前提是这两个合式公式的真值相同。根据表 3-1 可以确立如下等价关系：

1）P 等价于否定之否定¬（¬ P）。

2) ¬P→Q 等价于 P∨Q。

3) 狄·摩根律。¬（P∨Q）等价于¬P∧¬Q；¬（P∧Q）等价于¬P∨¬Q。

4) 分配律。P∧（Q∨R）等价于(P∧Q)¬（P∧R）；P∨（Q∧R）等价于(P∧Q)¬（P∧R）。

5) 交换律。P∧Q 等价于 Q∧P；P∨Q 等价于 Q∨P。

6) 结合律。(P∧Q)∧R 等价于 P∧(Q∧R)；(P∨Q)∨R 等价于 P∨(Q∨R)。

7) 逆否律。P→Q 等价于¬Q→¬P。

此外，还可建立下列等价关系：

1) ¬（∃x)P(x)等价于（∀x)(¬P(x))；¬（∀x)P(x)等价于（∃x)(¬P(x))。

2) （∀x)(P(x)∧Q(x))等价于（∀x)P(x)∧（∀x)Q(x)；（∃x)(P(x)∨Q(x))等价于（∃x)P(x)∨（∃x)Q(x)。

3) （∀x)P(x)等价于（∀y)P(y)；（∃x)P(x)等价于（∃y)P(y)。

以上等价关系，在一个量化的表达式中的约束变量是一类虚元，它能够选择使用任意一个没在表达式中出现过的其他变量符号来替代。

第三节 框架表示法

世界上各种不同的事物，它们的属性状态、进化发展及彼此之间的联系通常都有一定的规律性。人们认识事物固定的框架都是从这种规律性的知识中提炼出来的。框架表示法是由框架理论发展起来的一种知识表示方法，其适应性强、概括性高、结构良好、推理方式灵活，同时可将经验性知识与过程性知识相结合。

一、框架理论

在 1975 年，Minsky 提出了框架理论，可以解释视觉和自然语言对话及其他复杂行为。框架是一种表示和组织知识的数据结构。它由框架名和描述框架各方面性质的槽构成。每个槽都有一个对应的槽名，每个槽名有对应的槽值。在比较复杂的框架中，槽的下面再进一步分成很多侧面，每个侧面有对应的取值，对槽的细节特征再进行解释。

一个框架形式如下：

FRAME <框架名>

$$槽名 1：侧面名 1_1：侧面值 1_1$$
$$侧面名 1_2：侧面值 1_2$$
$$\vdots$$
$$侧面名 1_m：侧面值 1_m$$
$$\vdots$$
$$槽名 n：侧面名 n_1：侧面值 n_1$$
$$侧面名 n_2：侧面值 n_2$$
$$\vdots$$
$$侧面名 n_p：侧面值 n_p$$

给出一个饭店框架的实例。

框架名:<饭店>

种类:是否含住宿:<是,否>

　　类别:<自助餐厅,商务餐厅,快餐,其他>

地址:

营业时间:默认值<10:00—22:00>

场所大小(平方米):

人均消费(元):

食品风味:地域特色:<中式,美式,法式,意式,日式,韩式,其他>　　默认值<中式>

　　　　　菜系:<鲁菜,川菜,粤菜,苏菜,闽菜,浙菜,湘菜,徽菜>　　默认值<浙菜>

　　　　　特色菜:<片皮鸭、红烧肉、黑椒牛肉、…>

相关服务:是否提供停车服务:<是,否>

　　　　　是否提供预订服务:<是,否>

在这个框架实例中,饭店是框架名,它的槽名包括种类、地址、营业时间、场所大小、人均消费、食品风格和相关服务七个槽。每一个槽可以包括若干侧面名,如食品风味包括地域特色、菜系和特色菜三个侧面名。每一个槽的具体内容就是槽值,如地址是槽名,具体的地址就是该槽槽值。每一侧面的具体内容就是侧面值,如菜系是侧面,具体哪一菜系就是该侧面的值。槽值及侧面值都能够设置默认值,用于说明其典型取值,如营业时间的默认值是10:00—22:00。

槽或侧面有如下几种类型的取值:①数值型,如整型数和浮点数;②字符串,如文本;③布尔类型,如是或否等。

二、框架的性质及特点

一个框架有以下几点关键性质:

1）描述事物时,如果进一步描述其中某细节,那么可以扩充为额外一些框架。

2）能够借助它做出判断。

3）能够借助它来了解一些事物,如椅子的颜色、尺寸等属性变化,然而其本质未变。

4）能够通过一系列的实例来修正框架对某些事物的不完整的描述。

5）能够预测相关信息。

框架具有以下主要特点:

1）框架可以描述类型的含义、事件和行为,是一种经过组织的结构化知识表示方法。然而框架结构并没有形成对应的理论架构,框架、槽和侧面等单位并没有明确的语义。

2）框架可以组成一种框架网络,反映有层次或很复杂的关系,代表完整的知识结构,能够说明复杂的知识内容。

3）附加过程是关键特征,可以融合描述性知识和过程性知识,形成一个有机的一体化系统。

4）当前已经推出了很多基于框架理论的通用知识语言;同时增加了用户建立知识库的负担,针对特定的领域,很难通过框架系统将领域知识形式化。

第四节　语义网络

语义网络在多个领域中广泛应用，作为人类联想记忆的一个显式心理学模型。1968 年 J. R. Quillian 首先提出了语义网络，之后，语义网络在他提出的可教式语言理解器（Teachable Language Comprehender，TLC）中作为知识表示。1972 年 Simon 在自然语言理解的研究中使用了语义网络，确定了其基本概念。

一、语义网络的概念和结构

语义网络模式在不同系统中有所差别，从形式上看，一个语义网络即一个带标识的有向图，其中问题领域中的物体、概念、事件、动作等通过带有标识的结点表示，结点之间的有向弧标识用来表达他们之间的语义联系。很多情况下有向弧也称为联想弧，因此语义网络也称为联想网络。

在语义网络知识表示中，结点多被分为类结点和实例结点。语义网络组织知识的关键是有向弧，其用来表示结点间的语义联系。语义联系具有多样性，不同应用系统使用的语义联系的种类及其解释大不相同。相对经典的语义联系共有分类、聚集、泛化和联合四类。

（1）分类　这种关系建立在个体的值与类之间。把一组同样类型的个体值划归在某种类型之下，这种个体值称为类的实例，构成 Instance-of 关系，如图 3-1 所示。

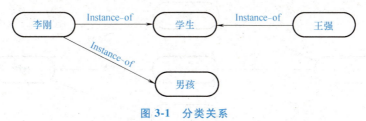

图 3-1　分类关系

通过概念的有效分类，语义网络的组织和理解也变得更方便。在它们的类结点中描述同一类实例结点中的共性成分，从而降低网络的复杂程度，提高知识的共享性；扩大实例结点之间的相关性，通过不同的实例结点与类结点的联系，进一步把离散的知识片段组织成语义丰富的知识网络结构。

（2）聚集　常使用 Part-of 表示个体与其组成成分之间的关系。这一关系是类之间、值之间的关系，基于高层概念的分解。每个高层概念能够拆分为多个低层概念，低层概念是高层概念的属性，如图 3-2 所示。

（3）泛化　事物的属概念和种概念之间的关系，通过相似概念的共性的抽象而形成的关系表示。在高层概念中，忽略低层概念间的差别，低层概念维持自身的属性，采用 AKO（A-kind-of）表示。作为偏序联系，AKO 能够组织问题领域中的所有类结点，组成 AKO 层次网络。泛化联系可以使低层类型继承高层类型的特性，此时能够把公用属性抽象至高层，以上共享属性在每个结点上不重复，降低了对存储空间的要求。

语义网络早期发展阶段，学者发现许多事物是有确切含义的，如"张三是一个单身汉"

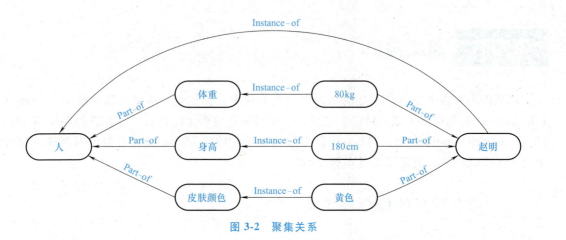

图 3-2 聚集关系

"马是一种驯养的动物"是确定的。推断事物之间的关系，明确个体属于一种确切的类型，用语义网络来表示事物的联系，最简便的方法是使用 Is-a 链。Is-a 的连接形成了被连接类型的一种层次，这种层次使各结点之间分布属性比较方便。公用的属性能够分别存于可以覆盖最大的共享属性结点子集的位置上。因为共享属性不会在每个结点上重复，故语义网络是一种有效的存储方式。继承属性是所有与这些结点有关的结点继承了一些结点的属性，这样的继承属性通过一个 Is-a 链的分支实现。还有一种关系是全称量词条件句，描述一个类型是另一个类型的子类型，如上述所述的 Part-of 表示。Is-a 和 Part-of 联系的泛化关系如图 3-3 所示。

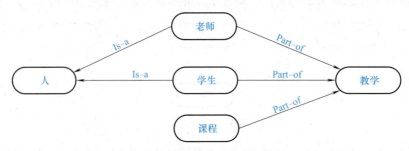

图 3-3 Is-a 和 Part-of 联系的泛化关系

（4）联合 表示个体概念与整体概念之间的联系。在个体概念不关键且需要突出整体的某些属性时，便添加这种联系，称为 Member-of 联系。可以明确的是，联合概念可能失去个体概念的某些性质。

二、语义网络特性传递方式

语义网络的优势在于能够直接访问相关结点、共享部分信息。"特性传递"是将高层概念的特性继承下来。语义网络推理的核心要务是检测高层结点传递下来的特性是否合理。在出现问题时，语义网络需要验证某个断言或回答某个查询，先要访问相关结点，若无法回答，则顺着网络的弧定向检索，直至找到能够回答对应问题的结点。这类特性传递基本分为直接传递、附加传递和排斥传递三类。

（1）直接传递（Pass）　子结点直接继承父结点的属性。如图 3-4 所示，子结点"大一学生"可以继承性质"有课本"和"有老师"。

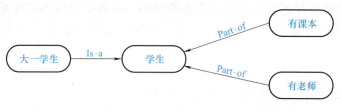

图 3-4　直接传递

（2）附加传递（Add）　子结点综合父结点的特性和自身特性，不发生矛盾时可以推出新的特性。如图 3-5 所示，从"教材"和"书"中可以推出"教材"具有"用于阅读"和"学生使用"的性质。

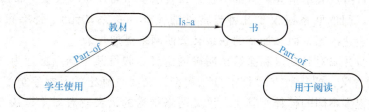

图 3-5　附加传递

（3）排斥传递（Exclude）　子结点特性与父结点特性不相容的情况下，仅取子结点的特性，抑制父结点特性的传递。通常大部分子结点存在共性时，应该考虑将特性上移，即抽象到高层结点上去。限制例外结点的传递，如图 3-6 所示的"不会飞"被排斥传递到"鸟"中。

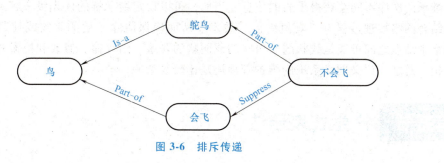

图 3-6　排斥传递

三、联结词在语义网络中的表示方法

所有具备表达谓词公式功能的语义网络，不仅要有表达基本命题的能力，还得能表达命题之间的"与""或""非"及"蕴含"关系的能力。

（1）合取　合取命题一般使用"与"结点表示。其实，这种多元关系网络就是由"与"结点引出的弧构成的。

（2）析取　析取命题通常使用"或"结点表示。当命题的"与""或"关系互相嵌套的时候，清晰地标识"与""或"结点，有助于准确地构成和理解语义网络的含义。

（3）否定　针对基本命题的否定，一般使用¬ISA、¬AKO及¬Part-of的有向弧表示。大部分条件下，借助"非"结点表示。

（4）蕴含　通常使用蕴含关系结点表达规则中前提和结论的因果联系。从蕴含关系结点出发，一条弧指向命题的前提条件，记作ANTE；还有一条指向该规则的结论，记作CONSE。

四、语义网络的局限性

语义网络结构的结点和弧与符号计算中的符号和指针相对应，同时有记忆学里联想的属性，已知个体间的联系推导对应个体的结点，从而直接存取知识。语义网络有直观地显式表示知识、容易理解等优势，因此语义网络作为一种重要的知识表示方法应用于人工智能领域。然而仅仅通过结点表示世界上全部事物，弧表示事物间存在的联系，那么形式就显得过于简单。假如结点间的联系仅仅是几种较常见的关系（关系基元），那么很难表示其他联系，因此限制了表达内容，而添加新的联系又会使网络更加复杂。

语义网络自身并未对其结点和弧给出明确的定义。假设某个结点标记为"打字员"，是指"打字员"的含义，或是所有"打字员"集合，又或是确定的某打字员？系统的设计者给标记结点设定很多不同的解释。其实，语义网络结构的语义解释基本取决于结构的推导，不同的解释需要进行不同的推导。同时语义网络结构自身无语义上的约定，因此它不像逻辑系统那么有效。

语义网络的一个关键特性是继承性。在缺失事物的某种特性时，网络匹配算法基于事物的从属关系推理出其所属类的一般属性。这种特性表现出"具体-抽象"的数据抽象准则，能够节约存储空间。然而分类网络中同一事物属于不同类别，同时类别之间属性相互矛盾，那么继承的次序不同会获得矛盾的信息。当然，可以设定继承链的优先级来解决该问题，也可以结合网络推理过程与"真值维护"技术，从而确保清除矛盾的事物或使其失效。尤其是网络中结点之间可能是线状的、树状的或网状的联系，给存储、修改和检索知识方面增加了负担。总之，语义网络系统的维护管理还是比较复杂的。

第五节　产生式表示法

产生式表示法最初来源于逻辑学家Post在1943年提出的一种计算形式体系，该体系基于串替代规则，模型中的一条规则对应着一个产生式。Newell和Simon在1972年修改了产生式规则，使用一个简单的策略来模拟大家解决问题时的行为。基于人类大脑记忆模式中的不同知识块之间存在的因果关系，以"IF-THEN"的形式，即产生式规则来表示。此形式的规则能够获取人类解决问题的行为特征，进而认识行动的循环过程解决问题。产生式规则表示方式的知识形式相对单一，易于理解和解释，规则彼此独立且结构化好，便于提取知识和形式化，问题解决的过程与人们的认知过程很相似。产生式规则比较简单且易于实现，在问题求解和系统开发方面有一定优势，所以在许多专家系统及人工智能领域被广泛应用。

可通过产生式表示的领域知识具备以下特点：①领域知识包含多个相对独立的知识元，

相互关系疏远，没有结构关系，如化学反应等；②领域知识有一定经验，无确定、统一的理论，如医疗诊断等；③领域问题的求解过程描述为一组相对独立的操作，一个操作可用一条或多条产生式规则来表示。

基于产生式表示法的知识表示系统颇多。例如，Shortliffe 的 MYCIN 系统，Waterman 的玩牌系统，Davis 的知识获取系统 TEIRESIAS，具有启发式搜索的 AM（Automated Mathematician，自动数学家）数学发现系统，Anderson 的学习系统，Vere 的关系产生式系统，美国电报电话公司的机场航空管制业务支持系统 AIRPLAN，斯坦福国际咨询研究所的矿脉勘查系统 PROSPECTOR，麻省理工学院的公式处理系统 MACSYMA，以及东京大学的医疗诊断系统 MECS-AI 等。

一、产生式表示法的基本形式

现实世界中不同事物或知识之间通常不是相互孤立的，他们之间有多种多样的关系。其中，最熟悉且简单的一种关系是因果关系。"产生式"特别适合表示此类"如果 P 则 Q"的因果关系，其通常的表示形式：

$$P \rightarrow Q$$

或者

$$IF\ P\ THEN\ Q$$

其中，P 指的是一组前提；Q 指的是一个或多个结论。解释为"若前提 P 被满足，那么可推出结论 Q"。例如

$$r_1:IF\ 动物飞行\ AND\ 产蛋\ THEN\ 该动物为鸟类$$

其中，r_1 是该产生式规则的编号。这即为产生式表示的规则。

不确定性规则知识的产生式的主要形式：

$$P \rightarrow Q（置信度）$$

或者

$$IF\ P\ THEN\ Q（置信度）$$

其中，置信度表示知识正确的可能性。例如

$$r_2:IF\ 发烧\ THEN\ 感冒（0.6）$$

二、产生式系统

产生式规则成组组合，相互配合、协同作用，从而组成产生式系统。在产生式系统中，一个规则的结论可以作为另一个规则的前提。不同的产生式可以按照目标来分组（目标相同的分为一组），进而组成目的明确且结构固定的子产生式规则组。产生式是常用的知识表示系统，借助产生式系统能够表示复杂的知识结构。通常产生式系统由知识库、全局数据库和运行问题求解过程的规则解释程序三部分组成。

（1）知识库　知识库，也称为规则库，涵盖了关于问题领域的通用性知识。知识库中的每一条规则对应着一个编号，系统通过编号来识别对应的规则。整个系统的性能受到知识库内容的完整性和一致性影响。

（2）全局数据库　全局数据库具有解决确定问题的事实依据。其数据结构与缓冲器类似，用来存储问题求解过程中出现的信息，如问题的最初状态、推导求解过程中的中间结论及结果。当知识库中有一条产生式的前提匹配到全局数据库中的事实时，那么该产生式激活，接着再推理并将结果存储在全局数据库中，因此全局数据库的内容是不断变化的。

（3）运行问题求解过程的规则解释程序　在全局数据库中，事实能够使用一些简单的形式表示，如数组、符号串、表结构等。规则的形式：如果［前提］那么［动作］。正常情况下，规则的前提部分是可以与数据库做匹配的任意模式。可以包含某些变量，变量可能被不同的方式抑制，取决于匹配的方式。当成功匹配时，即执行规则的动作。动作部分既可作为使用约束变量的任一过程，又可作为结论。

规则解释程序的主要任务是控制并执行问题解答的过程。包含：

1）查询可用规则，即前提可以与数据库"匹配"的规则。匹配的含义可以是包括一对一的匹配，也可以包括根据数据库中的事实推导与计算产生的匹配。在知识库比较大的情况下，可以先将知识库进行分割，分为几个较小的规则集合，在较小规则集合中搜索有用的规则，以此提高匹配的速度。

2）在正常的规则系统中，推理的结果会受到应用规则的顺序的影响，先对规则做排序，确定其优先级，再筛选出优先级最高的规则，最终正确地选择规则。

3）执行确定选择的规则动作部分，同时更新数据库的内容，几个步骤组成了一个"识别—动作"循环；前两步是规则的选择问题，最后是知识的应用问题。

4）若未解决当前问题，则继续循环下一个"识别—动作"，直至解决该问题。

产生式系统结构示意图如图 3-7 所示。

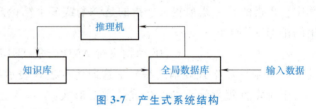

图 3-7　产生式系统结构

三、产生式的复合形式

1. 可交换的产生式系统

产生式系统求解问题的过程，即一直从知识库中选择适合的规则并执行的过程。在此过程中，问题的解决直接受到规则的选用策略影响。同时搜索策略和产生式系统的知识结构也影响问题的解决效率。针对可交换的产生式系统求解时，选用任一个规则序列都能够求解问题，没有必要搜索多个序列，这样节省了时间，工作效率也得到提高。下面的论述中会说明可交换的产生式系统。

假设综合数据库 D 的初始状态为 $\{a,b,c\}$，其中 a、b、c 为整数。假设知识库中有以下几种规则：

$$r_1:IF\ \{a,b,c\}\ THEN\ \{a,b,c,a*b\}$$
$$r_2:IF\ \{a,b,c\}\ THEN\ \{a,b,c,b*c\}$$
$$r_3:IF\ \{a,b,c\}\ THEN\ \{a,b,c,a*c\}$$

然后想借助推理把全局数据库变为

$$\{a,b,c,a*b,b*c,a*c\}$$

其中，a*b、b*c、a*c分别代表a与b、b与c及a与c之间的积。

显然，不管选择哪条规则都能达到目的，因此结论与规则的适用顺序不相关，其适用顺序可交换，这就称为可交换的产生式系统。

通常，当一个产生式系统针对任何一个综合数据库D具备如下性质时，那么就称为可交换的产生式系统：

1）设R是适用于D的规则集，当使用R中任一条规则改变D的状态后，该R对D依然适用。

2）假设满足目标条件，那么当R中任意一个可适用的规则所生成的新综合数据库依然满足目标条件。

3）如果对D使用某一规则序列，获得新的综合数据库D′，那么当改变规则的使用次序后，依然可以获得D′。

对于可交换的产生式系统，求解时只需要选用任意一个规则序列就可对问题求解，而不必搜索多个序列，从而节省了时间，提高了求解的效率。

2. 可分解的产生式系统

可分解的产生式系统是怎样的？下面来举例说明。

设全局数据库的内容是 {C,B,Z}，知识库中的重写规则为

$$r_1:C\rightarrow(D,L)$$
$$r_2:C\rightarrow(B,M)$$
$$r_3:C\rightarrow(M,M)$$
$$r_4:C\rightarrow(B,B,M)$$

结束条件为生成仅有M的全局数据库，即全局数据库的内容为：{M,M,…,M}。

假设全局数据库的每一个状态都用所有存在的规则来匹配，必然会获得无数个匹配序列，浪费时间和空间。我们按照全局数据库的状态将其拆分成多个可独立处理的子库，再分别应用规则求解，以避免这种情况的发生。在前述示例中，首先将初始数据库分为C、B、Z三个子库，再选择对它们适用的规则。初始数据库拆分成多个子库，自然减少了组合情况，提高了问题求解的速度。将全局数据库拆分来快速求解问题的产生式系统，称为可分解的产生式系统。

四、产生式表示的优缺点

1. 产生式表示的优点

产生式表示具有自然性、模块性、有效性和清晰性四方面的优点。

（1）自然性　产生式系统使用"如果…，那么…"的形式表示知识，这是大家最熟悉的一种知识表示形式，既直观、自然，同时也便于推导。因此，产生式是人工智能中最主要、最广泛应用的知识表示模式。

（2）模块性　产生式属于知识库中最基础的知识单元，与推理机相对独立，有利于进行模块化，便于知识的增、删、改，为知识库的建立和扩展提供了可管理性。

（3）有效性　产生式可以有效地表示不同领域中的知识，包括精确的知识和模糊、不

完全的知识。现在，产生式在专家系统的建造中来表示模糊的知识。

（4）清晰性 产生式的固定格式主要由前提和结论两部分组成，统一的格式有利于设计、控制，同时便于检测知识的一致性、完整性。

2. 产生式表示的缺点

产生式表示具有效率较低和无法表示结构性的知识两方面的缺点。

（1）效率较低 在产生式系统解决问题时，要先匹配产生式的前提与综合数据库中的事实，需要从知识库中筛选可用的规则，结果选择的规则可能有多个，因此必须根据相应的策略完成"冲突消解"，执行最后选取的规则。这样一来，产生式系统求解问题的过程就需要多次完成"匹配—冲突消解—执行"。一般来说，知识库非常庞大，匹配耗费时间较多，导致其工作效率降低。此外，在求解复杂问题时还有"组合爆炸"的可能性。

（2）无法表示结构性的知识 产生式适用于表示因果关系的过程性知识，然而无法表示具有结构关系的知识，它做不到把具有结构关系的事物间的差异、联系表示出来。框架表示法能够应付这种问题，产生式表示法需要与其他方法搭配使用来表示特定领域的知识。例如，PROSPECTOR专家系统中将产生式与语义网络结合，Aikins中将产生式与框架表示法结合等。

现在产生式系统的研究重点：①扩充条件和动作的表示能力；②完成知识库中的规则分类和编址；③处理产生式规则发生的冲突；④选取合适的推理方向；⑤产生式系统的敏感性和稳定性；⑥开发自主学习系统；⑦控制能力的形式化和原语词汇问题，即最基本规则。

第六节 过程表示法

知识表示的方法一般分为陈述性知识表示法和过程性知识表示法两类。前者重点强调知识的静态特性和显示描述，描述事物属性及事物间的关系，根据控制策略来决定怎样使用这些知识；后者的区别在于，能够把所要表示的知识及如何使用这些知识的控制性策略一起隐式地表示为解决问题的过程。

一、过程表示法的概念

在人工智能的发展史上，知识的说明表示与过程表示的差异起着关键作用。说明表示重点在知识的静态层面，如客体、事件、事实及其关系和世界状态等；过程表示重点在知识的动态层面，即怎样运用知识、怎样发现有关的知识并推理等，过程可以很好地体现知识的行为。在这之前，许多AI研究人员致力于研究用谓词、语义网络等方式表示知识，以及数据库增大时怎样快速地处理数据结构。过程表示的存在，使大家思考把知识的相关性和效用当作知识表示的主要课题。

过程表示把知识包含在许多过程里面，每个过程对应一段程序，来应对某些特殊事件和情况。每个过程由说明客体和事件的知识及运行知识等组成。过程一般通过子程序或模块实现。在问题求解过程中，当需要使用某个过程，调取并执行对应程序。问题的求解与推理相当于对一个过程的组织和调用。例如，"当某一确定的状况出现时调用子程序"。"如何把三块积木 A、B、C 堆叠到一起"使用过程表示法表示：

```
Procedure Build-Stack(A,B,C)
    Lift-block(B);
    Put-on-top(B,A);
    Lift-block(C);
    Put-on-top(C,B);
Exit
```

选择过程表示知识库的特征，在于知识库是一组过程集合。修改知识库的方式为增加、删除子程序或修改访问条件。过程表示模式可以表示启发式知识，能够产生更好的推理过程的特定论域信息，如正向或反向使用一条规则，最初先测试哪个子目标等信息。针对启发式知识编码，提高了系统效率。过程表示在模拟人们的缺省推理等非形式推理方面也有很大优势。

SIR 问答系统就是采用过程表示方法实现的，其具体过程仅表示推理机制，将事物的知识表示为链端结点特性；Woods 的航班表系统是相对成熟的过程系统；程序设计语言 PLAN-NER 使用说明方式说明控制信息，集合了经典逻辑、直觉主义逻辑和递归函数论；Winograd 描述了一种"扩展推理模式"的分类学，这已经不在经典逻辑规定的范围内；还有其他的过程性设计语言，如 QA4 POPLER、QLISP 等。

二、过程表示法的过程规则

通常，过程规则包括激发条件、演绎操作、状态转换和返回四部分。

（1）激发条件　激发条件包含推理方向和调用模式两部分。推理方向作用是判断该系统是正向推理（FR）还是逆向推理（BR）。如果是正向推理，那么在综合数据库中的已有事实能够与其"调用模式"匹配时，才能激活过程规则；如果是逆向推理，那么在"调用模式"与搜索目标或子目标匹配时，才能激活过程规则。

（2）演绎操作　演绎操作由多个子目标组成。当满足前面的激发条件时，执行演绎操作。

（3）状态转换　状态转换的作用是对综合数据库进行增、删、改操作。

（4）返回　返回是过程规则的最后一个语句，指出将控制权返回到调用该过程规则的上一级过程规则那里去。

通过过程规则表示知识的系统求解问题的大致过程：当出现一个新的目标时，从能够匹配的过程规则中选取一个执行。在规则的执行过程中，出现新的目标时那么调用对应的过程规则并执行。往复进行，直至执行 RETURN 语句，再把控制权返回给调用当前过程的上一级过程规则，然后根据调用时的次序反向逐级返回。过程中，若某过程规则无法运行，则立即选择另一个匹配的过程规则执行，假如没有这样的过程规则，那么返回失败，并把执行的控制权转移至上一级过程规则。

三、过程表示法的特点

过程表示法具有以下特点：

1）不完备。如 PLANNER，虽然系统知道所有前提知识，但依然不一定能获得全部的演绎。然而，不是所有时候需要"完备性"。

2）不一致。一致性指的是演绎系统的演绎全部正确，然而缺省推理在非完备情况下可能引入非一致性，称为废进废出（Garbage In-Garbage Out）原理。

3）某些时候要控制信息，固定的控制信息限制了其他的方法。

4）便于表示启发式知识，但牺牲了知识库中知识的模块性，因为过程中的启发信息使各事实之间的作用无法避免，这也是过程表示高效的代价。因此，这给知识库的修改增加了难度。

5）可以实现扩充逻辑推理（如缺省推理等）。

6）高度模块化。

7）可以基于类比进行推理。

8）知识隐含在过程中，很难修改和证明。

产生式系统类似于一种过程表示方式。他们主要差别在于：子程序表示允许子程序之间直接通信，但是在产生式系统中，产生式规则仅可以借助全局数据库互相作用。

第七节　状态空间表示法

状态空间表示（State Space Representation）是一种基于解答空间的问题表示和求解方法，它的基础是状态和操作符。当通过状态空间图表示时，从一个初始状态开始，依次增加一个操作符，可以建立起操作符的试验序列，一直达到目标状态。因为状态空间法必须扩充更多的结点，发生"组合爆炸"的可能性大，所以仅适合表示相对容易的问题。

一、状态空间表示法的概念

当代控制面对着庞大复杂的多输入多输出系统。分析这类复杂系统，需要使用一种分析和设计这类系统的新方法，即现代控制原理。这种方法需要特定系统使用简单的数学描述，来减轻计算机的负担。显然，状态空间表示法刚好是系统的一种简单的数学描述和特别适合数字计算的时间范畴表示法。所以，状态空间表示法是现代控制原理中重点研究的问题。

这种表示方法来自早期的问题求解系统和博弈程序。它自身不是一种知识表示形式，只是利用它在问题的多种可能状态集合中做出更好的选择，来表示问题的结构。状态空间搜索模式包含一个规则集合，一条规则即为一个变换算子，完成状态 1 到状态 2 的转移。执行一个算子序列就是问题的求解。

二、状态空间表示法的组成

状态空间表示法以"状态空间"的形式来表示问题。主要包括状态、算符、状态空间和问题的解四部分。

（1）状态　状态是描述问题求解过程中不同时刻状态的数据结构。通常用一组变量的

有序集合表示

$$Q = (q_0, q_1, \cdots, q_n)$$

其中，元素 $q_i (i = 0, 1, 2, \cdots, n)$ 是集合的分量，称为状态变量。当赋值给每一个分量时，便有一个具体的状态。

（2）算符　导致状态的分量发生一定变化，把问题从一个状态变成另一个状态的操作称为算符。算符可分为走步、规则、过程、数学算子、运算符号或逻辑符号等。例如，在产生式系统中，每一条产生式规则就是一个算符；在下棋程序中，一个算符即为一个走步。

（3）状态空间　表示一个问题的全部状态和所有可用算符构成的集合称为问题的状态空间。通常由问题的一切可能初始状态构成的集合 S、算符集合 F 和目标状态集合 G 三部分组成。使用三元组表示，即 (S, F, G)。状态空间的图示形式称为状态空间图。其中，结点表示状态；有向弧表示算符。

（4）问题的解　从问题的初始状态集 S 开始，进行一系列的算符运算，达到目标状态。从初始状态至目标状态所用算符的序列组成了问题的一个解。

以下是采用状态空间方法表示问题的步骤：首先，定义状态的描述形式；接着，用所定义的状态描述形式把问题的一切可能的状态全部表示出来，同时确定问题的初始状态集合描述和目标状态集合描述；最终，定义一组算符，利用它将问题由一种状态转变为另一种状态。

问题的求解过程是一个连续将算符作用于状态的过程。首先，把对应的算符作用于初始状态，从而产生新的状态；其次，将一些合适的算符作用于新的状态；持续下去直到产生的状态为目标状态为止。此时，获得问题的一个解，这个解即从初始状态到目标状态所用算符构成的序列。

做出如下说明：

1）可能有多个算符序列都能够使问题从初始状态到目标状态，这样就存在多个解。使用算符有的多，有的少。使用算符最少的解即为最优解。

2）无论哪个状态，其使用的算符都可能有多个，这样一来由一个状态所生成的后继状态就可能有多个。当对后继状态使用算符生成更进一步的状态时，应先对哪一个状态开始操作呢？这是搜索策略的问题，不同的搜索策略的操作顺序是有差别的。

一个正向状态空间搜索中的不确定过程如下：

```
PROCEDURE state-space：
s：= initial state
path：= NIL／ ＊ NL 是空表 ＊／
WHILE s is not a goal DO
    opst = ｛operators applicable to s｝
从 ops 中不确定地选择一个算子 r
path：= concatenate(path, r)／＊路径包括至今用到的全部算子＊／
s：= r(s)／＊对 s 应用 r ＊／
END
RETURN path
END state-space
```

不确定选择的实现与不确定图灵机（Turing Machine）类似：可以视为建立几个程序，

对 s 适用的每个算子各进行一次，只要某一个程序副本可以找到一条通向目标的路径，那么首先返回其找到的路径。

第八节　面向对象表示法

一、对象、消息和方法

客观世界的问题都是存在于实体之间的关系之中的，当人们认识和分析这类问题时，问题往往被分解为一些实体对象之间的组合和联系。事实上，任何的系统都可以视为为了达到某种目的而由一组实体或对象进行相互作用组成的。我们在应用计算机求解问题时，本质上都是在某种程序语言的规定下操作解空间中的对象，通过该结果可以映射得到该问题的解。但是由于问题空间中的对象种类繁多，不仅存在静态特征，还有千姿百态的动态行为，在传统的程序语言规则下解空间的对象只能以被动、死板的数据或数据结构进行表示，因而程序设计者只能通过极为繁杂的算法或流程才能操纵解空间的对象获取问题的解。显然，在这种面向过程的方法中，传统语言与人们认识客观世界的思维方式大相径庭，对于在计算机上求解客观世界中的问题，求解空间的方式存在巨大障碍，这必然会导致构造计算机软件（特别是基于知识的复杂软件）变得非常困难，其构造出来的软件也如同"天书"一样，使常人难以理解和维护。这便是困扰了人们数十年的"软件危机"的由来。

面向对象方法学显式地提供"对象"的概念，致力于还原客观世界中问题的本来面目，程序设计者按照问题空间中对象的各种特征较为自由地去定义解空间的对象。因此，采用面向对象方法学来构造知识或软件系统可以直观地反映出人们对于该问题的思考方式。使得求解空间的方法在结构上与客世界中的问题空间基本取得一致，这是面向对象方法学的基本原则，也是构造面向对象的知识系统的出发点。

那么，问题空间的对象究竟是什么呢？答案是任何事物都可以称为对象，小至电子与原子核，大至地球、太阳系甚至整个宇宙。任何复杂的对象都能够以某种方式由相对简单的对象组成。在以某种目的形成对象的组成系统中，最为复杂的对象总是从最原始的对象开始，经过层层的组合而形成的。在客观世界的问题中，其需求及所要达成的目的决定了对象的具体选取。

对象不仅有状态，还有行为。在面向对象的知识系统中，各种各样的资源及智能实体均属于对象的范畴。一个对象的静态属性由对象的状态及其知识组成，一个对象的智能行为则由其知识的处理方法及各种操作所描述。

根据面向对象方法学的观点，一个对象的形式定义可以由以下四元组表示

$$对象::=<ID,DS,MS,MI>$$

1）对象的标识符（ID）又称为对象名，用于表示一个特定的对象。与人名和地名类似，每个特定的事物都存在特定的标记。

2）对象的数据结构（DS）能够描述对象当前的内部状态或其具有的静态属性，并且通常由一组<属性名 属性值>表示。请注意，只要在对象的 Smalltalk 语言中，属性值也对应于一个对象。

3）对象的方法集合（MS）用于说明对象所具有的内部处理方法或对受理消息的操作过程，它能反映对象自身的智能行为。

4）对象的消息接口（MI）为对象相关内部方法和接收外部信息驱动唯一的对外接口。此处的外部信息就是消息。其中，发送者是发送消息的对象，接收者是接收消息的对象。消息接口以消息模式集的形式给出，每一消息模式对应一消息名，往往还包含必要的参数表。从消息接口中，当接收者受理发送者的某一消息时，首先需要对该消息属于哪一消息模式进行判断，找出内部方法与之匹配，接着执行与该消息相联的方法，处理相应的消息或响应某些信息。

在面向对象的系统中，问题的解决或程序执行是通过在对象之间传递消息来完成的。通常最初的消息由用户输入，当一个对象正在处理相应的消息时，若有需要，则可以传递消息请求其他对象完成某些处理任务或响应特定的信息；若其他对象正在执行处理消息，则可以同时通过传递消息与它们通信，直到获得问题的解为止。

消息流集成了数据流和控制流，是实现对象之间联系的唯一方法。其消息主要包含发送者提供的信息，这些信息通常对接收者提出了特定的要求，但是仅告知接收者需要完成什么，而没有告诉接收者如何完成所需的处理。因此该消息全部都由接收者解释，并且完全由接收者自由确定通过哪种操作过程来完成相应的任务。将同一消息传递给不同的对象，不同的对象对同一消息做出不同的反应，同一对象从多个对象接收不同的消息，对传来的消息可以返回相应的响应信息，也可以不返回消息。可以看到，在面向对象的系统中消息传递与传统子程序的调用和返回明显不同。

消息模式既定义了该对象所能受理的消息，还规定了该对象具有的固有处理能力。每个对象的消息模式都存在对应的内部方法。对象固有功能的具体实现称为方法，通常由软件的一个可执行代码段表示。通过消息模式和消息引用，执行相应方法的代码段，就可以显示出相应的处理能力。在实现方法时，通常需要引用自己的内部状态并处理相关数据，如果需要，就可以使用自己的内部状态发送一批消息，以请求其他对象的处理。每个对象的内部状态不能被其他对象直接引用或修改，同时对象的内部状态和方法对外界是隐蔽的。因此，只要指定对象的所有消息模式，包括与每个消息模式相对应的处理能力，就可以定义对象的外部特性。故每个对象都像集成电路芯片一样被封装在一个明确的范围内。外部接口是其消息模式集，而受"黑盒"保护的内部实现则由其状态和操作细节组成。以上就是对面向对象方法学中的封装性的说明。

如上文所述，一个复杂的对象通常由一些相对简单的对象组成。由简单对象提供的某些消息可能只能在内部由复杂对象使用，而未向外界公开的复杂对象上的此类消息称为复杂对象上的私有消息。相应地，对象公开提供给外界的消息称为对象的公有消息。在面向对象的语言中，可以通过对象协议或规格说明的形式来提供对象的外部接口。协议是对对象外部服务的解释说明，它告诉对象它可以为外界做什么，外部对象只能将协议中包含的消息发送给该对象。换句话说，请求对象起作用的唯一方法是处理对象协议中包含的消息。从私有消息和公有消息的角度来看，协议是对象可以接收的所有公有消息（模式）的集合。可以说一个对象是在该协议下封装的。

封装是一种信息的隐蔽技术，它能够分开对象的设计者与对象的使用者，其使用者不需要了解实现对象行为的细节，仅需要通过对象协议中的消息即可访问该对象。显式地将对象的外部定义与内部实现分割开是面向对象系统的一大特色。封装性本身就具有模块性，将模块的定义与实现分开，更易于维护和修改软件系统，同时这也是软件工程追求的目标之一。

二、类、类层次和继承性

在面向对象的方法学中，类的概念是将具有共同属性的一组对象归为一类。准确地说，类的定义为具有相同外部特征和内部实现的一组对象的抽象。类对象的外部特征由该类通过描述消息模式和相应的处理功能来定义，类对象的内部实现则通过描述内部状态的表现形式（或私有数据的格式）及实现固有处理能力方法来定义。由此可以看到该类描述了这一类对象的共性。类抽象后，一个对象除对象名称外，对象仅包含反映对象个性的内部状态。此时，该对象称为其所属类的实例。

需要注意的是，类、实例、对象是三个不一样的概念，但是有些文献在不会引起混淆的情况下未必会明确区分它们。一个对象所属的类及该类的一个实例才能构成该对象的完整概念。

类作为一组对象的抽象定义，可以将其看作生产具有相同行为方式和数据结构对象的模板。通过类的实例化，便可以完成对象的创建。

类在概念上归类于抽象数据类型。在一个类的上层有超类，而在其下层有子类，由此形成了类的层次结构，称为类层次。其中超类和子类也属于类，可以建立各自的实例。类层次还有一个重要特性是继承性，即一个类可以继承其超类的所有描述，这种继承具有传递性，因此类可以继承层次结构中位于其之上的所有类的所有描述，即某个对象除了由其所属类所描述的特征之外，还具有由该类上层的所有类描述的所有特征。

在类的层次结构之中，一个类可以具有多个超类或多个子类。继承分为多重继承和简单继承。多重继承的定义：一个类可以直接继承多个类描述的特征，即为多重继承。简单继承的定义：一个类只能具有一个超类或只能继承一个类描述的特征，即为简单继承。

面向对象的系统继承机制可自动共享超类、类、子类和对象中的方法和数据。如果类 B 从类 A 继承，则类 B 实际上必须由从类 A 继承的部分及类 B 本身的其他部分组成。在面向对象的语言系统中，若类 A 的成员映射到类 B 的继承成员，需要加上程序员专门为类 B 编写的代码才可以构成整个类 B。在这里，继承映射通常比简单的同等更加丰富，如果类 A 执行到类 B 的继承映射，则程序设计者可以为类 A 的特性进行重命名、重新实现、复制或置空。所有面向对象的语言都提供了一套用于继承的机制，用户通常可以通过特定的关键字提供期望的映射类型，并且可以在某些情况下附加一些信息。

类和继承是适应人们一般思维的描述范式，而对象和消息可以表现事物并且描述事物之间联系的概念。面向对象的程序设计范式的基本点是对象的封装性和继承性。可以通过封装将对象的定义与对象的实现分开，并且类之间的层次关系可以通过继承反映出来，使用面向对象的快速原型技术构建系统、优化系统并显著提高软件的可重用性。

三、面向对象知识表示与语义网络、框架系统的比较

结构化的知识表示方法包括语义网络、框架系统和面向对象知识表示，而面向对象知识

表示是其中最为结构化的方法。

语义网络的优点在于其具有灵活性，它可以无限制地定义网络中的结点和有向弧。这种灵活性不仅存在于面向对象的表示中，而且也存在于动态建立对象之间的关系中。其中，语义网络的结点与面向对象表示的对象相对应，语义网络的有向弧所定义的语义连接与面向对象结构中的消息传递相对应，而语义网络中的泛化联系、实例联系分别与面向对象方法中对象、子类与类之间的继承关系相对应。实际上，可以将面向对象的结构视为一种动态语义网络。

语义网络的主要不足在于系统难以开发和维护。随着对象（结点）数量的增长，管理语义网络变得非常复杂，某个对象或属性值的更改难以对整个系统产生影响，而面向对象方法的封装性能够有效地克服语义网络的这一弊端。

框架结构与面向对象的结构非常相似，可以使用类的概念按一定的层次结构将知识进行组织。但是，框架知识表示的模块性无法明确定义。削弱框架系统结构化的两个主要因素：①框架之间的关系不仅可以是具有继承关系的子类连接或者成员连接，也可以是反映完整和部分关系的组成连接，并不是唯一的；②可以通过规则将一个框架与另一个框架相连。在面向对象的知识表示中，子类连接是两个类之间的唯一连接，并且不可能存在一个跨越两个对象的规则（一个类的内部方法称为规则）。消息模式作为类的唯一外部接口，类之外的代码只能通过传递有关消息才能与该类的方法进行交互。故面向对象的表示方法对于大型知识系统的开发和维护非常适用。

如今，面向对象技术不仅广泛应用于软件设计和知识表达，而且还扩展到了新的应用领域，如数据管理和多媒体系统。同时，出现了比"对象"更具动态性并具有人工智能含义的概念，即智能体。智能体作为一种可以包含主观信念和承诺并可以主动响应外界事件的对象，可以说，面向智能体技术就是在人工智能与专家系统领域中面向对象技术的应用与发展。

第九节　基于范例表示法

一、范例的定义

通常，基于范例的问题求解方法是将先前求解出的问题的经验与当前待求解的问题相关联，待求解的问题称为目标，而已经求解出的问题称为范例。如果范例与目标之间存在相似性（语义、结构等），则会生成相似的结构。这种相似性被目标的推理和求解过程所依赖，其中推理完成了源于目标中相似元素的相互映射。范例，顾名思义就是抽取自与目标域同一个一般问题域，因此其具有与目标极为相同的结构。范例是源于原先已经解决过的实例，且这个实例与目标属于同一类，基于范例的问题求解框架为决策过程提供了一种更清晰的解决方案的范围，目标与范例之间的相似性存在于这一范围中。

二、范例的表示

尽管在当今的知识表示系统存在许多知识表示方法，如框架、面向对象、语义网络、谓词、产生式等，但实际上它们很难在学习系统（尤其是类比学习的体系）中实现。知识的表示不仅应该使知识成为一个结构化和组织化的系统，而且还应该确保记忆的知识是易于存取、检索及学习的。

关于记忆的研究已经在诸如生理学和心理学等领域中被广泛地进行。心理学的研究者专注于记忆的一般理论，并提出了许多记忆模型，如情节记忆（Episodic Memory）、语义网络（Semantic Network）和联想记忆（Associative Memory）等。

知识是一个结构化的体系。专家在执行某些任务时会使用语义记忆来存储信息，这种信息记忆方法具有以下四个优点：①易于检索；②便于组织，可以把它们连接成树形层次或网络；③利于管理，知识的改变只会影响局部体系；④易于共享知识。

下面以近年来较为具有代表性的 Schank 的动态记忆理论（Dynamic Memory）模型为例。Schank 的动态记忆理论将知识记忆在一些结构中，主要有记忆组织包（Memory Organization Packet，MOP）、剧本（Script）、场景（Scene）和主题记忆包（Thematic Organization Packet，TOP）四种类型的结构。一个记忆组织包可以存储多种场景，并且每个场景可以存储多个剧本。此外，记忆组织包的上层还可以包含元记忆组织包（Meta-MOP）等。一个网络结构就是由以上结构根据一定的组织原则形成的，并通过索引进行检索。

三、语义记忆单元

语义记忆单元就是在学习、分析、理解和记住知识的过程中重点关注的概念、模式、主题等，以及据此形成的知识本身的特征，那些因素能够有效地将知识内在联系在一起。

只有将记忆的知识建立在一定程度的加工基础之上，真正的记忆才能被我们获得并将其有效应用于将来。语义记忆单元的功能是概括具体知识和具体问题的某个方面，并认识到具体知识和具体问题的更抽象的本质。以语义记忆单元为中心，语义记忆单元之间的联系为纽带，可以有效地组织具体的知识和问题。

那么，哪些知识中的因素应该被选择作为语义记忆单元？所有类型的知识都有独特的内在特征，因而选择的策略便取决于知识的特征。通常，对于非常新的知识，其中的概念往往被认为是首要的记忆对象。随着知识被不断积累而变得越来越丰富，模型逐渐具备了分析该类具体问题的能力，即可用来分析该问题的宗旨，从而使一些抽象的概念性认识能够被概括出来。以天文学为例，天体的自转与公转是对天体之间关系的一般认识，其中可以抽象出"围绕旋转"的二元关系作为语义记忆单元。基于这个词汇，我们不仅能够联想到相关的知识，而且具体的形象也会映入眼帘。此外，关于选择策略的另一个因素，在于抽象出知识中涉及的重要模式作为语义记忆单元，它们不是通过文字来表达的，而是以某些特殊的符号组合进行表达的。

四、记忆网

模型所记忆的知识，它们相互间不是孤立存在的，而是一个集成的体系，它们通过某种内在的因素彼此间形成紧密或松散的有机联系。记忆网可以用于概括知识的这一特点，记忆网是通过使用语义记忆单元作为结点并连接语义记忆单元之间的各种关系而建立的网络。其中，语义记忆单元简记为 SMU。网络上的每个结点都代表一个语义记忆单元，以下结构为其形式描述：

SMU = {SMU_NAME slot

　　　Constraint slots

Taxonomy slots

Causality slots

Similarity slots

Partonomy slots

Case slots

Theory slots}

（1）SMU_NAME slot　简记为 SMU 槽。它可以施加某些约束在语义记忆单元上，这些约束一般是一个词汇或一个短语。

（2）Constraint slots　简记为 CON 槽。它可以施加的另外一些约束在语义记忆单元上。这些约束往往只是对 SMU 描述本身所加的约束，而非结构性的约束。另外，每一约束都有 CAS 侧面（Facet）和 THY 侧面与之相连。

（3）Taxonomy slots　简记为 TAX 槽。它对与该 SMU 相关的分类体系中的该 SMU 的一些超类和子类进行了定义。因此，它能够对记忆网络中结点间的类关系进行描述。

（4）Causality slots　简记为 CAU 槽。它与该 SMU 有因果联系的其他 SMU 相关，或是另一些 SMU 的原因，或是对另一些 SMU 的结果进行了定义。因此，它能够对网络中结点间的因果联系进行描述。

（5）Similarity slots　简记为 SIM 槽。它对与该 SMU 相似的其他 SMU 进行了定义，能够描述网络中结点间的相似关系。

（6）Partonomy slots　简记为 PAR 槽。它对与该 SMU 具有部分整体关系和其他 SMU 进行了定义。

（7）Case slots　简记为 CAS 槽。它对与该 SMU 相关的范例集进行了定义。

（8）Theory slots　简记为 THY 槽。它对关于该 SMU 的理论知识进行了定义。

以上八种槽的类型可以大致分为三类：①第一类能够反映包含 TAX 和 THY 槽的各种 SMU 之间的关系；②第二类能够反映包含 CAS 和 CON 槽的 SMU 相关的范例信息；③第三类关于相似的 SMU，通过引入一个特殊结点，即内涵结点 MMU，用于表示与该结点相连的其他结点是关于该内涵相似的一些 SMU。

通过向 SMU 添加约束，可以在 SMU 中记忆比 SMU 更加特殊的知识，并且检索到那些受到约束的知识，使知识的记忆能够更具层次性。尽管 PAR 槽不会影响模型的知识检索，但它对知识的回忆有重要影响。通过部分与整体之间的联系，可以回忆属于某个主题或学科领域的知识。THY 槽记忆的内容是有关 SMU 的理论知识，比如上述的有关"资源冲突"的知识，这类知识能够采用任意成熟的知识表示方法，如产生式、框架、基于对象的表示方法等，这能够使知识在某些情况下达到局部化处理。在记忆网络中，结点之间的语义关系能够使与某个 SMU 有关的知识更容易被检索到。由此可见，记忆网络是非常复杂的，但是它能够确切地反映知识间杂乱的内部关系，网络的复杂性最终决定了建立和学习网络的复杂性。记忆网络是经历长期积累，学习和思考知识的结果，这些知识能逐渐改善和形成网络。在这一过程中，不断增加新的结点和知识，并取代长时间未使用的结点的知识，将其遗忘掉。这表明网络的建立和学习过程实际上是学习知识的过程。

通过使用记忆，我们可以在某种程度上解释知识的遗忘。通常，对于一段时间未使用的知识，往往会在不知不觉中忘记某些具体的内容，而该知识的大致印象却能够留在记忆中。这表明记忆网络本身就是永久性的记忆，而每个槽中的记忆却是短暂的，并且记忆会逐渐褪色直至被遗忘。记忆强度能够描述遗忘知识并增强记忆的现象。通常，记忆强度是使用时间和回忆的函数关系来表示的，时间越长，记忆强度越低。但是随着每一次回忆，获取的知识的记忆强度则会逐渐增加。

记忆网与语义网虽相关却不同，记忆网模型是基于语义网发展起来的。两种模型均使用结点的方法来表示信息，结点之间的连接则表示语义关系，但是语义网表示信息的能力仅限于网络本身，即知识只能通过结点间的连接来表示，这与记忆网存在很大的不同。记忆网的表达能力远不止于此，主要体现在以下几点：①其他表达方式表示的理论知识与具体范例可以被记忆和使用；②对较为特殊的知识的记忆，可以通过对结点施加约束来达到目的；③相似的知识可以被内涵结点组织起来；④记忆单元能够作为一个主体，独立地完成某些任务。

基于记忆网可以进行多种推断，比如：①与语义网的继承推理类似，记忆网可以通过语义关系在结点之间继承知识；②约束满足表示在结点内部，为了获得特殊知识而通过对其内涵施加约束的过程；③对于在 THY 槽中的记忆知识，可以采用与各种表达方法相对应的推理方法，如正反向推理和信息传递等，亦可以使用基于范例的推断方法，因为具体的范例被记忆在 CAS 槽中，范例抽象和泛化也是可以在记忆网中实施操作的。

第十节　基于 Rough Set 表示法

粗糙集（Rough Set）理论是一种独特的数字工具，用于对不精确和不确定的知识进行描述，在 1982 年由波兰科学家 Pawlak 提出，其中关系表可以视为粗糙集理论中的信息表或决策表，这使得粗糙集的应用更加方便。粗糙集的约简理论可用于预处理高维数据以消除冗余，从而达到降低数据维数的目的。实际上，粗糙集的规则是存在确定性和不确定性的。粗糙集方法可以对从数据库中发现的不确定的知识进行处理。在粗糙集理论中，知识表示即数据表表达式。

一、粗糙集的基本概念

知识是由概念组成的，如果知识包含不精确的概念，那么该知识就是不精确的。粗糙集对其的描述方法：通过用两个精确的概念来表达不精确的概念，以描述不精确的概念的粗略集合，即上近似概念和下近似概念。其中一个概念的上近似（Upper Approximation）概念（或集合）指的是其上近似中的元素可能属于该概念；而下近似（Lower Approximation）概念（或集合）指的是其下近似中的元素肯定属于该概念。

粗糙集能够将客观或对象世界抽象为一个信息系统，或知识表达系统，也称为属性-值系统，其中一个信息系统 S 是一个四元组

$$S = <U, A, V, f>$$

式中，U 是一组对象（或事例）的有限集合，称为论域，如果有 n 个对象，则 U 可表示为 $U = \{x_1, x_2, \cdots, x_n\}$；$A$ 表示有限个属性的有限集合，设存在 m 个属性，则 $A = \{a_1, a_2, \cdots, a_m\}$；而 V 表示属性的值域集，$V = \{V_1, V_2, \cdots, V_m\}$，其中 V_i 表示属性 A_i 的值域；进一步可以将有限集合 A 划分为两个不相交的集合，分别为条件属性集 C 和决策属性集 D，C 和 D 满足 $A = C \cup D$ 且 $C \cap D = \varnothing$，其中 D 一般只有一个属性；f 表示信息函数（Information Function），$f: U \times A \rightarrow V$，$f(x_i, a_j) \in V_j$。

77

二、基于粗糙集的知识表示

知识表达系统的基本组成部分是研究对象的集合。通过指定对象的基本特征（属性）及其特征值（属性值）来描述这些对象的知识。一个知识表达系统对应一张表，该表的列是属性，一共有 m 列；表中的行是对象，总共 n 行。表中的第 i 行和第 j 列中内容为 $f(x_i, a_j)$。表中的某行表示有关系统中该对象的所有信息。一个属性对应于一个等价关系，并且可以将一个表视为已定义的一个等价关系，又称为知识库。例如，假设信息系统 S 的论域 $U = \{e_1, e_2, \cdots, e_5\}$，属性集 $A = \{a, b, c, d\}$，进而得到条件属性集 $C = \{a, b, c\}$ 和确定性属性集 $D = \{d\}$。每个属性的值域均为：$V_a = V_b = V_c = V_d = \{0, 1, 2\}$。$S$ 的知识表达表为

U	a	b	c	d
e_1	0	1	2	0
e_2	1	2	0	2
e_3	1	0	1	1
e_4	2	1	0	1
e_5	1	1	0	2

知识表达系统可以方便地使用表格来表达知识，并且知识的表格表达法可以认为是一种特殊的形式语言，使用符号表示等价关系，这样的数据表就是知识表达系统。

由于知识库与知识表达系统之间存在一一对应的映射关系，这取决于属性与属性名称的同构，因此任何一个知识库 $K = (U, R)$，知识表达系统 $S = (U, A)$，两者之间的关系：当 $r \in R$ 且 $u|r = \{x_1, x_2, \cdots, x_n\}$ 对于属性集 A，每个属性 $ar: uV_{ar}$，当且仅当 $x \in x_i (i = 1, 2, \cdots, K)$，存在 $V_{ar} = \{1, 2, \cdots, K\}$，而 $ar(x) = i$。因此，可以通过知识表达系统的定义来描述与知识库有关的所有定义。故知识系统内的任一等价关系在知识系统数据表中以一个属性和属性表示的关系的等价类进行表示，表中的一列可以表示某些范畴的名称，而整个数据表则将相应的知识库中所有范畴的描述包含在内，包括所有能从表中数据推导出的一切可能的规律，其中

数据标志是用于描述表达系统对知识库中有效事实和规律的方法。

第十一节 基于神经网络的知识表示

在人类知识中存在一些知识是需要通过一系列示例才能进行总结的，若以穷举编码的方式将他们全部表达，则可能导致组合爆炸，因此需要以其他方式来表达这类知识。在表达一个概念时，是通过将相关信息分布到多个单元并表达单元的分布方式，而不是使用一个结点来表达一个概念（如语义网络之类）的，这样可以避免组合爆炸，而且在某个单元发生畸变失真的情况下，所表达概念的属性也不会发生重大变化。以这种方式表达知识时，可以在一个共同单元中分布一些相似的概念，这是通过神经网络来表达知识的基本思想。人脑的知识通常以这种方式表示与存储。

一、人工神经网络的基本思想

随着对神经元网络的不断研究，研究者提出了许多模型，以"并行信息分布处理"模型为例，这种模型是通过大量称为"单元"的简单处理元件来交互假设信息并进行处理的，其中每个单元都向其上层的单元传递激励或抑制信号。网络针对全局进行作用称为"并行性"，指同时处理全部目标；而将信息分布在整个网络内部则称为"分布性"，每个结点及其连线不具有一个完整的概念，它们只能表达网络的部分信息。

在学习过程中，人工神经网络将其所获得的知识，分布式地存储于结点间的权重和偏置系数之中，有效提升了网络的鲁棒性和容错性，而在模式识别中易受噪声干扰并且模式的部分损失较大，因此人工神经网络的这一特点是成功解决模式匹配的重要因素之一。此外，人工神经网络能够自适应、自组织地学习，摆脱了传统识别方法中各种条件的约束，在某些识别问题中展现出较好的效果。神经网络也易于进行源模式的学习、存储，可以有效实现模式的联想记忆与匹配。

二、BP 神经网络的知识表示

下面以典型的神经网络——BP 神经网络为例来介绍神经网络的基本结构及其学习过程。该网络由输入层、隐含层和输出层三部分构成，其中相邻的层之间均通过全连接的方式传递信息。首先输入信号从输入层传递至隐含层的结点，隐含层的结点将输入数据进行加权求和再经过激活函数后，即可得到该结点的输出值，依次传递下去直至输出层结点，得到输出结果。常用的激活函数为 Sigmoid 函数（又称为 S 函数），可表示为

$$f(x) = \frac{1}{1+e^{-x}} \tag{3-1}$$

BP 神经网络的训练过程包括前向传播和反向传播。对于前向传播，输入信息从输入层经隐含层最后传递至输出层，每一层的神经元的状态只会影响到下一层的神经元的状态。当数据传递至输出层后，输出层神经元的数据将会与训练设定的标签（即期望输出）进行对

比运算，进而计算出损失函数（即误差信号），此时训练进入反向传播阶段，损失函数沿前向传播的路径返回，每经过一个神经元通过梯度下降法修改其权值和偏置，最后使得损失函数达到最小值。

神经网络结构示意图如图 3-8 所示，设输入层的输入数据为 $x_j(j=1,2,\cdots,i)$，输出层数据为 $y_m(m=1,2,\cdots,n)$。隐含层数据设为 $h_j^{(l)}$，表示隐含层的第 l 层中第 j 列神经元的值。

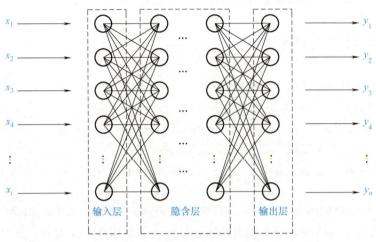

图 3-8　神经网络结构示意图

BP 神经网络在前向传播的过程中每一个神经元结点都由两部分运算构成。

第一部分是对前一层传递来的数据进行加权求和。设权重为 $W_{ij}^{(l)}$，表示第 $l-1$ 层中第 j 列神经元的输出值占第 l 层中第 i 列神经元中求和运算的权重；设偏置为 $b_i^{(l)}$，表示第 l 层中第 i 列神经元中求和运算中的偏置。假设第 $l-1$ 隐含层共有 s 个神经元，因此第一部分的运算的结果 $net_i^{(l)}$ 为

$$net_i^{(l)} = \sum_{j=1}^{s} W_{ij}^{(l)} h_j^{(l-1)} + b_i^{(l)} \tag{3-2}$$

第二部分是该神经元结点的激活函数运算，有

$$h_i^{(l)} = f(net_i^{(l)}) \tag{3-3}$$

接着是反向传播部分的运算。

假定神经网络的训练样本为 $\{(x(1),y(1)),(x(2),y(2)),(x(3),y(3)),\cdots,(x(m),y(m))\}$，其中 $(x(i),y(i))$ 为一组对应的输入和输出值。设期望输出为 $d_k(i)$，表示第 i 个样本中输出层的第 k 个神经元输出值。误差函数的计算是由单个样本的训练误差求均值 E 获得的，有

$$E = \frac{1}{m} \sum_{i=1}^{m} E(i) \tag{3-4}$$

$$E(i) = \frac{1}{2} \sum_{k=1}^{n} [d_k(i) - y_k(i)]^2 \tag{3-5}$$

获得误差均值后，可以采用优化函数进行参数的优化，即对权值和偏置的优化，这里以梯度下降法为例来优化参数，有

$$W_{ij}^{(l)} = W_{ij}^{(l)} - \alpha \frac{\partial E}{\partial W_{ij}^{(l)}} \tag{3-6}$$

$$b_i^{(l)} = b_i^{(l)} - \alpha \frac{\partial E}{\partial b_i^{(l)}} \tag{3-7}$$

式中，α 表示学习率，用于控制参数优化时的运算步长。

三、神经网络表示的特点

神经网络知识表示具有以下五个特点：

1）最主要的特点是以分布方式表达信息。

2）神经网络可以拥有大量知识，若神经网络输入层有 N 个神经元，并且以二进制逻辑作为输入模型，这样就可以提供 2^N 个知识表示的样本数。

3）采用隐式表达式表示知识，这与其他知识表示方法不同，后者基本上均为显式表达。

4）通过使用神经网络表达知识，可以实现知识的联想功能，因此在模式识别、图像信息压缩和优化等领域的应用取得了较大的进展。因为它使用分布式表示，所以即使图像失真或者畸变也可以进行一定程度上的识别。

5）神经网络在某种程度上对专家凭借直觉解决不确定性问题的过程进行了模拟。

第十二节 基于本体的知识表示法

本体（Ontology）最初是一个哲学上的概念，意为一切存在的根本凭借和内在依据，是多样性的世界赖以存在的共同的基础。在过去的近 30 年中，本体的概念已逐渐扩展到知识工程领域。

尽管许多学者正在研究，但是本体的定义仍然存在很多争议。其中比较有代表性的是首次出现在 SRKB（Share Reusable Knowledge Bases，共享可重用知识库）的 mailing list 上的由 Tom Gruber 于 1994 年提出的解释，即"本体是对概念化的清晰的描述"（An ontology is an explicit specification of a conceptualization）。"本质上，本体是一个或几个领域的概念及反映这些概念间的关系的集合。关系反映了概念间的约束和联系，它本身也是概念，关系之间也可能构成新的关系"。1998 年，Studer 等人对上述定义做出进一步解释，"概念化涉及通过标识某个现象的相关概念而得到这个现象的抽象模型。显式地指出所用到的概念的类型，以及定义概念使用的约束。形式化是指本体应该是机器可读的。共享反映了这样一个观念，即本体获取了一致的知识，它不是某个个体私有的，而是可以被一个群体所接受的"。

一、本体在知识工程领域的研究

自 20 世纪 90 年代初期，本体开始逐渐成为计算机领域、知识工程领域及人工智能领域中最为热门的话题之一，国际计算机界多次举办有关本体论的专题研讨会。这些会议指出，通过将现实世界中的某个应用领域抽象或概括成一组概念和概念之间的关系，并在该区域中构建本体，可以大大促进该区域中的计算机信息处理。当前，知识工程领域对本体的研究主要集中在领域本体库的构建和本体的表示两个方面。例如，Christine W. CHAN 认为本体是知识的组织和分类，为监控石油生产和分离设备的专家系统构建了一个本体库；Christophe Roche 认为并行工程与本体应该结合在一起，因为实施并行工程必须使各部门，各团体对相关概念达成一致，本体使得概念语义标准化，有利于并行工程中各人员之间的交流。

以本体研究的主题为依据，本体通常被分为以下五种类型：

（1）知识表示本体　本体不限于某种特定领域来对知识描述的语言进行研究。典型的有 KIF（Knowledge Interchange Format，知识交换格式）、OIL（Ontology Interchange Language，本体交换语言）、Ontolingua 等。

（2）通用或常识本体　涵盖多个领域并建立庞大的人类常识知识库，以解决计算机软件中的脆弱性问题，如漏洞等。主要研究包括 SUMO、Cyc 工程等。

（3）领域本体　它可以在特定区域中被重用，并提供特定区域中概念的定义与概念之间的关系，以及该领域中发生的活动及其主要理论和基本原理等，如医学概念本体、生物知识库等。

（4）语言学本体　它是一种关于诸如语言和词汇之类的本体。以 WordNet 为例，它是普林斯顿大学开发的一个庞大的语言知识库系统，以词汇源文件作为核心，一个源文件都包含一组"synsets"单元，每组"synsets"单元都由一组同义词、一组关系指针及其他信息组成，由关系指针表示的关系包括继承和反义。

（5）任务本体　共享问题解决方法和推理的研究与领域无关。具体的研究主题包括通用任务、任务方法结构、与任务相关的体系结构、任务结构和推理结构等，如 Chandrasekaran 等人的关于任务和问题求解方法本体的研究。

二、基于本体的知识表示

本体一般指的是某一领域的概念及概念间的关系集合，本小节将以冲压工艺领域的本体为例来介绍基于本体的知识表示。

1. 冲压工艺领域本体的定义

冲压工艺包括各种概念性、规则性、经验性和过程性知识等。将这些知识抽象为冲压工艺领域本体，将其描述为若干概念，概念具有属性和规则。概念间有关系，关系受规则约束，关系本身也可能具有属性。

根据 Tom Gruber 对本体的定义及冲压工艺领域的特点，对冲压工艺领域本体做出如下定义：冲压工艺领域本体是对冲压工艺领域中存在的概念的一种详尽的特征化描述，即对冲压工艺领域内的概念、关系、属性和规则四要素的一种描述，是实现领域知识共享和重用的基础。具体的定义如下：

定义 3.1 设 O 是冲压工艺领域 D 的本体，则 $O = \{(\{C\}, \{Re\}, \{A\}, \{Ru\}) \mid C_i \in D, i = 1, \cdots, m, Re_j \in D, j = 1, \cdots, n, A_k \in D, k = 1, \cdots, p, Ru_l \in D, l = 1, \cdots, q\}$，其中 C 称为概念集合，Re 称为关系集合，A 称为属性集合，Ru 称为规则集合。

81

定义 3.2　概念是冲压工艺领域中规范化的公认的术语，是具有相同属性或行为的对象的集合。它除了指一般意义上的概念，还可以指冲压工艺方面的任务、功能、行为等。比如圆孔、弯曲是一般意义上的概念，毛坯排样、条料排样是冲压的行为，将这些也作为概念来处理。

定义 3.3　关系是领域概念间的连接或关联。关系存在于多个概念之间。关系本身在概念化的过程中能够以概念的形式存在，关系之间也可以构成新的关系。冲压工艺概念间的关系主要有精度约束（Precision-Associated Restriction）和靠近约束（Close-With Restriction）等。

定义 3.4　属性是领域中的概念所具备性质的抽象。属性反映概念的特性，包含类型特性和语义描述。类型特性指属性的名称、属性的类型（如字符型、整型等）等。语义描述指属性的功能和目的，记录属性的内容。

定义 3.5　规则 Rule =（Condition，Conclusion，CF），其中 Condition 表示前提，Conclusion 表示结论，CF 表示可信度。

2. 冲压工艺领域本体的 BNF 范式

冲压工艺领域本体的 BNF 范式（巴科斯范式）是对上述定义的形式化描述，是领域本体的知识表示，也是本体构建的基础。其 BNF 范式如下：

1）＜冲压工艺领域本体＞∷=（＜领域名称＞,＜概念＞,＜关系＞,＜属性＞,＜规则＞)

2）＜概念＞∷=（＜概念号＞,＜概念名称＞,[＜同义词＞],[＜缩略词＞],＜概念描述＞,[＜父类号＞],[＜所属领域名称＞]）

3）＜关系＞∷=（＜关系号＞,＜关系名称＞,＜关系描述＞,＜关系前件＞,＜关系后件＞)

4）＜属性＞∷=（＜属性号＞,＜属性名称＞,[＜同义词＞],[＜缩略词＞],[＜属性值＞],＜值的类型＞,＜集的势＞,[＜允许值＞],[＜默认值＞],[＜关系号＞],＜概念号＞)

5）＜规则＞∷=（＜规则号＞,＜前提＞,＜结论＞,＜可信度＞,[＜规则描述＞],[＜关系号＞],＜概念号＞)

6）＜领域名称＞∷=＜标示符＞

7）＜概念号＞∷=＜整数＞

三、领域本体知识表示的作用

本体的主要作用和研究本体的意义在于实现知识的共享和重用，同时这也是提出本体的最初目标。其中领域本体知识表示的作用可归纳为以下四点：

（1）知识的共享　开发领域本体的主要目的之一就是通过提供一组共享的和共同的概念集合来理解知识。在某些以经验知识为主的领域中，其核心概念变动较小，实现知识的共享和互操作就是以它的核心概念集为基础的。

（2）知识的重用　领域本体知识的重用是本体论领域研究的主要目的之一。维护和扩充领域本体，能够大大降低开发的成本和缩短开发的周期，提升开发工作的效率。

（3）知识的标准化　通过使用一组通用的词汇来描述该领域知识，知识系统化正是以这组通用词汇为基础的，进而实现知识的标准化。

（4）分析领域知识，辅助知识获取　为了实现已经存在的本体的重用和扩充，需要对研究领域的术语进行分析；领域本体可以辅助领域专家更好地理解领域知识，领域专家反过来扩充领域本体，使得领域本体的内容更加丰富、表示更加完备。

四、基于本体的知识表示存储

目前，国内外大多数学者都采用了 BNF 范式来形式化地描述本体，但是却存在各种各样的方式来将 BNF 范式转换为计算机语言并存储在计算机中。例如，利用中性语言知识交换格式（KIF）、XML 语言进行转换和存储，或关系数据库格式进行存储。

其中领域本体是以关系数据库的形式存储的，它充分利用了关系数据库的特点，并且数据本身可以在不编程的情况下共享和重用。根据关系数据库的原理，我们可以看到关系库、属性库、概念库及知识库是相互关联的，并构成了组织结构。某些概念具有其属性和规则；概念之间存在关系，并且其属性和规则也可以约束该概念。

例如，冲压工艺领域本体 BNF 范式被存储在关系数据库中，以知识表示的术语来源于本体库中，在冲压工艺领域本体在关系数据库中，如图 3-9 所示显示了不同表示结构与相关表示之间的关系。

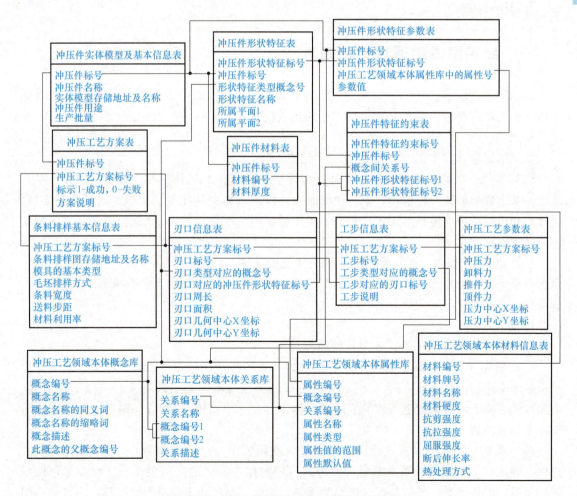

图 3-9　冲压工艺领域本体知识表示结构图

第十三节 知识图谱中的知识表示

知识图谱（Knowledge Graph）是谷歌公司在 2012 年提出的新概念。随后谷歌推出了自己的第一版知识图谱，在学术界和工业界引起了强烈的反响，在之后的一年内各大互联网厂商也相继推出了自己的知识图谱产品作为回应。例如，"知立方"和"知心"分别是由搜狗和百度提出的，用于改进其搜索质量。目前知识图谱还没有一个公认的定义。

百度百科对知识图谱给出了如下定义：通过将应用数学、图形学、信息可视化技术、信息科学等学科的理论与方法与计量学引文分析、共现分析等方法结合，并利用可视化的图谱形象地展示学科的核心结构、发展历史、前沿领域及整体知识架构达到多学科融合目的的现代理论。许多学者认为知识图谱本质上就是语义网络，它基于图的数据结构，是一种最有效的关系表示方式。换句话说，知识图谱是一种将所有不同种类的信息（Heterogeneous Information）连接到一起得到的一个关系网络。综上可知，知识图谱提供了一种从"关系"的角度去分析问题的能力。

一、知识图谱的通用知识表示

知识图谱是由结点（Point）和边（Edge）组成的。其中，结点就是一个全局唯一 ID 的实体，而关系（也称为属性）能够将两个结点连接在一起。

1. 结点

知识图谱包含实体和语义类/概念两种结点。

（1）实体　所谓实体指的是具有可区别性且独立存在的某种事物，如某一时刻、某一地点、某个数值、某一种植物、某一种商品等。世界万物由具体事物组成，这指的是实体。实体是知识图谱中的最基本元素，每一个实体可以用一个全局唯一 ID 进行标识。不同的实体间存在不同的关系。

（2）语义类/概念　语义类是包含相同特征的实体的集合，如国家、动物、树和颜色。概念则是反映一组实体的种类或对象类型，是指某种类别、对象类型、集合及事物的种类，如角色、文字和化学等。

2. 边

知识图谱包含属性（值）和关系两种边。

（1）属性（值）　属性是指某个实体可能具备的特性、特点、参数及特征，也可以表示从某个实体指向其属性值的"边"，不同类型的属性与不同类型的属性的"边"相对应，而属性值主要表示对象指定属性的值。如"体重"是一个属性，"70kg"则是"体重"这一属性下的属性值。

（2）关系　关系可以形式化为一个函数，它把若干个结点映射到一个布尔值的函数，提供一种从"关系"的视角来看世界的方式，即实体与实体之间的关系。这种关系可以是推论关系、因果关系、相近关系、组成关系等。例如，小红和小明是夫妻，那么小红和小明就是两个实体，他们之间存在一种夫妻关系作为连接。

二、知识图谱中的图表示

知识图谱中的图通常也称为网络。一个图可以通过二元组的形式进行表示，$G = G(V, E)$，其中 V 表示一个结点集，$E \subseteq V \times V$ 则表示边的集合。

若一个二元组 (u,v) $(u,v \in V)$ 存在 $(u,v) \neq (v,u)$，则说明该二元组是有序的，而图 G 为有向图；反之，若一个二元组 (u,v) $(u,v \in V)$ $(u,v) = (v,u)$，则说明该二元组是无序的，而图 G 为无向图。在图 G 为有向图的情况下，如果有 $<u,v> \in V$，那么 $<u,v>$ 称为图 G 的一条弧；而图 G 为无向图的情况下，如果有 $(u,v) \in E$，那么结点 u 和 v 是邻接的，且称 (u,v) 为图 G 的一条边。

如图 3-10 所示为无向图，图中的三个结点"张三""李四""王五"互为同学。如图 3-11 所示为有向图，结点"小明"国籍是结点"中国"，出生地是结点"山东"，"山东"属于结点"中国"。

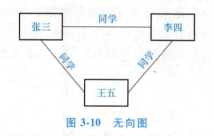

图 3-10　无向图

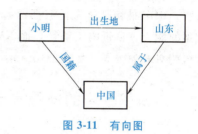

图 3-11　有向图

三、知识图谱的三元组表示

资源描述框架（Resource Description Framework，RDF）作为一种资源描述语言，它受到元数据标准、框架系统、面向对象语言等多方面的影响，用于描述各种网络资源。它的出现为程序设计师在处理 Web 上发布的结构化数据时提供了一个标准的数据描述框架。

1. 由来

RDF 的概念一开始来自元数据的概念。元数据是一种"描述信息的信息"或"描述数据的数据"。例如，电脑里保存的数码照片都包含一些关于尺寸、创建时间、感光度等的额外属性信息，它们都是一种元数据，用于描述二进制图片的数据。由于元数据是一种结构化的数据，故机器处理起来十分方便。

2. 模型定义

RDF 提出了一个简单的二元关系模型来表示事物之间的语义关系，即使用三元组集合的方式来描述事物和关系。知识图谱中知识表示的基本单位是三元组，简称为 SPO（Subject—主语，Predicate—谓语，Object—宾语）。实体与实体之间的关系，或实体的某个属性的属性值是什么，均可以用三元组来表示。

从内容上看，三元组的结构为"资源-属性-属性值"，资源实体由 URI（Uniform Resource Identifier，统一资源标识符）表示，属性值可以是另一个资源实体的 URI，也可以是某种数据类型的值，也称为字面量（Literal）。

主语和宾语也可以由第三种结点类型空结点（Blank Nodes）表示。Blank Node 简单来说就是没有 IRI 和 Literal 的资源，或者说匿名资源。

3. RDF 与 XML 的比较

RDF 最初的灵感一部分也来源于 XML，可以看作 XML 的扩展和简化。XML 最初被设计用于网络之间数据的传输，语法类似于 HTML，但是可以自行定义标签的名字。这个特点非常适合定义符合各自要求的数据格式，也使得 XML 具有更强大的表达能力，不过因此也导致 XML 数据的结构过于松散随意，其统一性和通用性受到了严重限制。通常需要对 Schema 文件（XML）有足够的详细了解之后才可以完全理解 XML 文件背后的语义信息。

XML 与 RDF 之间还是有很大的差别的，下面通过两者的比较来更好地了解 RDF 的优点。

首先，RDF 的模型灵活性更好。由于 XML 是一种固定的、树状的文本，这类文本对元数据描述能力的灵活性较差。而 RDF 则采用简单明了的三元组形式，以及互联形成的图结构，因此可以灵活地描述许多主观的分布式的不同形式表达的网络资源对象。

其次，RDF 最初是作为元数据语言设计的，其表达形式天然具备保存数据对象的描述型元数据的能力，自带语义解释。而 XML 最初的语义解释包含在另一个 Schema 文件中，获取及解析相对麻烦很多，导致使用 XML 语言进行元数据建模时描述数据的灵活性非常差。

四、知识图谱中的向量表示

随着研究者对深度学习领域的不断探索，采用 OWL、RDF 等本体语言进行知识图谱表示逐渐被淘汰，如何使知识图谱作为背景知识融合进深度模型成为一个关键技术问题。基本的思路是将知识图谱中的知识表示成数值化的向量，将每条简单的三元组（subject, relation, object）编码为一个低维分布式向量。采用向量形式可以使后续推理知识的工作更加方便。

知识图谱的向量表示有双线性模型、单层神经网络模型、距离模型、矩阵分解模型、能量模型、翻译模型和张量神经网络模型等几种典型模型。接下来以 TransE 模型为例，解释向量表示在知识图谱中的基本思路。

TransE 模型是一种翻译模型。以三元组（head, relation, foot）为例，其中的关系 relation 可以视为对实体 head 到实体 foot 关系的翻译，模型在学习过程中对 h、r 和 f（head、relation 和 foot 的向量）不断进行调整，从而达到向量 $h+r=f$。

TransE 模型是由 Bordes 等人在 2013 年提出的，它是一种基于实体及其关系的分布式向量表示方法。该方法受 word2vec 模型的启发，利用了词向量的"平移不变现象"。例如，$R(actor)-R(actress) \approx R(man)-R(woman)$，其中 $R(w)$ 就是 word2vec 模型学习到的词向量表示。

由于 transE 采用了最大间隔方法，需要定义一个距离函数 $d(h+r, t)$ 来衡量 $h+r$ 与 t 之间的距离，如 L1、L2 范数。模型的学习过程就是最小化目标函数的过程，其目标函数为

$$L = \sum_{(h,r,t \in S)} \sum_{(h',r',t' \in S')} \left[\gamma + d(h+r,t) - d(h'+r',t') \right]_+$$

式中，S 表示知识库中的三元组；S' 表示负采样的三元组，通过替换 h 或 t 所得，是人为随机生成的，S 与 S' 共同组成模型的训练集；γ 是一个边界值，用于分离负样本和正样本，称

为间隔距离参数，同时它也是一个大于 0 的超参数；$[x]_+$ 表示正值函数，即 $x>0$ 时，$[x]_+=x$，当 $x<0$ 时，$[x]_+=0$。

目标函数的原理：令正样本的能量低于负样本的能量，负样本的能量值受到惩罚，以完成学习过程。在测试时，对每个关系都设置一个能量阈值，如果三元组的能量小于阈值，则是正确的；反之，则不正确。算法模型比较简单，梯度更新只需计算距离 $d(h+r, t)$ 和 $d(h'+r', t')$。这个过程与训练动物相同，它做对了，就给予奖励；做错了，就惩罚。

参 考 文 献

[1]　何新贵. 知识处理与专家系统 ［M］. 北京：国防工业出版社，1990.

[2]　丁世飞. 人工智能 ［M］. 3 版. 北京：清华大学出版社，2021.

[3]　杨炳儒. 知识工程与知识发现 ［M］. 北京：冶金工业出版社，2000.

[4]　王永庆. 人工智能原理与方法 ［M］. 西安：西安交通大学出版社，2006.

[5]　张仰森，黄改娟. 人工智能教程 ［M］. 北京：高等教育出版社，2008.

[6]　知识图谱的应用 ［EB/OL］. (2019-03-09) ［2024-07-25］. https://www. jianshu. com/p/e4257ef47c6a.

[7]　闫树，魏凯，洪万福. 知识图谱技术与应用 ［M］. 北京：人民邮电出版社，2018.

[8]　肖仰华. 知识图谱：概念与技术 ［M］. 北京：电子工业出版社，2020.

习　　题

1. 什么是知识表示？知识表示的规则是什么？

2. 请把下列命题分别用一阶谓词逻辑表示法表示出来。

1）张三比他的父亲更有名气。

2）李四是计算机学院的一名学生，但是他不喜欢编程序。

3）自然数都是大于零的整数。

4）所有整数不是偶数就是奇数。

5）要想成功必须付出努力。

3. 用一阶谓词逻辑表示法表示"Hanoi 塔问题"：已知 3 个柱子 1、2、3 和 3 个盘子 A、B、C（A 比 B 小，B 比 C 小）。初始状态下，A、B、C 依次放在柱子 1 上。目标状态是 A、B、C 依次放在柱子 3 上。条件是每次可移动一个盘子，盘子上方是空时方可移动，而且任何时候都不允许大盘在小盘之上。

4. 框架表示法适用的条件是什么？框架表示法的形式是什么？

5. 将"学校框架"和"教师框架"描述出来。

6. "张三，男，45 岁，是某销售公司的经理，该公司位于解放路上，且主要销售汽车零配件"。试用一个语义网络来描述。

7. 请把下列命题用一个语义网络表示出来。

1）树和草都是植物。

2）树和草都是有根有叶的。

3）水草是草，且长在水中。

4）果树是树，且会结果。

5）苹果树是果树中的一种，它结苹果。

8. 产生式表示的特点及适用的领域是什么？

9. 请把下列命题分别用产生式表示法表示出来。

1）如果该动物有毛发，则该动物是哺乳动物。

2）如果该动物有犬齿，有爪，而且有蹄，则该动物是食肉动物。

3）35~60 岁的人称为中年人。

10. 请用过程性表示方法表示"如果 x 与 y 是姐妹，且 x 是 z 的妈妈，那么 y 是 z 的姨妈"。

11. 什么是状态空间法？其特点是什么？

12. 请用状态空间法表示"二阶 Hanoi 塔问题"：已知 3 个柱子 1、2、3 和 2 个盘子 A 和 B（A 比 B 小）。初始状态下，A、B 依次放在柱子 1 上。目标状态是 A 和 B 依次放在柱子 3 上。条件是每次可移动一个盘子，盘子上方为空时方可移动，而且任何时候都不允许大盘在小盘之上。

13. 什么是对象？什么是消息？

14. 什么是类？类、对象、实例的区别在哪里？

15. 封装和继承的含义是什么？

16. 什么是基于范例的表示？其特点是什么？

17. 什么是粗糙集？什么是基于粗糙集的表示？

18. 什么是神经网络？用神经网络表示知识与用语义网络表示知识的区别在哪里？

19. 什么是本体？本体的类型有哪些？

20. 知识图谱中的知识表示方法有哪些？请举一个具体的例子进行说明。

21. 在选择知识的表示方法时，应该考虑哪些主要因素？对比分析至少三种知识表示方法的优缺点。

第四章 知识推理

第一节 知识推理概述

一、推理的定义

推理一般指的是这样一个过程：通过对事物进行分解、分析，再进行综合，然后做出决策。这个过程往往从事实开始，运用已经掌握的知识，找出其中隐含的事实或总结出新的知识。这个过程也是根据某种想法由已知的一个判定（判断）得出另外一个判断的过程。在智能系统中，推理通常是由一组程序来实现的，一般把这一组用来控制计算机实现推理的程序称为推理机。例如，在故障诊断系统中，知识库存储故障常识和专家经验，数据库存放设备的故障表现、数据采集结果等初始事实，利用专家系统为设备进行故障诊断实际上就是一次推理过程，即从设备的故障表现及现场数据等初始事实出发，利用控制策略结合知识库中的知识，对故障原因做出判断，给出维修建议。像这样从一些事实出发，不断运用专家库中已知的知识逐步推出结论的过程就是推理。

二、推理的方法及其分类

推理方法是解决在推理的过程中推理前提与推理结论的逻辑关系问题，包括确定性的及不确定性的传递问题。可以从多个角度来对推理进行分类，如是否使用一些启发式信息、推理过程是否单调、所用的知识是否确定，以及其逻辑基础为何等。

1. 按推理过程的单调性分类

推理可分为单调推理和非单调推理两类，这是根据推理过程所得出的结论是否越来越接近目标来区分的。

如果每当应用了新的知识后，所得到的结论会越来越接近目标，不会因为新知识的加入而否定了前面推出的结论（即推理出现反复的情况，使得推理过程回退到前面的某一步），则属于单调推理；反之，则属于非单调性推理。

在知识不完全的情况下往往会发生非单调性推理。在这种情况下，为保证推理的正常进行，会先进行某些假定，并在这些假定的基础上进行推理。当后来由于新知识的加入，发现原来的假定不正确时，需要撤销原来的假定和以此假定为基础推出的相关结论，再运用新的知识重新进行推理。

2. 按推理的逻辑基础分类

按照推理的逻辑基础的不同，常用的推理方法可分为归纳推理、演绎推理和类比推理三类。

（1）归纳推理　归纳推理是一种由个别到一般的推理方法，它从事物的大量特殊事例出发，推出事物的普遍性结论。归纳推理的基本思想：先从已经知道的事实中假定出一个结论，然后对这个结论的正确性加以证明确认。归纳推理的一种典型示例是数学归纳法。按照推理所使用的方法，归纳推理可分为枚举归纳推理和类比归纳推理等；按照所选事例的广泛性，归纳推理可分为不完全归纳推理和完全归纳推理。

枚举归纳推理是指归纳过程中，如果已知某类事物的有限可数个具体事物都具有某种属性，就能推出该类事物都具有这种属性。

不完全归纳推理是指在归纳过程中，只考察了一类事物的部分对象，就得出了关于该类事物的结论。完全归纳推理是指在归纳过程中，考察了一类事物的全部对象，并根据这些对象是否都具有某种属性来推出该类事物是否具有这种属性。

（2）演绎推理　从已经知道的普遍性知识出发，推出蕴含在这些知识中适用于某种特殊情况的结论，称为演绎推理。它是一种由一般到特殊的推理方法，其核心是三段论。常用的三段论由"大前提""小前提"和"结论"三个部分组成。其中，大前提是已知的，是从普遍性知识或推理过程得到的判断；小前提是关于某种具体情况或某个具体实例的判断；结论是由大前提推出的并且适用于小前提的判断。

（3）类比推理　类比归纳推理的基础是相似原理，两个或两类事物的相似程度，以及这两个或两类事物的相同属性与推出的那个属性之间的相关程度，决定了类比推理的可靠程度。

3. 按所用知识的确定性分类

根据推理过程所应用知识的确定性的不同，推理可以分为确定性推理和不确定性推理。

（1）确定性推理　指推理所使用的知识和推出的结论都是可以精确表示的，其真值或为真，或为假，不会有第三种情况出现。

（2）不确定性推理　指推理所使用的知识不都是确定的，推出的结论也不完全是确定的，其真值会位于真假之间。由于现实世界中大多数事物都具有一定程度的不确定性，并且这些事物很难用精确的数学模型来表示和处理，因此不确定性推理也就成了知识推理的一个重要研究课题。不确定性推理将在本章第三节进行讨论。

三、推理的控制策略及其分类

推理过程依赖于推理方法和控制策略。推理的控制策略是指如何使用领域知识使推理过程尽快达到目标的策略。知识系统的推理往往表现为对知识库的搜索，推理控制策略又分为推理策略和搜索策略。搜索策略指解决推理效果、推理效率和推理线路等问题的方法；推理策略包括求解策略、推理方向控制策略、限制策略、冲突消解策略等解决推理方向问题的方法。

（1）求解策略　指推理只是求一个解，还是推理得到所有解或者是问题的最优解。

（2）推理方向控制策略　指从初始的事实等证据推理到目标，还是从目标反推到初始的事实和证据。一般可以分为反向推理、正向推理、混合推理和双向推理。

（3）限制策略　是对推理过程的时间、空间（深度、宽度）等进行限制的定义。

（4）冲突消解策略　指推理过程涉及多条可以匹配知识的时候，如何选择用于推理的最佳知识。例如，新知识优先，就是优先选择包括新鲜事实前提的知识，一般可以认为综合当时数据后生成的事实比预先生成的事实更新鲜。

推理系统都需要一个知识库用来存放知识，同时需要一个综合数据库用来存放初始的证据和推理的中间结果，还需要一个推理机来进行推理。

对于推理控制策略所包含的推理策略和搜索策略，本小节主要讨论推理策略。

1. 正向推理控制策略

正向推理，亦可称为数据驱动的推理或前向链推理，是一种从已知事实出发，利用知识推出目标的方法，是一种正向使用推理规则的推理方法。正向推理控制策略的基本思想如图 4-1 所示。用户首先提供一组初始证据，将其放入综合数据库。推理开始后，推理机根据综合数据库中已有的事实，从知识库中寻找当前可用的知识，形成一个当前可用知识集，然后根据冲突消解策略，从该知识集中选择最佳知识进行推理，并将推理得到的新事实加入综合数据库，作为后面继续推理时可用的已知事实。如此重复这一过程，直到得到所要的解或知识库中再无可用知识为止。

正向推理控制策略的基本算法可描述为

```
Procedure Data_Driven(KB,DB)
L1  S←Scan1(KB,DB)
     While(NOT(S=∮)) AND Solving_flag=0 DO
            R: = Conflict_Resolution(S)
            Execute(R)
            S←Scan1(KB,DB)
     Endwhile
     IF(S=∮) AND Solving_flag=0
     THEN Ask_User_Input(DB)
            Goto L1
     END
```

2. 反向推理控制策略

反向推理控制策略也称为逆向推理、目标驱动推理、后向推理、自顶向下推理等，其基本思想如图 4-2 所示。反向推理是从目标反推到初始事实的过程。首先根据问题求解的要求，将要求解的目标构成一个假设集，依次对这个假设集进行验证。首先检查综合数据库中是否有支持某条假设的直接证据，如果存在就说明该假设成立；若没有，则在知识库中找出那些结论部分导致这个假设的知识集，再检查知识集中每条知识的条件部分，如果某条知识的条件中所含的条件能通过用户会话得到满足，或能被综合数据库中的事实所匹配，则把结论加到数据库中，从而该目标被证明；否则，递归执行上述过程（形成新的假设），直至问题得解。

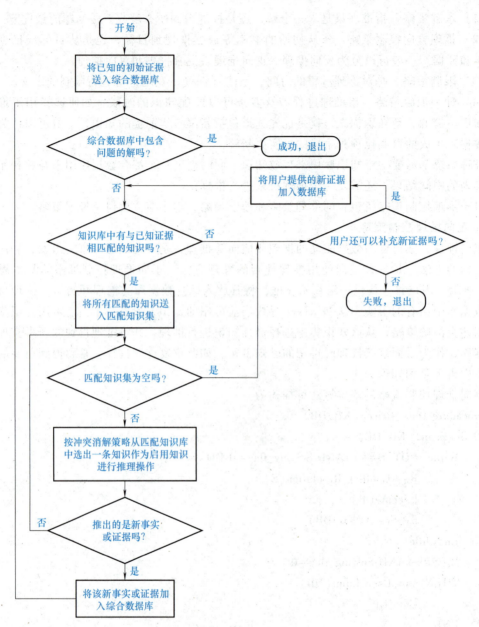

图 4-1　正向推理控制策略示意图

反向推理控制策略的基本算法可描述为

Procedure Goal_Driven(G,KB)

    S←Scan2(G,KB)

    IF(S=ϕ)THEN Ask_User(G)

    ELSE　While(G is Unknown)AND(NOT(S=ϕ))　DO

                R：=Conflict_Resolution(S)

                G'：=LRS(R)

                IF(G' is Unknown)THEN Call Goal_Driven(G',KB)

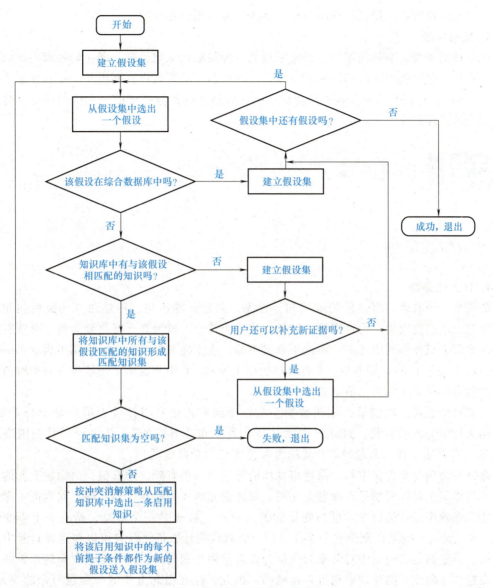

图 4-2 反向推理策略示意图

$$IF(\ G'\ is\ True\ )\ THEN\ Execute(\ R\ )\ AND\ S: = S—R$$

Endwhile

END

反向推理控制策略的优点是推理过程的方向性强，不用寻找和使用那些与假设目标无关的知识；同时，也能对推理过程给出明确的解释，说明达到推理目标过程中使用的知识。但反向推理不能有效利用用户提供的初始信息来操作，比较适合求解空间较小的问题。

3. 混合推理策略

正向推理的主要缺点是推理目的性不强，反向推理的主要缺点是初始目标选择盲目。

混合推理控制策略是一种综合利用正、反向推理各自优点的方法。其基本思想：先用正向推理帮助选择初始目标，再根据反向推理求解此目标，在求解目标时又会用到用户提供的信息，再正向推理，求得更接近的目标，如此反复直至问题求解。

4. 双向推理

在定理的机器证明等问题中，经常采用的一种策略是双向推理，即正向推理与反向推理的同时进行。正向推理从已知的事实出发，反向推理从某个假设目标出发，双方在某个中间地方"相遇"，也就是反向推理所需要的证据正好是正向推理形成的一个中间结论，这个时候说明推理已经完成。

第二节　逻辑推理

一、命题逻辑

1. 什么是命题

命题是一个有确定真或假的陈述句。首先，命题是陈述句，不是命令句或疑问句；其次，命题表示的内容确定为真或假。如果与事实相符合，就为真，反之则为假。命题有两种可能的取值，只能取其中之一，不能不真又不假，也不能又真又假。一般用 T 表示 True，即真值；用 F 表示 False，即假值。T 有时候也用 1 表示，F 用 0 表示。命题只有两种取值，因此这样的命题逻辑也称为二值逻辑。

为了对命题做逻辑演算，采用数学手法将命题形式化（用符号表示）是十分重要的。约定用大写字母表示命题，如以 P 表示"太阳是从东边升起的"，Q 表示"月亮围绕地球转"等。当 P 表示任一命题时，P 就称为命题变元（命题变项）。

命题与命题变元含义不同，命题指具体的陈述句，是有确定的真值，而命题变元的真值不定，当将某个具体命题代入命题变元时，命题变元即成为命题，方可确定其真值。命题与命题变元像程序设计语言中常量与变量的关系一样。如 π 是一个常量，是有一个不变的确定值；而 r 是一个变量，赋给它一个什么值，它就代表什么值，并且可以在运算过程中改变这个值。一般的运算规则中对常量与变量的处理原则是相同的，同样地，在命题逻辑的演算中对命题与命题变元的处理原则也是相同的。因此，除在概念上要区分命题与命题变元外，在命题逻辑演算中可不再区分。

2. 简单命题和复合命题

简单命题是不包含任何的与、或、非一类联结词的命题，又称为原子命题。如"1+1 = 2"这样的命题就是简单命题。这样的命题不可再分割，如果再分割就不完整了。而如命题"太阳是东边升起的而且 1+1 = 2"，就不是简单命题，它可以分割为"太阳是东边升起的"及"1+ 1 = 2"两个简单命题，联结词是"而且"。简单命题作为一个不可分的整体来进行命题演算，一般不去分割命题中的主谓语。只有在谓词逻辑里，才会对命题中的主谓结构进行深入分析。

复合命题是把一个或几个简单命题用联结词（如与、或、非）联结所构成的新的命题，也称为分子命题。复合命题也是陈述句，并且其真值依赖于构成该复合命题的各简单命题的真值及联结词，故复合命题有确定的真值。如前述的"太阳是东边升起的而且 1+1 = 2"就是一个复合命题，由简单命题"太阳是东边升起的"与"$1+1=2$"经联结词"而且"联结而成，这两个简单命题均为真时，复合命题的取值才为真。命题逻辑所讨论的是多个命题联结而成的复合命题的规律性。

在数理逻辑的研究范畴中，把具有真假值的陈述句（命题）作为研究对象，所关心的是命题可以被赋予真或假这样的可能性，以及规定了真值后怎样与其他命题发生联系。至于陈述句中所描述的内容为什么为真，或者什么时候为真或为假，则是具体学科所需要研究的内容，不属于数理逻辑要讨论的问题。

3. 命题联结词及真值表

命题逻辑联结词的引入是十分重要的，其作用相当于初等数学里在实数集上定义的+、$-$、×、÷等运算符。联结词可将命题联结起来构成复杂的命题，通过联结词便可定义新的命题，命题逻辑的内容也相应地变得更加丰富起来。我们要讨论的只是复合命题的取值，其值可由组成它的简单命题的值所确定。需要注意的是逻辑联结词与日常自然用语中的有关联结词的区别。

常用的逻辑联结词包括∧、∨、¬、→、↔，这些都在第三章中有所介绍。这五个联结词定义了数理逻辑中最基本、最常用的逻辑运算。除了这五个，还有其他的一元、二元联结词，甚至还有三元乃至多元的联结词，但是因为很少使用，并且都可以通过这五个基本联结词表示出来，故不再赘述。

通过联结词，可以根据原有的命题定义出新的命题。命题逻辑的许多问题都可看作一个计算复合命题的真假值的问题，常用的一个方法是真值表方法。

由联结词构成新命题的真值表中，假如一个新命题包括两个变元 P、Q，每个变元有真（T）、假（F）两种取值，故 P、Q 共有四种可能的取值，在真值表中会有四行对应，每一行中命题 A 都有确定的值。对 P、Q 的每组真值组合（如 $P=$T，$Q=$F），或称为真值指派，都称为命题 A 的一个解释。一般地说，当命题 X 依赖于命题 P_1，$\cdots$，P_n 时，则由 P_1，$\cdots$，P_n 得到 X 的真值表就有 2^n 行，每一行对应着 P_1，$\cdots$，P_n 的一组真值，在这组真值下，X 的真值随之而定，P_1，$\cdots$，P_n 的每组真值都称为命题 X 的一个解释。X 有 2^n 个解释，命题的解释用符号 I 表示。

联结词∧（与）、∨（或）、¬（非）与计算机学科中的与门、或门和非门电路是相对应的，故命题逻辑是计算机硬件电路的表示、分析和设计的重要工具。也正是数理逻辑在实际中的应用，特别是在计算机学科中的应用，推动了其自身的发展。

二、一阶逻辑/谓词逻辑

简单命题是命题逻辑中最基本的组成单元，不能对它再做进一步的分解，但同时也无法反映出某些简单命题的共同特征和相互关系。例如，用 p 表示命题"张三是大学生"，用 q 表示命题"李四是大学生"，在命题逻辑的范畴中它们是两个独立的简单命题，p 与 q 之间没有任何关系。但是，这两个命题有着相同的结构和内在的联系，它们都具有相同的谓语及宾语"是大学生"，只是主语不同，它们都描述了"是大学生"这样一个共同的特性；但是如果只是使用简单命题表示，并没有能将这一共性刻画出来，也就是没有把张三和李四的共同特性描述出来。

再如著名的苏格拉底三段论：

1）人都是要死的。

2）苏格拉底是人。

3）所以苏格拉底是要死的。

这个推理显然是正确的。但是，如果用 p、q、r 分别表示上面三个命题，由于 $p \wedge q \rightarrow r$ 不是永真式，因此它就不是正确的推理；也就是说，当 p 和 q 都为真时，得不出 r 一定为真。其根本原因在于命题逻辑不能将命题 p、q、r 间的内在的联系反映出来。

为了克服命题逻辑的局限性，通过引入了谓词和量词，对简单命题和命题间的相互关系做进一步的描述，形成了谓词逻辑。谓词逻辑又称为一阶逻辑，它与命题逻辑一样，是数理逻辑中最基础的内容。

1. 谓词

在谓词逻辑中，一般将简单命题分解为个体词和谓词两个部分。

个体词（Individual）是一个命题里表示思维对象的词，表示独立存在的具体或抽象的客体。简单来说，个体词就表示客观事物，相当于汉语中的名词。具体、确定的个体词称为个体常项，一般用 a、b、c 表示；抽象、不确定的个体词称为个体变项，一般用 x、y、z 表示。个体变项的取值范围称为个体域或论域（Domain of the Discourse），宇宙间一切事物组成的个体域称为全总个体域（Universal Domain of Individuals）。

谓词包含一元谓词和多元谓词。如果命题里只有一个个体词，这时表示该个体词性质或属性的词便称为一元（目）谓词，以 $P(x)$、$Q(x)$、$R(x)$ 表示。如果在命题里的个体词多于一个，那么表示这几个个体词间的关系的词为多元（目）谓词，有 n 个个体的谓词 $P(x_1, x_2, \cdots, x_n)$ 称为 n 元（目）谓词，以 $P(x,y)$、$Q(x,y)$、$R(x,y,z)$、$T(x_1, x_2, \cdots, x_n)$ 等表示。

用谓词表示命题，必须包括个体词和谓词两个部分。例如，在"张三是大学生"中，"张三""大学生"都是个体词，"是"是谓词；在"13 大于 8"中，"13"和"8"都是个体词，"大于"是谓词。

准确地讲，谓词 $P(x)$、$Q(x,y)$ 只是命题形式而不是命题。因为没有指定谓词符号 P、Q 的含义，而且个体词 x、y 也是个体变项而不代表某个具体的事物，因此无法确定 $P(x)$、$Q(x,y)$ 的真值。仅当赋予谓词确定的含义，并且个体词取定为个体常项时，命题形式才转化为命题。如 $P(x)$ 表示 "x 是质数"，那么 $P(13)$ 是命题，取值为 T；$Q(x,y)$ 表示 "x 等于 y"，那么 $Q(3,5)$ 是命题，取值为 F。

有时将 $P(13)$、$Q(3,5)$ 这样不包含个体变项的谓词称为零元谓词，当赋予谓词确定含义时，零元谓词就表示一个命题。因而可将命题看作特殊的谓词。

2. 量词

用来表示个体数量的词是量词（Quantification），给谓词加上量词称为谓词的量化，可看作对个体词所加的限制、约束的词，但不是对数量一个、二个、三个等的具体描述。下面介绍两个最通用的数量限制词。

定义 4.1 符号 "$\forall$" 称为全称量词（Universal Quantification），读作"所有的""任意"或"一切"，含义相当于自然语言中的"任意的""所有的""一切的""每一个""凡"等。$(\forall x)P(x)$ 意指对论域 D 中的所有个体都具有性质 P。命题 $(\forall x)P(x)$ 当且仅当对论域中的所有 x 来说 $P(x)$ 均为真时，方为真。

定义 4.2 符号"∃"称为存在量词（Existential Quantification），读作"存在"，含义相当于自然语言中的"某个""存在""有的""至少有一个""有些"等。$(\exists x)P(x)$意指对论域 D 中至少有一个个体具有性质 P。命题$(\exists x)P(x)$只要论域中的有一个 x 使 $P(x)$ 为真，就为真。

3. 自然语句形式化

命题逻辑表达问题的能力仅限于使用联结词。谓词逻辑由于引入了个体词变项、谓词和量词，具有比命题逻辑强得多的表达问题的能力，已成为描述知识的有力工具。将一个用自然语言描述的命题表示成谓词公式的形式，称为谓词逻辑中的自然语言形式化。

自然语言形式化的基本方法如下：

1）首先要将问题分解成一些原子命题和逻辑联结符。

2）分解出各个基本命题的个体词、谓词和量词。

3）按照合式公式的表示规则翻译出自然语句。

4. 谓词公式及分类

与命题逻辑类似，可以对谓词逻辑公式进行分类。

定义 4.3 谓词逻辑中的谓词公式递归地定义：

1）命题常项、命题变项和原子谓词公式（不含联结词的谓词）是谓词公式。

2）如果 A 是谓词公式，则 $\neg A$ 也是谓词公式。

3）如果 A 和 B 是谓词公式，则由逻辑联结词联结 A 和 B 的符号串也是谓词公式，如$(A \wedge B)$、$(A \vee B)$、$(A \rightarrow B)$、$(A \leftrightarrow B)$等。

4）若 A 是谓词公式，且 A 中无 $\forall x$、$\exists x$ 出现，则$(\forall x)A(x)$、$(\exists x)A(x)$也是谓词公式。

只有有限次地应用 1）~4）构成的符号串才是谓词公式。谓词公式也称为合式公式，简称公式。

三、演绎推理

1. 自然演绎推理

从一组已知为真的事实出发，直接运用经典逻辑的推理规则推出结论的过程称为自然演绎推理。其中，基本的推理是 P 规则、T 规则、假言推理、拒取式推理等。

假言推理的一般形式为

$$P, P \rightarrow Q \Rightarrow Q$$

它表示由 $P \rightarrow Q$ 及 P 为真，可推出 Q 为真。例如，由"如果 x 是金属，则 x 能导电"及"铁是金属"可推出"铁能导电"的结论。

拒取式推理的一般形式为

$$P \rightarrow Q, \neg Q \Rightarrow \neg P$$

它表示由 $P \rightarrow Q$ 为真及 Q 为假，可推出 P 为假。例如，由"如果下雨，则地上就湿"及"地上不湿"可推出"没有下雨"的结论。

这里，应该注意避免如下两类错误：一种是肯定后件（Q）的错误；另一种是否定前件（P）的错误。所谓肯定后件，是指当 $P \rightarrow Q$ 为真时，希望通过肯定后件 Q 为真来推出前件 P

为真，这是不允许的。例如，伽利略在论证哥白尼的日心说时，曾使用了如下推理：

1）如果行星系统是以太阳为中心的，则金星会显示出位相变化。

2）金星显示出位相变化（肯定后件）。

3）所以，行星系统是以太阳为中心。

因为这里使用了肯定后件的推理，违反了经典逻辑规则，他为此遭到非难。同理，不能因为地上湿的，就推出肯定下雨，也许是因为洒水而导致地上潮湿。

所谓否定前件，是指当 $P \rightarrow Q$ 为真时，希望通过否定前件 P 来推出后件 Q 为假，这也是不允许的。例如，下面的推理就是否定前件的推理，违反了逻辑规则：

1）如果下雨，则地面是湿的。

2）没有下雨（否定前件）。

3）所以地面不湿。

这显然是不正确的。因为当地上洒水时，地上也会湿。事实上，只要仔细分析蕴含 $P \rightarrow Q$ 的定义，就会发现当 $P \rightarrow Q$ 为真时，肯定后件和否定前件所得的结论既可能为真，也可能为假，不能确定。

一般来说，由已知事实推出的结论可能有多个，只要其中包括了待证明的结论，就认为问题得到了解决。

自然演绎推理的优点是表达定理证明过程自然，容易理解，而且它拥有丰富的推理规则，推理过程灵活，便于在它的推理规则中嵌入问题领域中的启发式知识；其缺点是容易产生组合爆炸，推理过程得到的中间结论一般呈指数形式递增，这对于一个大的推理问题来说是不利的。

2. 归结原理

要证明一个谓词公式是不可满足的，只要证明相应的子句集是不可满足的即可。这样，一个谓词公式的不可满足性分析可以转化为子句集中子集的不可满足性分析。为了判定子句集的不可满足性，就需要对子句集中的每个子句进行判定。而为了判定一个子句的不可满足性，需要对个体域上的一切解释逐个地进行判定，只有当子句对任何非空个体域上的任何一个解释都是不可满足的时候，才能判定该子句是不可满足的，而这要在计算机上实现其证明过程是很困难的。1965 年，鲁宾孙提出了归结原理，使机器定理证明进入了应用阶段。

从谓词公式转化为子句集的过程可以看出，在子句集中子句之间是合取关系，其中只要有一个子句不可满足，则子句集就不可满足。由于空子句是不可满足的，所以，若一个子句集中包含空子句，则这个子句集一定是不可满足的。基于这个思想，归结原理的基本方法：检查子句集 S 中是否包含空子句，若包含，则 S 不满足；若不包含，则在子句集中选择合适的子句进行归结，一旦通过归结得到空子句，就说明子句集 S 是不可满足的。

（1）命题逻辑中的归结原理

定义 4.4 设 C_1 与 C_2 是子句集中的任意两个子句，如果 C_1 中的文字 L_1 与 C_2 中的文字 L_2 互补，那么从 C_1 与 C_2 中分别消去 L_1 与 L_2，并将两个子句中余下的部分析取，构成一个新子句 C_{12}，这一过程称为归结。C_{12} 称为 C_1 与 C_2 的归结式，C_1 与 C_2 称为 C_{12} 的亲本子句。

下面举例说明具体的归结方法。例如，在子句集中取两个子句 $C_1 = P$，$C_2 = \neg P$，可见，C_1 与 C_2 是互补文字，则通过归结原理可得归结式 $C_{12} = NIL$，其中 NIL 代表空子句。

又如，设 $C_1 = \neg P \vee Q$，$C_2 = \neg Q \vee R$，$C_3 = P$。首先对 C_1 与 C_2 进行归结，得到

$$C_{12} = \neg P \vee R$$

然后再用 C_{12} 与 C_3 进行归结，得到

$$C_{123} = R$$

定理 4.1　归结式 C_{12} 是其亲本子句 C_1 与 C_2 的逻辑结论。即如果 C_1 与 C_2 为真，则 C_{12} 为真。

这个定理是归结原理中的一个很重要的定理，由它可得到两个重要的推论。

推论 1　设 C_1 与 C_2 是子句集 S 中的两个子句，C_{12} 是它们的归结式，若用 C_{12} 代替 C_1 与 C_2 后得到新子句集 S_1，则由 S_1 的不可满足性可推出原子句集 S 的不可满足性，即

$$S_1 \text{ 的不可满足性} \Rightarrow S \text{ 的不可满足性}$$

推论 2　设 C_1 与 C_2 是子句集 S 中的两个子句，C_{12} 是它们的归结式，若把 C_{12} 加入原子句集 S 中，得到新子句集 S_2，则 S 与 S_2 在不可满足的意义上是等价的，即

$$S_2 \text{ 的不可满足性} \Leftrightarrow S \text{ 的不可满足性}$$

这两个推论说明：为证明子句集 S 的不可满足性，只要对其中可进行归结的子句进行归结，并把归结式加入子句集 S，或者用归结式替换它的亲本子句，然后对新子句集（S_1 或 S_2）证明不可满足性即可。

（2）谓词逻辑中的归结原理

在谓词逻辑中，由于子句中含有变元，所以不像命题逻辑那样可以直接消去互补文字，而需要先用最一般合一对变元进行代换，然后才能进行归结。

例如，设有如下两个子句

$$C_1 = P(x) \vee Q(x)$$
$$C_2 = \neg P(a) \vee Q(y)$$

由于 $P(x)$ 与 $P(a)$ 不同，所以 C_1 与 C_2 不能直接进行归结，但若用最一般合一 $\sigma = \{a/x\}$ 对于两个子句分别进行代换，得到

$$C_1\sigma = P(a) \vee Q(a)$$
$$C_2\sigma = \neg P(a) \vee Q(y)$$

就可对它们进行直接归结，消去 $P(a)$ 与 $\neg P(a)$，得到归结式

$$Q(a) \vee R(y)$$

下面给出谓词逻辑中关于归结的定义。

定义 4.5　设 C_1 与 C_2 是两个没有相同变元的子句，L_1 与 L_2 分别是 C_1 与 C_2 中的文字，若 σ 是 L_1 与 $\neg L_2$ 的最一般合一，则称

$$C_{12} = (C_1\sigma - \{L_1\sigma\}) \vee (C_2\sigma - \{L_2\sigma\})$$

为 C_1 与 C_2 的二元归结式。

一般来说，若子句 C 中有两个或两个以上的文字具有最一般合一 σ，则称 $C\sigma$ 为子句 C 的因子。如果 $C\sigma$ 是一个单文字，则它称为 C 的单元因子。

应用因子的概念，可对谓词逻辑中的归结原理给出如下定义。

定义 4.6　子句 C_1 与 C_2 的归结式是下列二元归结式之一：

1）C_1 与 C_2 的二元归结式。

2）C_1 的因子 $C_1\sigma_1$ 与 C_2 的二元归结式。

3）C_1 与 C_2 的因子 $C_2\sigma_2$ 的二元归结式。

4）C_1 的因子 $C_1\sigma_1$ 与 C_2 的因子 $C_2\sigma_2$ 的二元归结式。

与命题逻辑中的归结原理相同，对于谓词逻辑，归结式是其亲本子句的逻辑结论。用归结式取代它在子句集 S 中的亲本子句所得到的新子句集仍然保持着原子句集 S 的不可满足性。

需要指出：如果没有归结出空子句，则既不能说 S 不可满足，也不能说 S 可满足。因为，有可能 S 是可满足的，而归结不出空子句；也可能是没有找到合适的归结演绎步骤，而归结不出空子句。但是，如果确定不存在方法归结出空子句，则可以确定 S 是可满足的。

归结原理的能力是有限的。例如，用归结原理证明"两个连续函数之和仍然是连续函数"时，推导十万步也没能证明出结果。

四、推理策略

一组将问题和其解答联系起来的多重推理称为一条链（Chain）。由事实推出基于事实的结论的链是正向链，即一条由问题开始搜索并得到其解答的链；而一条由假设回溯到支持该假设的事实的链称为反向链，即通过满足某个目标的子目标来完成该目标。

链可以很方便地用推理来表示。例如，假设有以下的假言推理类型的规则 $p{\rightarrow}q$，这就是一条推理链。比如，鸭嘴兽→哺乳动物、哺乳动物→动物。

反向链是一个相反的过程。假定我们想要证明"动物"这一假设（Hypotheis）。反向链的主要问题是要找到一条将证据和假设连接起来的链。在反向链中，"鸭嘴兽"这一事实称为证据（Evidence），证据是用于支持假设的。

下面给出一个正向链和反向链的实例。假设你正在开车，忽然看到一部闪着警灯的警车。使用正向链，你也许会推断警察想要你或其他人停下来。即上述的事实（闪着警灯的警车）支持两个可能的结论（让你停下来或让其他人停下来）。若警车恰好在你身后停下来或警察朝你挥手，更进一步的推论是警察让你停下来的可能性大于让其他人停下来。以此为有效假设，可以使用反向链来推理这是为什么。一些可能的中间假设是因为乱丢杂物、超速、设备故障和开着一部偷来的车。于是你就会思索是否有支持这些中间假设的证据，是因为你扔出窗外的垃圾吗？是在速度限制为 60km/h 的地方以 100km/h 的速度行驶吗？是破碎的车尾灯说明汽车故障或是没有行驶证而表明你开的车是偷来的？在此情况下，每一个证据支持一个中间假设，因而它们都是成立的。任意或所有的这些中间假设都是证明警察让你停车这一假设的可能理由。

正向链又称为自底向上推理（Bottom-Up Reasoning）。因为它从底层的证据、事实出发，由推理得到顶层的基于事实的结论。事实是知识系统中的一个基本单元，因为它不可以再细分为任何有意义的更小单元。按照习惯，由较低层部分事实支持的假设放在上面形成较高层部分。因此，从较高层部分，比如假设开始，推理得到支持这些假设的较低层事实，就称为自顶向下推理（Top-Down Reasoning），或反向链。在反向链中，系统为了证明或否定一个假设，通常会从用户那里引用证据。这与正向链中已预先知道所有相关的事实相比是不同的。

正向链和反向链的选择，与领域专家解决问题的方式有关。如果专家事先需要搜集信息，无论结论是什么都试着去推理，这时选择的是正向链推理技术。如果专家从一个假设的结论出发，尝试着找出支持结论的论据，则属于反向链推理技术。

对于需要能够分析和解释的专家系统来说，正向链是常用的方法。例如 DENDRAL，这款基于大量质谱数据来确定未知土壤的分子结构的专家系统，就使用了正向链技术。而对于诊断性的专家系统来说，则多用反向链。例如，诊断传染性血液病的医用专家系统 MYCIN，就使用了反向链技术。

许多专家系统框架同时使用了正向、反向链推理技术，即正向链与反向链的一个结合。不过，基本的推理机制一般采用反向链。只有当确立新事实时，才使用正向链，从而最大限度地利用新数据。

第三节　不确定性推理

推理是人类的思维过程，它是从已知事实出发，通过运用相关的知识逐步推出某个结论的过程。在现实世界中，能够进行精确描述的问题只占较少一部分，对于现实世界的这些不确定性问题，若只采用确定性推理方法显然是无法解决的。为满足问题求解需求，知识工程需要研究不确定性推理方法。所谓不确定性推理就是从不确定性初始证据出发，通过运用不确定性的知识，最终推出具有一定程度的不确定性但却合理或近乎合理的结论的思维过程。

不确定性可以理解为在缺少足够信息的情况下做出判断，是智能问题的本质特征，也反映了人类对新问题的逐渐认识的这样一个动态过程。

一、不确定性的含义

不确定性推理的"不确定性"，包括知识的不确定性，以及推理所需证据的不确定性，如不完备、不精确知识的推理、模糊知识的推理等。采用不确定性推理是解决客观问题的需要，包括以下四方面原因：

（1）知识的不完备和不精确　在很多情况下，解决问题需要的知识往往是不完备、不精确的。知识不完备是指在解决某一问题时，不具备解决该问题所需要的全部知识。例如，对于设备故障诊断，由于设备运行环境的复杂性，所以不可能具有设备故障的全部知识。知识不精确是指既不能完全确定知识为真，又不能完全确定知识为假。

（2）知识描述模糊　知识描述模糊是指知识的边界不明确。人们在描述时，多采用一些程度量词，如"天空云量较多""设备剧烈振动"等，这些概念都是比较模糊的，用这类概念所描述的知识也是模糊的。用一些模糊的量词描述一个数值范围，是常用的处理方法，但不可能将全部的描述都量化。

（3）多种原因导致同一结论　在现实世界中，由多种原因导出同一结论的情况有很多。例如，机器振动可能是因为轴承磨损引起，也有可能是超载引起，或者是机箱变形引起。维修人员需要根据其他表征做出猜测性的推断。

（4）解题方案不唯一　针对同一个问题，会存在多种解决方案。这些方案会因人、因事、因地而异，可能很难绝对地判断其优劣。对于这些情况，人们往往根据当时情景优先选择主观上认为相对较优的方案，这也是一种不确定性推理。

101

总之，在人类的认知和思维行为中，确定性只能是相对的，而不确定性才是绝对的。知识工程要解决这些不确定性问题，必须采用不确定性的知识表示和推理方法。

二、不确定性的来源

比较复杂的知识推理过程，往往会涉及不完全性、模糊性或不确定性。当进行知识推理和搜索时，不确定性的计算和推理方法也是必须研究的重点。在具体的知识推理过程中，有两种不确定性（Uncertainty）需要考虑，即关于知识的不确定性和关于证据的不确定性。

1. 关于知识的不确定性

知识的不确定性也称为规则的不确定性，它表示当规则的条件被完全满足时，产生某种结论的不确定程度。它也是以赋予规则在 0~1 之间的系数的方法来表示的。例如，有如下规则"如果在'响应特性'测试中，机床得分小于整体平均值，那么机床响应特性偏低，建议提高电机响应"（0.9）。以上规则表示"如果在'响应特性'测试中，机床得分小于整体平均值"这事实完全肯定的可信度为 1.0，那么得出"机床响应特性偏低，建议提高电机响应"的结论的可信度为 0.9。

知识的不确定性是可以用一个数值来描述的，该数值表示相应知识的确定性程度，也称为知识的静态强度。知识的静态强度可以是该知识在应用中成功的概率，也可以是该知识的可信程度。如果用概率来表示静态强度，则其取值范围为 [0,1]，该值越接近于 1，说明该知识越接近"真"；该值越接近于 0，说明该知识越接近"假"。如果用可信度来表示静态强度，则其取值范围一般为 [−1,1]。当该值大于 0 时，值越大，说明知识越接近"真"；当该值小于 0 时，值越小，说明知识越接近"假"。在实际应用中，知识的不确定性是由领域专家给出的。如前述的实例，知识的静态强度为 0.9。

2. 关于证据的不确定性

人对事物的观察，由于受到主观判断或者观察手段的影响，对所看到事实的描述经常带有某种不确定性。例如，对下雨程度的判断，还有对风力的判断等。这就是说，你的观察具有某种程度的不确定性。观察事物时带有的干扰或不精确都会导致证据的不确定性。

参照知识静态强度的概念，证据的不确定性也可以用取值范围 [−1,1] 内的一个数字来表示（称为证据的动态强度）。例如，上面机床响应特性的实例，如果规则的条件部分不完全确定，即可信度不为 1.0 时，比较简单的求得结论可信度的方法：取结论可信度为条件可信度（即证据动态强度）与知识静态强度的乘积。假设其条件可信度为 0.8，上述规则的系数为 0.9，则结论的可信度为 $0.8 \times 0.9 = 0.72$。

三、不确定推理常用方法

不确定性推理方法主要分为两类：基于概率论的不确定性推理方法和基于模糊理论的模糊推理方法。基于概率论的不确定性推理方法包括可信度推理方法、主观贝叶斯方法和证据理论。

1. 可信度推理

可信度推理方法是由肖特里菲等人在确定性理论（Confirmation Theory）的基础上，结合概率论和模糊集合论等方法，提出的一种基本的不确定性推理方法。可信度推理是不确定性推理中使用最早且十分有效的一种推理方法。

可信度是指人们根据以往经验对某个事物或现象为真的程度做出的判断，或者是人们对某个事物或现象为真的相信程度。可信度推理模型也称为 C-F(Certainty Factor) 模型，是基于可信度表示的不确定性推理的基本方法。

显然，可信度具有较大的主观性和经验性，其准确性是难以把握的。但是，对某一具体领域而言，由于该领域专家具有丰富的专业知识及实践经验，要给出该领域知识的可信度还是完全有可能的。因此可信度方法不失为一种实用的不确定性推理方法。

（1）知识不确定性的表示　在 C-F 模型中，知识是用产生式规则表示，其一般形式为

$$IF \quad E \quad THEN \quad H(CF(H,E))$$

式中，E 是知识的前提证据；H 是知识的结论；$CF(H,E)$ 是知识的可信度因子。对表达式的简要说明如下：

1）前提证据 E 可以是一个简单条件，也可以是由多个简单条件合取和析取构成的复合条件。

2）结论 H 可以是一个单一结论，也可以是多个结论的集合。

3）可信度因子 CF 通常简称为可信度，或称为规则强度，实际上是知识的静态强度。$CF(H, E)$ 的取值范围是 $[-1,1]$，其值表示当证据 E 为真时，该证据对结论 H 为真的支持程度。$CF(H,E)$ 的值越大，说明 E 对结论 H 为真的支持程度越大。

（2）证据不确定性的表示　在 C-F 模型中，证据的不确定性也是用可信度因子表示的。例如，$CF(E)=0.6$ 表示 E 的可信度为 0.6。对于初始证据，其可信度的值在推出该结论时通过不确定性传递算法计算得到。

证据 E 的可信度 $CF(E)$ 也是在 $[-1,1]$ 上取值的。对于初始证据，若通过对其的观察 S 能肯定它为真，则取 $CF(E)=1$；若通过观察肯定证据为假，则取 $CF(E)=-1$；若它以某种程度为真，则取 $CF(E)$ 为 $(0,1)$ 中的某一个值，即 $0<CF(E)<1$；若它以某种程度为假，则取 $CF(E)$ 为 $(-1,0)$ 中的某一个值，即 $-1<CF(E)<0$；若它还未获得任何相关的观察，此时可看作观察 S 与它无关，则取 $CF(E)=0$。

在该模型中，尽管知识的静态强度与证据的动态强度都是用可信度因子 CF 表示的，但它们所表示的意义不相同。静态强度 $CF(H,E)$ 表示的是知识的强度，即当 E 所对应的证据为真时对 H 的影响程度，而动态强度 $CF(E)$ 表示的是证据 E 当前的不确定性强度。

（3）组合证据不确定性的算法　当组合证据是多个单一证据的合取时，即

$$E = E_1 \quad AND \quad E_2 \quad AND \quad \cdots \quad AND \quad E_n$$

若已知 $CF(E_1)$，$CF(E_2)$，$\cdots$，$CF(E_n)$，则

$$CF(E) = \min\{ CF(E_1),CF(E_2),\cdots,CF(E_n) \}$$

当组合证据是多个单一证据的析取时，即

$$E = E_1 \quad OR \quad E_2 \quad OR \quad \cdots \quad OR \quad E_n$$

若已知 $CF(E_1)$，$CF(E_2)$，$\cdots$，$CF(E_n)$，则

$$CF(E) = \max\{ CF(E_1),CF(E_2),\cdots,CF(E_n) \}$$

（4）不确定性的传递算法　C-F 模型中的不确定性推理从不确定的初始证据出发，通过运用相关的不确定性知识，最终推出结论并求出结论的可信度值。其中，结论 H 的可信度

可计算为

$$CF(H) = CF(H,E) \times \max\{0, CF(E)\}$$

可以看出，当相应证据以某种程度为假，即 $CF(E) < 0$ 时，则

$$CF(H) = 0$$

这说明在该模型中没有考虑证据为假时对结论 H 所产生的影响。另外，当证据为真，即 $CF(E) = 1$ 时，可推出

$$CF(H) = CF(H,E)$$

这说明知识中的规则强度 $CF(H,E)$ 实际上就是在前提条件对应的证据为真时结论 H 的可信度。或者说，当知识的前提条件所对应的证据存在且为真时，结论 H 有 $CF(H,E)$ 大小的可信度。

（5）结论不确定性的合成算法　若由多条不同知识推出了相同的结论，但可信度不同，则可用合成算法求出综合可信度。

由于对多条知识的综合可通过两两的合成实现，所以下面只考虑两条知识的情况。设有如下知识

$$\text{IF} \quad E_1 \quad \text{THEN} \quad H \quad CF(H,E_1)$$
$$\text{IF} \quad E_2 \quad \text{THEN} \quad H \quad CF(H,E_2)$$

则结论的综合可信度可分为两步算出：

1）分别对每一条知识求出 $CF(H)$，有

$$CF_1(H) = CF(H,E_1) \times \max\{0, CF(E_1)\}$$
$$CF_2(H) = CF(H,E_2) \times \max\{0, CF(E_2)\}$$

2）求出 E_1 与 E_2 对 H 的综合影响所形成的可信度 $CF_{1,2}(H)$，有

$$CF_{1,2}(H) = \begin{cases} CF_1(H) + CF_2(H) - CF_1(H) \cdot CF_2(H) & CF_1(H) \geqslant 0, CF_2(H) \geqslant 0 \\ CF_1(H) + CF_2(H) + CF_1(H) \cdot CF_2(H) & CF_1(H) < 0, CF_2(H) < 0 \\ \dfrac{CF_1(H) + CF_2(H)}{1 - \min\{|CF_1(H)|, |CF_2(H)|\}} & \text{其他} \end{cases}$$

2. 主观贝叶斯（Bayes）推理

条件概率中的贝叶斯公式是人工智能众多理论的基础，对于不确定性推理技术也十分重要。条件概率与不确定性推理有紧密的联系，不确定性推理是计算当一个或多个新的证据出现时，结论的不确定性如何变化；条件概率是计算当一个事件发生时，先验概率如何更新为后验概率。因此，尽管不确定性具有很强的主观性，通过条件概率研究人类思维的不确定性是一种可行的思想。

主观贝叶斯方法是杜达（R. O. Duda）等人提出的不确定性推理模型，由于该模型直接应用贝叶斯公式比较困难，杜达等人对贝叶斯公式的实际应用做了适当改进，称为主观贝叶斯方法，并成功应用于地矿勘探专家系统 PROSPECTOR 中。

主观贝叶斯方法以概率论为数学基础，主要包括条件概率公式、全概率公式和贝叶斯公式。其基本想法：对断言的信任程度随着新的信息的到来而发生改变。

（1）知识的不确定表示　在主观贝叶斯方法中，知识是用产生式规则表示的，其形式为

$$IF \quad E \quad THEN(LS, LN) \quad R \quad (P(H))$$

其中，LS 为充分性量度，表示 E 对 H 的支持程度，取值范围为 $[0, +\infty)$，其定义为

$$LS = \frac{P(E|H)}{P(E|\neg H)}$$

LN 为必要性量度，表示 $\neg E$ 对 H 的支持程度，即 E 对 H 为真的必要程度，取值范围为 $[0, +\infty)$，其定义为

$$LN = \frac{P(\neg E|H)}{P(\neg E|\neg H)} = \frac{1 - P(E|H)}{1 - P(E|\neg H)}$$

$P(H)$ 是指结论 H 以概率 $P(H)$ 成立，这是在不考虑任何证据 E 的前提下，结论 H 成立的先验概率。LS、LN、$P(H)$ 都由专家根据经验给出。

主观贝叶斯方法的基本思想：由于 E 的出现，使得 $P(H)$ 变成 $P(H|E)$，因此这种方法就是研究如何将先验概率 $P(H)$ 更新为后验概率 $P(H|E)$。

（2）证据的不确定表示　在推理过程中，所有证据（所有可能的证据和假设）组成全证据，表示为 E。但是人们一般不会获得全证据，只能知道其中的一部分，以 S 表示，这部分证据可以看作对 E 的一个观察。在主观贝叶斯方法中，证据的不确定性也是用概率表示的。由用户根据观察 S 给出概率 $P(E|S)$，它相当于动态强度。如果知道所有证据，则 $S = E$，$P(E|S) = P(E)$，$P(E)$ 就是证据 E 的先验概率。

但由于 $P(E|S)$ 不太直观，因而在具体的应用系统中往往采用符合一般经验的比较直观的方法，可以引入可信度 C 的概念，让用户在 $-5 \sim 5$ 之间的 11 个整数中根据实际情况选一个数作为初始证据的可信度，表示它对所提供的证据可以相信的程度。然后再从可信度 $C(E|S)$ 计算出概率 $P(E|S)$。

可信度 $C(E|S)$ 与概率 $P(E|S)$ 的对应关系如下：

1）$C(E|S) = -5$，表示在观察 S 下证据 E 肯定不存在，即 $P(E|S) = 0$。

2）$C(E|S) = 0$，表示观察 S 与证据 E 无关，应该仍然是先验概率，即 $P(E|S) = P(E)$。

3）$C(E|S) = 5$，表示在观察 S 下证据 E 肯定存在，即 $P(E|S) = 1$。

4）$C(E|S)$ 为其他数时，有

$$C(E|S) = \begin{cases} 5 \times \dfrac{P(E|S) - P(E)}{1 - P(E)} & P(E) < P(E|S) \leq 1 \\ \\ 5 \times \dfrac{P(E|S) - P(E)}{P(E)} & 0 < P(E|S) \leq P(E) \end{cases}$$

$C(E|S)$ 与 $P(E|S)$ 的对应关系，则用关系式表达为

$$P(E|S) = \begin{cases} \dfrac{C(E|S) + P(E) \times (5 - C(E|S))}{5} & 0 \leq C(E|S) \leq 5 \\ \\ \dfrac{P(E) \times (5 + C(E|S))}{5} & -5 \leq C(E|S) \leq 0 \end{cases}$$

这样，用户只要对初始证据给出相应的可信度 $C(E|S)$，就可由上式将它转换为相应的概率 $P(E|S)$。

组合证据的不确定性，可以参考可信度推理方法来计算。

（3）不确定传递算法 在主观贝叶斯方法的表示中，$P(H)$ 是专家对结论 H 给出的先验概率，它是在没有考虑任何证据的情况下根据经验给出的。随着新证据的获得，对 H 的信任程度应该有所改变。主观贝叶斯方法推理的任务就是根据 E 的概率 $P(E)$ 及 LS、LN 的值，把 H 的先验概率 $P(H)$ 更新为后验概率 $P(H \mid E)$ 或 $P(H \mid \neg E)$。

由于一条知识所对应的证据可能是存在的，也可能是肯定不存在的，或者可能是不确定的，而且在不同情况下确定后验概率的方法不同，所以下面分别进行讨论。

1）证据肯定存在的情况。

在证据肯定存在时，$P(E) = P(E \mid S) = 1$。

由贝叶斯公式可得证据 E 成立的情况下，结论 H 成立的概率为

$$P(H \mid E) = P(E \mid H) \times P(H) / P(E)$$

同理，证明 E 成立的情况下，结论 H 不成立的概率为

$$P(\neg H \mid E) = P(E \mid \neg H) \times P(\neg H) / P(E)$$

用式 $P(H \mid E)$ 除以式 $P(\neg H \mid E)$，可得

$$\frac{P(H \mid E)}{P(\neg H \mid E)} = \frac{P(E \mid H)}{P(E \mid \neg H)} \times \frac{P(H)}{P(\neg H)}$$

为简化计算，引入几率（Odds）函数 $O(x)$，它与概率 $P(x)$ 的关系为

$$O(x) = \frac{P(x)}{P(\neg x)} = \frac{P(x)}{1 - P(x)}$$

或

$$P(x) = \frac{O(x)}{1 + O(x)}$$

概率与几率的取值范围是不同的，概率 $P(x) \in [0, 1]$，几率 $O(x) \in [0, \infty)$。显然，$P(x)$ 与 $O(x)$ 有相同的单调性。即，若 $P(x_1) < P(x_2)$，则 $O(x_1) < O(x_2)$，反之亦然。可见，虽然几率函数与概率函数有着不同的形式，但一样可以表示证据的不确定性。他们的变化趋势是相同的，当证据为真的程度越大时，几率函数的值也越大。

由 LS 的定义式，以及概率和几率的关系式，可写出贝叶斯修正公式

$$O(H \mid E) = LS \times O(H)$$

这就是在证据肯定存在时，把先验概率 $O(H)$ 更新为后验概率 $O(H \mid E)$ 的计算公式。如果用贝叶斯修正公式将几率换成概率，即可得到

$$P(H \mid E) = \frac{LS \times P(H)}{(LS - 1) \times P(H) + 1}$$

这就是把先验概率 $P(H)$ 更新为后验概率 $P(H \mid E)$ 的计算公式。

2）证据肯定不存在的情况。

在证据肯定不存在时，$P(E) = P(E \mid S) = 0$，$P(\neg E) = 1$。

由于

$$P(H \mid \neg E) = \frac{P(\neg E \mid H) \times P(H)}{P(\neg E)}$$

$$P(\neg H \mid \neg E) = \frac{P(\neg E \mid \neg H) \times P(\neg H)}{P(\neg E)}$$

两式相除得到

$$\frac{P(H|\neg E)}{P(\neg H|\neg E)} = \frac{P(\neg E|H)}{P(\neg E|\neg H)} \times \frac{P(H)}{P(\neg H)}$$

由 LN 的定义式，以及概率和几率的关系式，可写出贝叶斯修正公式

$$O(H|\neg E) = LN \times O(H)$$

这就是在证据肯定不存在时，将先验概率 $O(H)$ 更新为后验概率 $O(H|\neg E)$ 的计算公式。如果用贝叶斯修正公式将几率换成概率，即可得到

$$P(H|\neg E) = \frac{LN \times P(H)}{(LN-1) \times P(H) + 1}$$

这就是把先验概率 $P(H)$ 更新为后验概率 $P(H|\neg E)$ 的计算公式。

3）证据不确定的情况。

上面讨论了在证据肯定存在和肯定不存在的情况中将 H 的先验概率更新为后验概率的方法。在现实中，这种证据存在和肯定不存在的极端情况是不多的，更多的是介于两者之间的不确定情况。因为对初始证据来说，由于客观事物或现象是不精确的，因而用户所提供的证据是不确定的；另外，一条知识的证据往往来源于由另一条知识推出的结论，一般也具有某种程度的不确定性。例如，用户告知只有 60% 的把握说明证据 E 是真的，这表示初始证据 E 为真的程度为 0.6，即 $P(E|S) = 0.6$（这里 S 是对 E 的有关观察）。现在要在 $0 < P(E|S) < 1$ 的情况下确定 H 的后验概率 $P(H|S)$。

在证据不确定的情况下，杜达等人 1976 年证明了的如下公式

$$P(H|S) = P(H|E) \times P(E|S) + P(H|\neg E) \times P(\neg E|S)$$

将证据是确定的情况作为特例，通过分段线性插值导出单链证据不确定性传递公式为

$$P(H|S) = \begin{cases} P(H|\neg E) + \dfrac{P(H) - P(H|\neg E)}{P(E)} P(E|S) & 0 \leqslant P(E|S) \leqslant P(E) \\[3mm] P(H) + \dfrac{P(H|E) - P(H)}{1 - P(E)} [P(E|S) - P(E)] & P(E) \leqslant P(E|S) < 1 \end{cases}$$

（4）结论不确定性的合成算法 若有 n 条知识都支持相同的结论，而且每条知识的前提条件所对应的证据 $E_i(i=1,2,\cdots,n)$ 都有相应的观察 S_i 与之对应，则只要先对每条知识分别求出 $O(H|S_i)$，然后就可运用下述公式求出 $O(H|S_1,S_2,\cdots,S_n)$ 和 $P(H|S_1,S_2,\cdots,S_n)$，即

$$O(H|S_1,S_2,\cdots,S_n) = \frac{O(H|S_1)}{O(H)} \times \frac{O(H|S_2)}{O(H)} \times \cdots \times \frac{O(H|S_n)}{O(H)} \times O(H)$$

$$P(H|S_1,S_2,\cdots,S_n) = \frac{1 + O(H|S_1,S_2,\cdots,S_n)}{O(H|S_1,S_2,\cdots,S_n)}$$

3. 证据理论

证据理论（Theory of Evidence）是由德普斯特（A. P. Dempster）于 20 世纪 60 年代首先提出，并由沙佛（G. Shafer）在 20 世纪 70 年代中期进一步发展起来的一种处理不确定性的理论，所以又称为 D-S 理论。由于该理论能够区分"不确定"与"不知道"的差异，并能处理由"不知道"引起的不确定性，具有较大的灵活性，因而受到了人们的重视。目前，在证据理论的基础上已经发展了多种不确定性推理模型。

（1）概率分配函数　证据理论是用集合表示命题的。

设 D 是变量 x 所有可能取值的集合，且 D 中的元素是互斥的，在任何一时刻 x 都取且只能取 D 中的某一个元素为值，则称 D 为 x 的样本空间。

在证据理论中，D 的任何一个子集 A 都对应一个关于 x 的命题，称该命题为 "x 的值是在 A 中"。例如，用 x 代表六面骰子的值，$D = \{1, 2, \cdots, 6\}$，则 $A = \{3\}$ 表示 "x 的值为 3" 或 "骰子的值为 3"；$A = \{1, 2, 3\}$ 表示 "骰子的值为 1 或 2 或 3"。

证据理论中，为了描述和处理不确定性，引入了概率分配函数、信任函数及似然函数等概念。下面简单介绍概率分配函数的概念。

设 D 为样本空间，领域内的命题都用 D 的子集表示，则概率分配函数定义如下。

定义 4.7　设函数 $M: 2^D \rightarrow [0, 1]$，即对任何一个属于 D 的子集 A，命它对应一个数 $M \in [0, 1]$，且满足

$$M(\varnothing) = 0$$

$$\sum_{A \subseteq D} M(A) = 1$$

则 M 称为 2^D 上的基本概率分配函数，$M(A)$ 称为 A 的基本概率数。

（2）信任函数

定义 4.8　命题的信任函数（Belief Function）$Bel: 2^D \rightarrow [0, 1]$，且对所有的 $A \subseteq D$，有

$$Bel(A) = \sum_{A \subseteq D} M(B)$$

式中，2^D 表示 D 的所有子集。

Bel 函数又称为下限函数，$Bel(A)$ 表示对命题 A 为真的总的信任程度。

由信任函数及概率分配函数的定义容易推出

$$Bel(\varnothing) = M(\varnothing) = 0$$

$$Bel(D) = \sum_{B \subseteq D} M(A) = 1$$

（3）似然函数　似然函数又称为不可驳斥函数或上限函数，下面给出它的定义。

定义 4.9　似然函数 $Pl: 2^D \rightarrow [0, 1]$，且对所有的 $A \subseteq D$，有

$$Pl(A) = 1 - Bel(\neg A)$$

现在我们来讨论似然函数的含义。由于 $Bel(A)$ 表示 A 为真的信任程度，所以 $Bel(\neg A)$ 就表示对 $\neg A$ 为真，即 A 为假的信任程度，由此可推出 $Pl(A)$ 表示对 A 为非假的信任程度。

并可推广到一般情况

$$Pl(A) = \sum_{A \cap B \neq \varnothing} M(B)$$

（4）概率分配函数的正交和（证据的组合）　有时对同样的证据会得到两个不同的概率分配函数，例如，对样本空间

$$D = \{a, b\}$$

从不同的来源分别得到如下两个概率分配函数

$$M_1(\{a\}) = 0.3, M_1(\{b\}) = 0.6, M_1(\{a, b\}) = 0.1, M_1(\varnothing) = 0$$

$$M_2(\{a\}) = 0.4, M_2(\{b\}) = 0.4, M_2(\{a, b\}) = 0.2, M_2(\varnothing) = 0$$

此时需要对它们进行组合，德普斯特提出的组合方法就是对这两个概率分配函数进行正交和

运算。

定义 4.10　设 M_1 和 M_2 是两个概率分配函数，则正交和 $M = M_1 \oplus M_2$ 为

$$M(\varnothing) = 0$$

$$M(A) = \frac{\displaystyle\sum_{x \cap y = A} M_1(x) M_2(y)}{1 - K}$$

式中，K 可计算为

$$K = \sum_{x \cap y = \varnothing} M_1(x) M_2(y)$$

如果 $K \neq 1$，则正交和 M 也是一个概率分配函数；如果 $K = 1$，则不存在正交和 M，即没有可能存在概率函数，称 M_1 与 M_2 矛盾。

对于多个概率分配函数 M_1，M_2，$\cdots$，M_n，如果它们可以组合，也可以通过正交和运算将它们组合一个概率分配函数，其定义如下。

定义 4.11　设 M_1，M_2，$\cdots$，M_n 是 n 个概率分配函数，则其正交和 $M = M_1 \oplus M_2 \oplus$，$\cdots$，$\oplus M_n$ 为

$$M(\varnothing) = 0$$

$$M(A) = \frac{\displaystyle\sum_{\cap A_i = A} \prod_{1 \leq i \leq n} M_i(A_i)}{1 - K}$$

式中，K 可计算为

$$K = \sum_{\cap A_i = \varnothing} \prod_{1 \leq i \leq n} M_i(A_i)$$

（5）基于证据理论的不确定性推理　基于证据理论的不确定性推理，大体可分为以下步骤：

1）建立问题的样本空间 D。

2）由经验给出，或者由随机性规则和事实的信度度量计算求得幂集 2^D 的基本概念分配函数。

3）计算所关心的子集 $A \in 2^D$ 的信任函数值 $Bel(A)$ 或似然函数值 $Pl(A)$。

4）由 $Bel(A)$ 或 $Pl(A)$ 得出的结论。

4. 模糊推理方法

经典的二值逻辑为人们提供了严谨而又十分有效的假言推理模式。在现实生活及计算机、自动控制、人工智能、生态系统、社会系统等应用实例中，许多命题反映的是不精确、不确定、不完备的信息，推理利用的也是不精确、不确定、不完备的知识或规则，无法用二值逻辑来描述，直接使用经典的推理模式难以得到真或假的结论。于是人们必须仅凭借经验和不完备信息进行近似推理或不确定推理。在不确定性推理中，不精确性、不确定性、不完备性可由多方面的因素引起。基于模糊数学方法处理由模糊性引起的不确定推理称为模糊推理。

（1）模糊命题与基本逻辑演算　在现实生活中，我们常常遇到诸如"雨很大""电动机的转速稍偏高""主回路电流太大"等这样的陈述句，其特点是含有模糊概念，如"很大""稍偏高""太大"等，对应着所讨论的论域上的某个模糊集合。也就是说，它们与二值逻

辑中的命题相仿，但具有一定的模糊性。一般地，我们称这种含有模糊概念的陈述句为模糊命题。虽然模糊命题不能像二值逻辑命题那样单纯地判断"真"和"假"，但我们仍然希望对模糊命题的判断进行度量。为此，利用模糊集合的隶属函数，将二值逻辑命题的真值由 $\{0, 1\}$ 推广到 $[0, 1]$，用 0~1 之间的连续值来度量模糊命题的"真伪程度"。

定义 4.12 设 U 为模糊命题的集合，令 $T: U \rightarrow [0, 1]$，使得 $\forall P \in U$，有

$$T(P) = \alpha \in [0, 1]$$

则 $T(P)$ 称为模糊命题 P 的真值。具体地，若模糊命题 $P \in U$ 的形式为 $P: x \text{ is } A$，其中 x 是变量，A 是某个模糊概念对应的模糊集合，则模糊命题 P 的真值取值为变量 x 对模糊集合 A 的隶属度，即

$$T(P) = A(x)$$

当 $A(x) = 1$ 时，模糊命题 P 为全真；当 $A(x) = 0$ 时，模糊命题 P 为全假；当 $T(P) = A(x)$ 介于 0~1 之间时，$T(P)$ 表征模糊命题 P 真假的程度：越接近于 1，真的程度越大，越接近于 0，假的程度越大。

定义 4.13 设 U 为模糊命题的集合，$P, Q \in U$，则 P 与 Q 的逻辑运算"并运算 $P \cup Q$""交运算 $P \cap Q$"和"补运算 $\overline{P}$"分别对应于模糊集合的并、交、补运算，其真值分别为

$$T(P \cup Q) = \max\{T(P), T(Q)\} = T(P) \cup T(Q)$$
$$T(P \cap Q) = \min\{T(P), T(Q)\} = T(P) \cap T(Q)$$
$$T(\overline{P}) = 1 - T(P)$$

（2）模糊推理

1）模糊知识的表示。

对于模糊不确定性，一般采用隶属度来刻画。隶属度是一个命题中所描述的事物的属性、状态和关系等的强度。例如，可用三元组(雨, 下, (大, 0.8))表示命题"雨下得比较大"，其中的 0.8 就代替"比较"而刻画了雨下得"大"的程度。

这种隶属度表示法，一般是一种针对对象的表示法。模糊知识表示一般形式为

（<对象>, <属性>, (<属性值>, <隶属度>)）

可以看出，它实际是通常三元组(<对象>, <属性>, <属性值>)的扩展，<隶属度>是对前面属性值的精准刻画。

事实上，这种思想和方法还可以广泛用于产生式规则、谓词逻辑、框架、语义网络等多种知识表示方法中，从而扩充他们的表示范围和能力。

许多模糊规则实际上是一组多重条件语句，可以表示为从条件论域到结论论域的模糊关系矩阵 R。通过条件模糊向量和模糊关系 R 的合成进行模糊推理，得到结论的模糊向量，然后采用"清晰化"方法将模糊结论转换为精确量。

根据模糊集合和模糊关系理论，对于不同类型的模糊规则可用不同的模糊推理方法。

2）对 IF A THEN B 类型的模糊规则的推理。

若已知输入为 A，则输出为 B；若已知输入为 A'，则输出为 B'，用合成规则求取

$$B' = A' \circ R$$

式中，R 为 A 到 B 的模糊关系，定义为 $\mu_R(x, y) = \min(\mu_A(x), \mu_B(y))$。

假如 $A' = (0.4 \quad 0.7)$，$R = \begin{pmatrix} 0.7 & 1.0 \\ 0.7 & 0.8 \end{pmatrix}$，则 $B' = A' \circ R = ((0.4 \cap 0.7) \cup (0.7 \cap 0.7),$

$(0.4 \cap 1.0) \cup (0.7 \cap 0.8))$。

（3）模糊决策　由模糊推理得到的结论或操作是一个模糊向量，一般不直接应用，而是需要转化为一个确定值。将模糊推理得到的模糊向量，转化为确定值的过程称为"模糊决策"，或"清晰化""反模糊化"等。下面介绍几种简单、实用得模糊决策方法。

1）最大隶属度法。最大隶属度法是在模糊向量中，取隶属度最大的量作为推理结果。

例如，当得到模糊向量为

$$U' = 0.1/2 + 0.4/3 + 0.7/4 + 1.0/5 + 0.7/6$$

由于推理结果隶属度属于等级 5 为最大，所以取结论为

$$U' = 5$$

这种方法的优点在于简单易行，缺点则是完全排除了隶属度较小的量的影响和作用，没有充分利用推理过程取得的信息。

2）加权平均判决法。为了克服最大隶属度法的缺点，可以采用加权平均判决法，即

$$U = \frac{\sum_{i=1}^{n} \mu(u_i) u_i}{\sum_{i=1}^{n} \mu(u_i)}$$

例如，当得到模糊向量为

$$U' = 0.1/2 + 0.4/3 + 0.7/4 + 1.0/5 + 0.7/6$$

则

$$U = \frac{0.1 \times 2 + 0.4 \times 3 + 0.7 \times 4 + 1.0 \times 5 + 0.7 \times 6}{0.1 + 0.4 + 0.7 + 1.0 + 0.7} = 4.78$$

（4）模糊推理的应用　模糊控制已得到非常广泛的应用，被公认为是简单而有效的控制技术。模糊控制是以模糊数学为基础，运用语言规则表示方法和先进的计算机技术，由模糊推理进行决策的一种高级计算机控制策略。模糊控制系统的组成类同于一般的计算机控制系统，如图 4-3 所示。

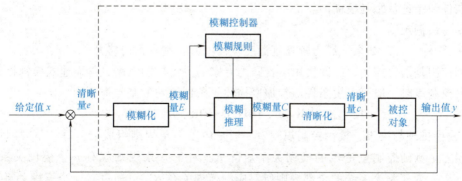

图 4-3　模糊控制系统

模糊控制系统的控制器是模糊控制器，模糊控制器是基于模糊条件语句描述的语言控制规则。下面以二维模糊控制器为例介绍模糊控制方法。

1）模糊控制器的输入、输出变量。

① 描述输入和输出变量的词集。模糊控制器的输入变量通常取被控量的误差 E，或误

差 E、误差的变化 EC，或误差 E、误差的变化 EC、误差的变化率 ER，分别构成一维、二维、三维模糊控制器。二维模糊控制器的控制性能和控制复杂性都比较好，是目前广泛采用的一种形式。

一般选择控制量的增量作为模糊控制器的输出变量，选用"大、中、小"三个词来描述模糊控制器的输入、输出变量的状态，再加上正、负两个方向和零状态，共有七个词汇，即

$$\{负大,负中,负小,零,正小,正中,正大\}$$

为了提高系统的稳态精度，通常在系统控制误差接近于零时增加分辨率，将"零"又细分为"正零"和"负零"，因此，描述误差变量的词集一般取为

$$\{负大,负中,负小,负零,正零,正小,正中,正大\}$$

② 输入、输出变量的模糊化。某个变量变化的实际范围称为该变量的基本论域。记误差变化的基本论域 $[-x_e, x_e]$，模糊控制器的输出变量（系统的控制量）的基本论域 $[-y_e, y_e]$。显然，基本论域内的量是精确量，因而模糊控制器的输入和输出都是精确量，但是模糊控制算法需要模糊量。因此，输入的精确量（数字量）需要转换为模糊量。将输入模糊控制器的精确量转换为模糊量的过程为"模糊化"。

比较实用的模糊化方法是将基本论域分为 n 个档次，即取变量的模糊子集论域为

$$\{-n,-n+1,\cdots,0,\cdots,n-1,n\}$$

从基本论域 $[a, b]$ 到模糊子集论域 $[-n, n]$ 的转换公式为

$$y=\frac{2n}{b-a}\left[x-\frac{a+b}{2}\right]$$

一般选择模糊论域中所含元素个数为模糊语言词集总数的 2 倍以上，以确保模糊集能较好地覆盖论域，避免出现失控现象。

2）模糊控制规则。人类思维判断的基本形式是

$$IF \quad 条件 \quad THEN \quad 结论$$

其中的条件和结论常常是模糊的。

例如，模糊规则

如果 压力较高且温度缓慢上升 则 阀门略开

模糊控制是语言控制，因此要用语言归纳专家的手动控制策略，从而建立模糊控制规则表。手动控制策略一般可以用条件语句加以描述。条件语句的基本类型为

$$IF \quad (A \quad OR \quad B)AND(C \quad OR \quad D)THEN \quad E$$

3）模糊推理与决策。模糊控制规则库一般是由若干条规则组成的。每一条规则可以表示为从误差论域到控制量论域的模糊关系矩阵 R。对于 n 条规则就有 n 个模糊关系：R_1，R_2，$\cdots$，R_n，对于整个系统的全部规则所对应的模糊关系 R，可通过对 n 个模糊关系 $R_i(i=1, 2, \cdots, n)$ 取并操作得到，即

$$R =R_1 \cup R_2 \cup \cdots \cup R_n = \bigcup_{i=1}^{n} R_i$$

通过误差的模糊误差 E' 和误差变化的模糊向量 $E'C$ 与模糊关系 R 的合成进行模糊推理，得到控制量的模糊向量，然后采用"清晰化"方法将模糊控制向量转换为精确量。

第四节　推理的工程应用

在推理方法上，知识推理（Knowledge-Based Reasoning，KBR）可分为基于规则的推理（Rule-Based Reasoning，RBR）、基于案例的推理（Case-Based Reasoning，CBR）和基于模型的推理（Model-Based Reasoning，MBR）。

一、基于规则的推理

从 20 世纪六七十年代起，基于规则的推理开始在大部分专家系统中得到应用，如著名的 MYCIN、DENDRAL 和 R1 等专家系统。基于规则的推理，领域知识被提取为规则集，并送到系统知识库。推理系统使用这些规则和工作时获取的事实信息来求解问题。当规则的 IF 部分与事实信息相匹配时，系统执行规则 THEN 部分所指定的行为。

1. 规则的定义

人工智能是利用计算机技术对人类行为活动进行模拟的学科领域。人们的日常学习、生活、工作都离不开各种各样的规则，人们在不知不觉中遵守着这些规则，并且使用这些规则来解决和处理生活工作中的各类问题。规则反映了客观世界或人类活动的变化规律。对人类生活中规则的研究，把规则引入人工智能领域学科中，以探索人类活动的各种规律和趋势，是人工智能领域的一个重要研究目标。

基于规则的专家系统根据当前用户输入的数据，通过使用已存储的规则知识，为用户提供便于理解的结论，解决用户的问题。规则是模拟专家的思路和经验来解决问题的一个关键。

2. 规则推理系统的组成

（1）综合数据库　综合数据库（DB，Database），也称为事实库，是一个用来存放与求解问题有关的各种当前信息的数据库。例如，问题的初始状态、推理开始前已知的事实、推理得到的中间结论及最终结论等。在推理过程中，当规则库中某条规则的前提可以与综合数据库中的已知事实相匹配时，该规则被激活，由它推出的结论将被作为新的事实放入综合数据库，成为后面推理的已知事实。

（2）规则库　规则库（RB，Rules Base）是一个用来存放与求解问题有关的所有规则的集合，也称为知识库（KB，Knowledge Base），包含了将问题从初始状态转换成目标状态所需要的所有变换规则。这些规则描述了问题领域中的一般性知识。可见，规则库是基于规则推理的基础，其所存放规则的完整性、一致性、准确性、灵活性及组织的合理性等对规则库的运行效率都有着重要影响。

（3）控制系统　控制系统（Control System），也称为推理机，由一组程序构成，用来控制整个推理系统的运行，决定问题求解过程的推理线路，实现对问题的求解。其主要工作包括初始化综合数据库、选择合适的规则、执行选定的规则、决定推理线路和终止推理过程等。

3. 规则推理的方向

按照推理的控制方向，规则推理可分为正向、反向和混合三种方式，具体的正向推理、反向推理、混合推理策略可以参考本章第一节。

4. 应用举例

这里以一个机器人应答系统的构建为例来说明基于规则的专家系统的组成。该系统基于专家系统的结构和技术来构建，以基于规则系统（Rule-Based System）的结构来模仿人类专家的处理逻辑。机器人应答系统由五个部分组成，如图4-4所示。

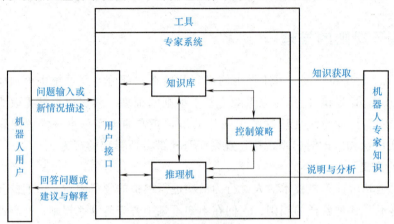

图 4-4　机器人应答系统的结构

（1）知识库　用于存储某些特定领域的专家知识和经验，以及推理需要的相关事实和中间数据。具体包括机器人工作环境的世界模型、初始状态、物体描述等事实和可行操作，以及各类规则。在这个案例中，为了简化结构图，将综合数据库看作知识库的一部分。

（2）控制策略　包含综合机理，确定系统应当应用什么规则及采取什么方式去寻找该规则。当使用 Prolog 语言时，其控制策略为搜索、匹配和回溯（Scarching, Matching and Backtracking）。

（3）推理机　用于记忆所采用的规则和控制策略及推理策略。根据知识库的信息，推理机能够使整个机器人应答系统类似专家那样协调地工作、进行推理、做出决策、寻找理想的答案。有时，把这一部分也称为求解器。

（4）知识获取　当需要补充知识时，可以通过与某特定领域专家的交互来获取知识。然后用程序设计语言（如 Prolog 和 LISP 等）把这些知识变换为计算机程序。最后把知识存入知识库中待用。

（5）说明与分析　通过用户接口，在应答专家系统与用户之间进行交互（对话），从而使用户能够输入数据、提出问题、得到推理结果及了解推理过程等。

此外，专家系统的建立还需要有一定的工具，包括计算机系统或网络、操作系统和程序设计语言及其他相关软件和硬件。

当每条规则被采用或某个操作被执行之后，知识库中的综合数据库就会发生变化。基于规则的专家系统的目标就是要通过逐条执行规则及其有关操作来逐步改变综合数据库的状况，直到得到一个可接受的结论为止。把这些结论通过用户接口反馈给机器人用户，完成问题解答。

二、基于案例的推理

基于案例的推理是人工智能领域中一项重要的推理技术。与基于规则的推理模式的不同在于它通过访问案例库中的同类案例（源案例）的求解从而获得当前问题（目标案例）的解决方法。基于案例的推理的思想最早在 1982 年由美国耶鲁大学罗杰·沙克提出，经过多年的发展，目前 CBR 已成为人工智能与专家系统的一种较为常见的推理技术，广泛应用于诸多领域。

1. 原理与简介

基于案例的推理就是在遇到新问题时，在案例库中检索过去解决的类似问题及其解决方案，并比较新、旧问题的差异，对类似问题中已有的解决方案进行调整和修改，从而可以解决新的问题的一种推理模式。

CBR 本质上是一种基于经验知识的推理，符合人的认知过程。当遇到新的问题时，人会将问题进行归类，在大脑中搜索类似的问题和经验，来帮助解决当前的问题，这个问题解决之后，又可以作为新的经验存储在大脑里。例如，一个有经验的维修人员，在面对设备故障时，会经常用到他的经验，大多数的设备故障情况他早已了然于心，碰到少见的案例，他也会综合他过去的各种经验和知识做出判断，这就是为什么有经验的维修人员能更快地解决问题的原因。

与传统的基于规则的推理和基于模型的推理相比，CBR 的数据形式比较"自由"，不同于强调数据域、数据长度和数据类型的传统关系数据模型。它不需要显式的领域知识模型，避免了知识获取瓶颈，而且系统开放，易于维护，推理速度较快。同时增量式的学习使案例库的覆盖程度随系统的使用逐渐增大，判断效果越来越好。可以有效解决传统推理方法中存在的许多问题。

一个典型的 CBR 可以分为以下几个步骤：

（1）案例表示与组织 包括历史案例和新问题的表示方法。遇到新问题时，对新问题按一定的案例描述规则进行表述，输入系统。

（2）案例检索与匹配 系统检索出与新问题最匹配的案例。

（3）案例重用 若有与新问题情况一致的源案例，则将其解决方案直接提交给用户；若没有，则根据新问题的情况对相似案例的解决方案进行调整和修改，若用户满意则将新的解决方案提交给用户，若不满意则需要继续对解决方案进行调整和修改。

（4）案例修正 如果案例重用不能解决新问题，则需要对原有案例库中的案例进行修正，以满足新问题的解决。

（5）案例库维护 对用户满意的解决方案进行评价和学习，并将其保存到案例库中。

2. 主要技术应用步骤

CBR 的主要技术应用步骤如下：

（1）案例表示与组织 案例表示是案例推理的基础，包括案例库的表示及新问题的表示。案例一般以结构化的方式进行表示。为了进行案例的表示，首先要选择足以描述案例特点的属性或特征，并决定特征的类型和取值范围。特征的选择方法主要有结合专家领域知识的方法和由系统自动进行特征选择的方法，相关技术有归纳法、随机爬山法、并行搜索法和分步定向搜索法等。案例的表示方式主要有结构表示型和特征-值对表示型。

（2）案例检索与匹配　案例检索根据待解决问题的问题描述在案例库中找到与该问题或情况最相似的案例。常用的案例检索方法有最近相邻法、归纳法、知识导引法和模板检索法等。这些方法可单独或组合使用。案例的相似性匹配方法有许多种，如决策树、粗糙集、神经网络、证据理论和聚类分析等。

（3）案例重用　利用检索出的匹配案例的解决方案得到新问题的解决方案，这个过程称为案例的重用。在一些简单的系统中，可以直接将检索到的匹配案例的解决方案复制到新问题的解决方案中。这种方法适用于推理过程复杂，但解决方案很简单的问题，如银行贷款的审批。

在多数情况下，由于案例库中不存在与新问题完全匹配的存储案例，所以需要对存储案例的解决方案进行调整以得到新问题的解决方案。调整的方法主要有推导式调整、参数调整等。推导式调整指重新利用产生匹配案例的解决方案的算法、方法或规则来推导得出新问题的解决方案；参数调整指将存储案例与当前新问题的指定参数进行比较，然后对解进行适当修改的结构调整方法。此外还可以采用重新实例化、案例替换、抽象与再具体化等方法。

（4）案例修正　在案例重用得不到满意的解时，需要使用领域知识对不合格的解决方案进行修正，修正后符合应用领域的要求。进行案例修正的技术包括领域规则修改、约束满足修改、案例属性调整等方法。

与案例重用不同，案例修正是对原有案例库中的案例进行调整，以适合新问题及以后类似问题的求解，案例重用则是针对新问题生成新的解决方案。

（5）案例库维护　基于案例的推理系统的重要特点之一是能够学习。对于新问题，在进行案例修正后，如果案例修正的结果是正确的，则需要更新案例库。根据检出案例与新问题的相似程度，可能需要在库中新建一个案例；当所检索到的案例与新问题非常接近时，没有必要将此新案例完全存入库中，只需要将调整后案例的一小部分存入库中。随着案例库中积累案例的增加，案例库中包含了更多的知识，系统解决问题的能力也不断增强。

3. 基于案例推理的机械故障诊断方法

在机械故障诊断领域，CBR 方法是常用的一种推理方法。由于机械设备众多，很难构建通用的诊断规则，但是，由于设备有相似性，可以针对某一型号、某一类别的设备构建案例库，然后针对新的问题，从本类型、本类别设备的故障解决案例库中选择相近案例，往往能很快推理出有用的解决方法。

CBR 诊断方法的核心在于：能准确地记忆（存储）过去曾经诊断的故障及其环境和诊断过程；进行诊断时，运用过去的诊断经验、过程和方法；通过类比和联想来完成当前的诊断任务。

CBR 诊断过程的模型如图 4-5 所示。

CBR 机械故障诊断过程可归结为由三个主要阶段循环组成：

（1）检索（Retrieve）　根据设备型号、当前的运行状态、故障现象和运行环境，从案例库中检索出相类似的案例。如果检索到的案例与设备的当前状态完成适配，则直接引用案例做出诊断结论。

（2）修改（Modify）　在不完全适配的情况下，运用设备的结构、零件特征、运行记录等方面的知识作为指导，根据设备具体情况对检索出的案例进行调整、适配，并综合现场维修工程师的知识，形成诊断结论。

（3）存储（Store）　使修正、改写过的案例适合对设备当前状态的诊断，做出本次诊断的结论。同时将修改过的案例及修改过程作为一个新的案例存储到案例库中，以备后用。

由此可见，CBR 机械故障诊断是运用一种类比或相似推理方法，其推理模式是直接利用以往的故障解决案例，而不是利用故障解决的规则。

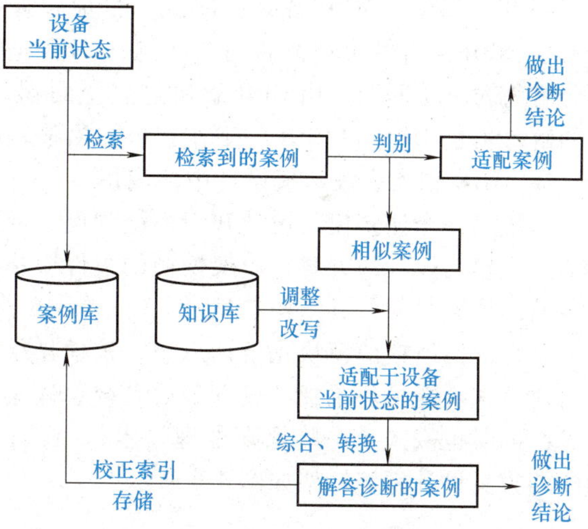

图 4-5　CBR 诊断过程的模型

三、基于模型的推理

1. 原理与简介

事物的构成都有其内在联系和客观运行机理，比如，针对设备的故障诊断，设备本身有其组成模型，因此，可以从设备组成的机理出发，进行诊断推理，这样就能充分利用其组成机理来进行故障原因的分析，类似"白盒"分析，比只从"现象-结论"的"黑盒"分析更加具有针对性。

基于模型的推理方法是根据反映事物内部规律的客观世界的模型进行推理。这里的模型可以有多种，如表示系统各部件的部分或整体关系的结构模型，表示各部件几何关系的几何模型，表示各部件的功能和性能的功能模型，以及表示各部件运行因果关系的因果模型等。

与基于规则的推理、基于案例的推理相比，基于模型的推理可以认为是一种"深层推理"。浅层推理运用专家的经验，从现象到解决方法，推理效率高，但解决问题的能力较低；深层推理涉及事物的内在组成，故解决问题的能力强，但推理效率较低。因此，可以把浅层推理和深层推理结合起来进行应用。

在有模型可以利用的领域，MBR 方法有其优势。从层次上划分，模型可以分成：

（1）系统模型　表述整个系统的组成，以及分配和调度整个系统中各个模块的关系和功能，形成对外界的一致交互。

（2）模块模型　表述各个功能块的特征和运行机理的模型。

（3）组件模型　构成各个模块的、可重用的基本单元模型。

MBR 就是利用系统的组成模型，构建各个模块模型及其下属组件模型的运行约束关系，利用模型相互之间的约束运行结果来进行推理。以故障诊断为例，如果系统的外在表现异常，可以分析哪个模块的输出表现异常，则该模块是异常的；或者这个异常输出模块会如何导致其他模块输出的异常。推理算法从异常特性开始，利用模块组成知识，探查特性异常的起因，直至找出可以解释的原因。

MBR 是根据系统组成的模型来进行推理，是一种从系统因果关系出发，寻找原因的方法。不同于 CBR 根据搜索出来的已有的案例给出解答，MBR 是根据模块运行关系得出新的结果，不需要检索现有案例。采用 MBR 方法，可以将不同的结果置于相同的模块中，而且可以将其存储于数据库的相同结构中，所以数据不冗余，维护简单。

117

RBR、CBR 与 MBR 各有优缺点，目前较好的方法是把 RBR、CBR 与 MBR 集成起来。RBR 和 CBR 适合解决经常遇到的问题；MBR 适合解决新问题。因此，可以用 MBR 将新问题分解为若干子问题，用 CBR 解决这些子问题，然后结合这些子问题的解，形成一个新问题的解。基于 MBR 和 CBR 的工作，再抽象整理形成规则库，利用 RBR 快速求解问题。

2. MBR 技术在注塑模设计中的应用

这里以一个注塑模具设计知识系统为例，说明 MBR 的应用。该系统根据新的设计需求，推荐产生模具设计的方案。模架模型的组件模块由完全匹配方式从标准模架数据信息库中调取，给出模架尺寸及其结构信息。

根据前面所述的模块化设计思想，按模具结构及设计特征将该系统划分为若干子模块，然后对这些功能模块单独开发，最后系统总体集成。该系统中主要应用 MBR 这一智能推理技术，同时也嵌入了一些规则推理技术，当然，交互设计也是系统不可或缺的部分。MBR 的注塑模具设计系统框架如图 4-6 所示。

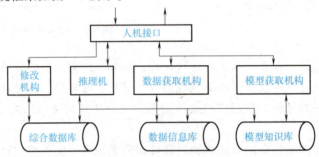

图 4-6 MBR 的注塑模具设计系统框架

（1）MBR 系统建模 该系统被划分为几个既相互独立又彼此联系的模块，包括模架、浇注系统、顶出系统、温控系统、抽芯系统和辅助机构系统六个模块，其中，模架、浇注系统、顶出系统模块及组件模型如图 4-7 所示。

模块模型是产品中所有零部件之间的层次关系、装配关系、设计参数及其约束关系等属性的一种描述。将模块模型表示为如下的多元组，有

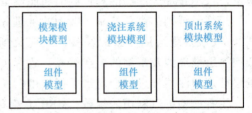

图 4-7 MBR 的注塑模具设计系统部分模块与组件模型

$$MM = <Component\text{-}Set, Substance\text{-}Set, AC\text{-}Set, Param\text{-}Set, Constraint\text{-}Set, Other>$$

其中，Component-Set 为产品的组件集合，有

$$Component\text{-}Set = \{Component[0], Component[1], \cdots, Component[m-1]\}$$

Substance-Set 为实例的集合，有

$$Substance\text{-}Set = \{Substance[0], Substance[1], \cdots, Substance[n-1]\}$$

AC-Set 为装配条件的集合，有

$$AC\text{-}Set = \{AC[0], AC[1], \cdots, AC[k-1]\}$$

Param-Set 为产品的设计参数集合；Constraint-Set 为表示参数约束集合；Other 保留，用以在系统扩充时记录其他信息，如功能信息、功能关系信息等。

（2）模块的调度、求解和匹配

1）模块间的调度。在模块化设计中，模块的调度可分为线性和并行化设计方法。根据

实际情况采用便于控制的线性化设计方法。

2）组件模型、模块模型约束的求解。需要构建各个模块、组件之间的约束关系。可以采用组件描述语言（Component Description Language，CDL）将约束特征表述后，转化入并行约束编程（Concurrent Constraint Programming，CCP）框架中，形成约束系统，由约束系统对约束进行顺序求解。顺序求解指不用将设计变量约束方程联立求解，就可以将可变的设计变量逐个求出。这种约束集称为可顺序求解的约束集，是最简单的约束集类型。求解结果是得到各个模块和组件的设计要求。

3）组件模型、模块模型的匹配。根据约束求解信息进行检索匹配。当赋予某一组件模块模型具体设计要求数据后，其成为一个小案例，可以根据模块的相似度匹配，利用 CBR 方法来求解 MBR 分解出来的子约束问题，综合子问题的解可获得原问题的解答，最终再组成整体推荐方案。

参 考 文 献

[1] 史忠植. 高级人工智能 [M]. 3 版. 北京：科学出版社，2011.
[2] 尚文倩. 人工智能 [M]. 北京：清华大学出版社，2017.
[3] 朱福喜. 人工智能 [M]. 3 版. 北京：清华大学出版社，2017.
[4] GIARRATANO J C，RILEY G D. 专家系统：原理与编程（原书第 4 版）[M]. 印鉴，陈忆群，刘星成，译. 北京：机械工业出版社，2006.
[5] 蔡自兴，约翰·德尔金，龚涛. 高级专家系统：原理、设计及应用 [M]. 2 版. 北京：科学出版社，2014.
[6] 刘大有，杨博，朱允刚，等. 不确定性知识处理的基本理论与方法 [M]. 北京：科学出版社，2016.
[7] 敖志刚. 人工智能及专家系统 [M]. 北京：机械工业出版社，2010.
[8] 王万森. 人工智能原理及其应用 [M]. 4 版. 北京：电子工业出版社，2018.
[9] 王宏生，孟国艳. 人工智能及其应用 [M]. 北京：国防工业出版社，2014.

习　　题

1. 什么是演绎推理、归纳推理？试举例说明。

2. 什么是推理、正向推理、逆向推理、混合推理？请写出常用的几种推理方式并列出每种推理方式的特点。

3. 什么是命题？判断以下语句是否为命题？若是，则判断命题为真命题还是假命题。

1）"雪是白的"。

2）"雪是黑的"。

3）"好大的雪啊"。

4）"一个偶数可表示成两个素数之和"（哥德巴赫猜想）。

5）"1+101＝110"。

4. 什么是谓词公式？什么是谓词公式的解释？

5. 一阶谓词逻辑表示法适用于哪种类型的知识？它主要有哪些特点？

6. 请用相应的谓词公式表示下列语句：

1）有的人喜欢篮球，有的人喜欢足球，有的人既喜欢篮球又喜欢足球。

2）不是每一个人都会游泳。

3）如果 $b>a>0$，$c>d>0$，则有 $(b\times(a+c)/d)>b$。

7. 什么是不确定性推理？有哪几类不确定推理方法？不确定推理中需要解决的基本问题有哪些？

8. 什么是可信度？由可信度因子 $CF(H,E)$ 的定义说明它的含义。

9. 设有如下一组推理规则：

R_1：IF E_1 THEN E_2 （0.6）

R_2：IF E_2 AND E_2 THEN E_4 （0.8）

R_3：IF E_4 THEN H （0.7）

R_4：IF E_5 THEN H （0.9）

且已知 $CF(E_1)=0.5$，$CF(E_3)=0.6$，$CF(E_5)=0.4$，结论 H 的初始可信度一无所知，求 $CF(H)$ 为多少？

10. 试说明主观贝叶斯方法中 LS 与 LN 的含义及它们之间的关系。

11. 在同一条规则中，下列哪种情况不能出现：

1）$LS>1$，$LN>1$。

2）$LS>1$，$LN\leqslant1$。

3）$LS<1$，$LN<1$。

4）$LS\leqslant1$，$LN>1$。

12. 什么是基于规则的推理、基于案例的推理、基于模型的推理？它们各有什么优缺点？

13. 基于以下事实，尝试搭建一个基于规则的动物识别专家系统：

有毛发　哺乳动物

有奶　哺乳动物

有羽毛　鸟

会飞　下蛋　鸟

吃肉　食肉动物

有犬齿　有爪　眼盯前方　食肉动物

哺乳动物　有蹄　有蹄类动物

哺乳动物　嚼反刍动物　有蹄类动物

哺乳动物　食肉动物　黄褐色　暗斑点　金钱豹

哺乳动物　食肉动物　黄褐色　黑色条纹　虎

有蹄类动物　长脖子　长腿　暗斑点　长颈鹿

有蹄类动物　黑色条纹　斑马

鸟　长脖子　长腿　黑白二色　不飞　鸵鸟

鸟　会游泳　不飞　黑白二色　企鹅

鸟　善飞　信天翁

14. 结合专家系统原理和经典控制系统原理，试设计专家控制系统。

15. 模糊控制的一般过程是什么？

16. 试用 MATLAB 设计模糊控制洗衣机组成部分，并用 Simulink 仿真。

17. 基于案例的推理的知识写出智能制造中产品设计方法与流程。

18. 如何在智能工厂原型设计中应用 MBR 技术？

第五章 | 知识管理

第一节 知识管理概述

20世纪60年代末到70年代初，"知识管理"（Knowledge Management，KM）这一词语开始出现。由于信息技术的发展局限，直到20世纪90年代知识管理才开始被深入研究，信息技术、数据处理技术（数据挖掘等）作为主要支撑技术推动了知识管理的发展。进入21世纪，知识管理已成为企业管理的热点和重点，许多大中型企业都把知识管理理念、方法引入自己的企业，构建了不同的知识管理系统，获得了显著的效益。

知识管理是一个管理领域的概念，其涵义有广义与狭义之分。广义的知识管理是指知识经济环境下，管理思想与管理方法的总称；狭义的知识管理是指对知识及知识的使用进行管理。在知识管理发展的不同阶段，不同的学者对其进行了不同的定义，其中比较典型的包括：

巴斯（Bassi，1997）认为，知识管理是指为了增强组织的绩效而创造、获取和使用知识的过程。

奎达斯等（P. Quitas，1997）则把知识管理看作"一个管理各种知识的连续过程，以满足现在和将来出现的各种需要，确定和探索现有和获得的知识资产，开发新的机会"。

卡尔·维格（Karl Wiig，1997）认为，知识管理涉及认识知识有关的活动，创造和维护知识基础设施，更新组织和转化知识资产，使用知识以提高其价值。

文莉（Verna Alle，1998）对知识管理的定义是"帮助人们对拥有的知识进行反思，帮助和发展支持人们进行知识交流的技术和企业内部结构，并帮助人们获得知识来源，促进他们之间进行知识的交流"。

法拉普罗（Carl Frappuolo，1998）认为"知识管理就是运用集体的智慧提高应变和创新能力"。他还认为知识管理应有外部化、内部化、中介化和认知化四种功能。外部化是指从外部获取知识并按一定分类进行组织；内部化是指知识的转移，即从外部知识库中筛选、提取人们想得到的与特定用户有关的知识；中介化是指为知识寻找者找到知识的最佳来源；认知化则是将以上三种功能获得的知识加以应用的过程。

马斯（E. Maize，1998）认为，知识管理是一个系统地发现、选择、组织、过滤和表述信息的过程，目的是改善雇员对待特定问题的理解。

德布瑞·阿密顿（Debra Amidon，1998）认为"知识管理无孔不入。无论它以什么形式定义——比如学习、智力资本、知识资产、智能、诀窍、洞察力或智慧——结论都是一样的：要么更好地管好它，要么衰亡"。

达文波特教授（T. H. Davenport，1998）指出"知识管理真正的显著方面分为两个重要类别：知识的创造和知识的利用"。

美国生产力与质量中心（American Productivity and Quality Center，APQC）认为知识管理应该是组织一种有意识采取的战略，它保证能够在最需要的时间将最需要的知识传送给最需要的人。这样可以帮助人们共享信息，并进而将之通过不同的方式付诸实践，最终达到提高组织业绩的目的。

国内著名学者马家培教授认为"信息管理是知识管理的基础，知识管理是信息管理的延伸与发展""知识管理是信息管理发展的新阶层，它同信息管理以往各阶段不一样，要求把信息与信息、信息与活动、信息与人联结起来，在人际交流的互动过程中，通过信息与知识（除显性知识外还包括隐性知识）的共享，运用群体的智慧进行创新，以赢得竞争优势"。他还评述到"对于知识管理的研究最宽的理解认为，知识管理就是知识时代的管理，最窄的理解则认为，知识管理只是对知识资产（或智力资本）的管理。介于上述理解之间的认识，又有两种，一为对知识的管理，另一为用知识来管理，尽管理解不同，但是对知识作为一种重要生产要素加以管理的认识却是相同的，对知识管理日趋重要的认识也是一致的"。

2009 年颁布的国家标准《知识管理　第 1 部分：框架》（GB/T 23703.1—2009）中对知识管理的定义：对知识、知识创造过程和知识的应用进行规划和管理的活动。

总体而言，知识管理可以看作对"知识"的"全生命周期"管理，包括其产生、使用和升华的各个阶段。知识管理是对一个企业集体的知识与技能的捕获，然后将这些知识与技能分布到能够帮助企业实现最大产出的所有地方的一个过程。知识管理的目标是对"知识"全生命周期的有效控制，让决策人员在恰当的时间获取恰当的知识，辅助其做出最好的决策。

一、知识管理的历史

为了了解知识管理理论产生和发展的规律及其必然性，有必要简单回顾一下人类管理知识的历史进程。

对于人类管理知识的历史，不同的学者从不同角度进行了研究。文字记录和学者的著书立说，可以看作对知识的一个记载，开堂讲学，是对知识的一个传播，这个历史可以追溯到文字产生之初，但是那个时候的著书立说和开堂讲学只能算作知识活动，并没有对其进行管理。现代意义上、有意识并较为系统地管理知识的历史始于 20 世纪初。

美国学者 Donald A. Marchand 在 20 世纪 80 年代中期提出"四阶段说"：第一阶段，20世纪上半叶，侧重于对物的控制；第二阶段，20 世纪 60 年代中期至 70 年代，体现为自动化技术的管理；第三阶段，20 世纪 70 年代中期到 80 年代，是对信息资源的管理；第四阶段，20 世纪 80 年代后期到 90 年代，表现为知识管理。国内学者卢泰宏在 20 世纪 90 年代后期提出"三阶段说"：第一阶段，20 世纪上半叶，是以图书馆为特征的传统管理时期；第二阶段，20 世纪 50—80 年代，是以信息系统为特征的技术管理时期；第三阶段，20 世纪 80

年代以后，是信息资源管理时期。这两种观点都是对人类管理知识的历史进行系统研究的积极成果，但它们都局限于在特定历史条件下对信息管理历史的总结，其内涵与现在的知识管理概念相比也略显片面和狭窄。

进入 21 世纪，国内知识管理专家陈锐在总结上述两种观点的基础上，概括了人类管理知识的历史过程，提出了知识管理发展的四个时期：①1900—1950 年，是以图书馆和档案馆为特征的传统管理时期；②1950—1980 年，是以电子信息系统为特征的技术管理时期；③1980—1995 年，是以信息总监为特征的信息资源管理时期；④1995 年至今，是以知识总监为特征的知识管理时期。

20 世纪 80 年代中期，彼得·德鲁克在《哈佛商业评论》上发表的"新型组织的出现"（The coming of the new organization）一文中，指出"未来的典型企业应该被称为'信息型组织'，它以知识为基础，由各类领域的专家组成。这些专家在基层从事不同的工作，自主管理、自主决策等知识主要体现在基层，体现在专家的脑海里。"

在人工智能领域，20 世纪 80 年代出现了"管理知识"这一词汇。当时，美国 DEC 公司的德布瑞·阿密顿（Debra Amidon）等人开始研究如何通过技术来改进学习；同时，美国知识研究学会董事长兼 CEO 卡尔·维格（Karl Wiig）领导的另一个小组也在研究人工智能问题，该小组早在 1984 年就开始考察企业中知识的作用。卡尔·维格于 1986 年在苏黎世国际劳工组织会议的报告中提出"知识管理"一词（有文献说其是首次提出，但其实这个词语早已存在）。德布瑞·阿密顿于 1988 年在普渡大学的关键问题圆桌会议的技术和战略小组论文集中，发表了论文《面向 21 世纪管理知识资产：关注研究型企业集团》，这是较早明确谈及"管理知识"的文章。

随着研究者的增多，知识管理研究开始引人注目。加州大学伯克利分校举办了知识与公司第一届年会，来自日本、美国和欧洲各国的学者和知识实践者们的大量有关知识管理的论述被收录在 1998 年 4 月出版的《加州管理评论》的"知识与公司"特刊中，这一文集至今仍有非常重要的影响，这一特刊的出版成为知识管理研究历程的一个标志性事件。

1991 年 11 月，野中郁次郎在《哈佛商业评论》上发表了知识管理研究史上的一篇很重要的文章——《知识创新型企业》。以野中为主的研究队伍在 20 世纪 80 年代早期，就开始关注创新问题，以及日本大型公司的创新过程如何加速的问题。野中从波兰尼及其隐性知识概念中获得灵感，从认识论的角度进行知识管理研究，提出了著名的知识创新的 SECI 模型，他将自己的"知识创新"概念与卡尔·维格提出的"知识管理"概念进行对比，认为后者是在信息技术影响下创造出来的不太合适的术语。在知识研究领域，野中郁次郎亦被一些学者称为"知识学之父"。

瑞典学者艾瑞克·斯威比（Erik Sveiby）探讨过知识管理的起源，他认为知识管理有三个起源：美国的信息/人工智能起源、日本的知识创造/创新起源和瑞典的战略测评起源。这种观点认为，美国关于知识管理的观点，更多地受信息技术的影响，日本和瑞典更强调以人为中心的知识观。

20 世纪 90 年代中期开始，随着互联网的发展和普及，知识管理项目蓬勃发展。国际知识管理网络（IKMN）于 1989 年在欧洲创办，1994 年登上互联网，很快吸收了位于美国的"知识管理论坛"和其他与知识管理相关的团体和出版物，并开始重视管理和开发各类隐性或显性的知识资源。有关知识管理的会议和研究会的数量也在不断增长。1994 年国际知识管理网络出版了对欧洲企业开展的知识管理调查的结果，1995 年欧洲共同体开始为知识管理的相关项目提供资助。

知识管理的概念和思想在 20 世纪 90 年代初随着知识经济的概念一同进入中国，随后快速发展。以经济合作与发展组织（Organization for Economic Cooperation and Development, OECD）1996 年年度报告《以知识为基础的经济》在我国翻译出版，1997 年中科院《迎接知识经济，建设国家创新系统》报告发表、1998 年江泽民在北大庆典演讲中指出"知识经济已见端倪"等三件大事为标志，知识经济在中国开始发育、成长。随后，关于知识经济的研究和实践逐渐从宏观转向了微观，学术界开始研究知识经济的微观基础——企业的知识管理等问题，企业界也在积极探索如何进行知识管理以面对知识经济时代的挑战和大好机遇。国内一些知名企业，如中国网络通信集团公司、云天化等开始了知识管理建设。以国家自然科学基金管理科学部将"企业知识管理问题研究"作为 2000 年鼓励研究领域为标志，国内学术界关于知识管理的研究波及企业界，引发了一个企业知识管理实践的高潮。

二、知识管理的研究视角

知识管理是一个管理科学范畴的概念，但是其产生和发展涉及信息技术、人工智能和管理科学多个学科领域。在知识管理的研究和应用中，来自不同领域的不同的学者其研究视角也各不相同，总体而言，可以分成下面两种视角：

1）视角一："知识管理即是对信息的管理"。计算机科学和信息科学领域的专家和学者往往从这个视角展开研究，他们常常从事信息管理系统、人工智能、群件等的设计、构建等工作。对他们来说，知识也是一种信息对象，并可以在信息系统当中被标识和处理。

2）视角二："知识管理即是对人的管理"。这个视角的研究者和专家们一般都拥有哲学、心理学、社会学或商业管理的教育背景，他们擅长研究人类个体的技能或行为的评估、改变或改进过程等问题。对他们来说，知识表现为一种过程，知识管理是对不断改变着的技能与认知等的一系列复杂、动态的安排。这些人在传统上，或者像心理学家那样热衷于个体能力的学习和管理方面的研究，或者像哲学家、社会学家或组织理论家那样在组织水平上开展研究，重点在于如何调动个人和组织群体运用好知识和创造知识的积极性。

基于这两种视角，国内外学者们对知识管理的研究也分成了不同的学派，主要有技术学派、行为学派和综合学派三种。

1. 技术学派

技术学派从上述的"视角一"来研究知识管理，认为"知识管理就是对信息的管理"，主要研究对象是知识管理系统，其代表人物多数是从事信息技术研究或具有信息技术专业背景的专家，甚至可以把知识管理软件公司看作技术派的代表，如微软公司、IBM 公司等。技术学派的主要贡献在于把各类组织或个人的知识管理实践及成熟的知识管理理论进行"软件化"，以便能够通过计算机来实现知识管理，其对于知识管理学科和知识管理实践的发展具有重要意义。随着信息技术、人工智能等技术的不断发展，知识管理的技术实现是知识管理长远的发展方向，其发展不仅将改变知识管理的内容和方式，而且也将改变人类工作、学习乃至生活的方式。

2. 行为学派

行为学派主要从上述的"视角二"来研究知识管理，认为"知识管理就是对人的管理"。行为学派中的一个重要流派是学习学派，其研究的核心内容是组织学习过程及其管理。组织学习过程可以分解为以下四个步骤：

（1）鉴别　指明确学习目标、寻找和获取知识、知识创新等活动。

（2）扩散　指在个人之间、个人与组织之间、组织与组织之间进行交流知识。

（3）整合、修正　如果一个组织所接收的知识完全符合其需求，就可以直接使接收的知识与该组织的业务和管理活动实现整合；如果这些知识不能够完全满足其需求，就需要进行知识修正后再实现知识整合。

（4）行动　一方面是指知识应用活动及其产出，另一方面是指在知识应用过程中的知识创新活动。知识创新通常会引发新一轮组织学习过程。组织学习过程只是组织学习的一个维度，从管理的角度研究组织学习，还需要考虑系统层面、学习类型和学习方式等维度。

学习学派的研究内容还包括组织学习的外部动因、促进组织学习的因素和条件、组织学习的推动者、组织学习与知识创新、推进组织学习实践等问题。学习学派的一个进展是学习型组织研究。

学习学派的研究人员来自众多学科领域，其研究的多元化色彩非常浓厚。在所有的知识管理学派中，学习学派是研究领域最宽广、研究队伍最庞大、研究成果最丰富的学派。学习学派的主要贡献在于区分了个人学习与组织学习，开创性地提出组织学习理论，为各类组织的建设、完善和进化提供了理论支持。

3. 综合学派

综合学派认为知识管理不仅要对信息（视角一）或人（视角二）进行管理，还要将信息和人连接起来进行系统化的管理；知识管理要将信息处理能力与人的创新能力相互结合，增强组织对环境的适应能力。组成该学派的专家既对信息技术有很好的理解和把握，又有着丰富的经济学和管理学知识。他们推动着技术学派和行为学派互相交流、互相学习，从而融合为自己所属的综合学派。由于综合学派能用系统、全面的观点实施知识管理，所以能很快被企业界接受。

三、知识管理的目标

知识管理是在"适当的时间，将适当的知识传递给适当的人"。知识管理的目标包括知识共享、知识创新、知识链管理、建立知识生态和提高竞争力五个方面。

1. 知识共享

知识共享，是指员工个人的知识财富通过各种交流方式，与组织中其他成员共同分享，从而转变成组织的知识财富。知识财富包括显性知识和隐性知识，因此，知识共享要求实现显性知识和隐性知识的共享，也包括组织内部知识和组织外部知识的共享。知识共享可以通过营造知识共享空间，如采用信息技术实现知识共享系统或建立一种组织内部的知识共享文化来实现。

知识共享包括两个层面的内容：一个层面是个人隐性知识与显性知识之间的转化，以及

125

个人之间的知识交流；另外一个层面是知识在个人、团队和组织三个层次之间的流动。知识共享的过程包括个人行动和组织工作两部分：个人行动部分包括个人知识的获取、知识的阐明（从隐性到显性）、知识的交流三个环节；组织工作部分包括知识的理解及组织的知识创新两个环节。

知识共享的价值在于知识的流动。不同的知识主体之间能相互利用经验和知识，会产生巨大的效益，知识的交流和传播对于发挥知识能量是非常重要的。这个规律不仅对个人和一般的组织成立，对国家、地区、大型组织等亦是如此。实现知识共享的对策包括克服知识共享障碍、培养知识共享文化、建立知识共享激励机制、开发知识共享方式、形成知识共享技术系统和建立知识共享机制。

2. 知识创新

知识创新就是利用知识产生新思想，经过演化、交流后应用到产品或服务中去，以使整个组织取得成功，让国家经济活力得到增强，社会取得进步。

知识创新的表现是寻求新发现、探索新规律、创立新学说、创造新办法，并在这些活动中积累新的知识。知识创新是技术创新的基础，是新技术和新发明的源泉，是促进科技进步和经济增长的根本力量。

知识创新有三个层次：第一层次是个人，人是知识的宿主，知识创新首先表现为个人的活动；第二层次是组织，实践中往往是许多人围绕某个共同的目标相互协调合作而形成群体或组织，从而从总体方面表现出知识创新的能力；第三层次是整个国家或社会的体系，众多的创新组织则形成一个知识创新体系。

知识转换的四个过程，分别为显性知识向显性知识的转化、隐性知识向显性知识的转化、显性知识向隐性知识的转化、隐性知识向隐性知识的转化，这也是知识创新的四种体现方式。

3. 知识链管理

类似于供应链管理（Supply Chain Management，SCM）和客户关系管理（Customer Relationship Management，CRM）的概念，知识链是在一个组织或群体中，将解决问题、知识创新所需要的知识交付给所需员工的过程。通过知识链管理，能为组织带来巨大生产力效益，实现进一步的卓越经营。

知识链是以人为本的业务流程中的知识流动，通常与业务流程中出现的问题密切相关，并可根据与业务流程的关系分为两种类型：第一种类型为线形知识链，它的知识流动与业务流程问题解决方向是一致的，即知识的流动发生在业务推行的过程中，知识的寻求者和知识的提供者都是参与到业务流程的一部分员工；另一种类型为自主性知识链，它的知识流方向与业务流程的进度方向不关联，即知识的流向可在任何未知的时刻发生，"触类旁通"的"旁通"即类似这种类型。

知识链管理能对知识创新过程的瓶颈进行优化从而加速组织的价值链运作。这种价值链加速运作后的效果取决于被优化知识链所涉及的业务流程，可以表现在以下几个方面：①对研发来说，等于缩短了产品上市的时间；②对于生产来说，知识链管理可扩大组织生产能力，缩短制造时间；③对于服务来说，知识链管理可以敏捷地捕获客户需求，为客户创造更好的产品体验。总之，知识链的管理能增强组织的创新能力，提高产品或服务质量，增加组织收益，改善经营，获得渐进式过程优化或过程自动化所不能获得的经营优势。

4. 建立知识生态

知识生态是知识管理的发展趋势。通过知识共享、知识链管理，以人和组织为结点、以社会交往所形成的知识交流渠道为链形成网状结构，知识便在这个特殊的网中流动，促进知识创新活动。而这个知识链在向组织外扩展后，不断有新的知识流汇入形成一个知识大网，这个由以人和组织为结点、以协作交流为链、以知识流为内容的系统构成了知识生态，其实质是知识共享、交流和创造系统。知识生态最为重要的是强调基于个人和组织的社会网络形成，从而根本区别于传统知识管理依靠信息技术而形成的交流网。知识生态是跨组织、具有社会性的，并且逐渐形成一种知识创新文化。在知识生态环境下，知识创新被视为知识在不同时空和条件下的创新和再创新的动态进化过程，良好的知识生态为知识的创新和发展提供适宜的环境。

5. 提高竞争力

知识管理是建立在充分共享和交流基础上的知识创新过程，其最终目的是提高个人、组织、国家的竞争能力。

知识管理和知识创新可以将组织和国家的劣势转化为优势，提高组织和国家的竞争能力。早在 20 世纪 80 年代初，当时的美国总统里根发现美国的竞争力在全球开始下降。1983年 6 月，里根总统任命了一个由工商业界、学术界、工会和政府的 30 名专家组成的"产业竞争力总统委员会"，该委员会经过调查发现经济领域中出现了一些新的赢家，以计算机为特征的信息产业发展迅速。美国政府把知识和最新科技成果作为经济发展基础，提出了一系列方案。首先发展新兴的软件产业，同时强调科研新成果和新知识对经济的推动作用，在组织中倡导创新求变。克林顿总统上台后，更是把发展知识经济提高到了基本国策的高度。知识经济这个宏观概念下的具体组织行为，就是知识管理。

第二节　知识管理的对象

127

一、知识管理的主体和客体

知识管理作为一种全新的管理理念与管理方法，将使未来社会中各种组织与个人的生存方式发生变化。信息技术、人工智能技术等的飞速发展与知识的极大丰富使我们这个社会正在经历着一次大规模的变革和更新。知识管理的概念，不只是针对具有营利性任务的组织，如公司或企业，由于知识管理能促进知识创新活动并且能提升竞争力，因此个人、非营利性组织、政治团体等都能从知识管理中得到收益。一开始，知识管理活动的最主要实施者和推动者是以赢利为核心目的的企业，这是由于知识管理活动将直接为其带来效益。随着知识经济的概念深入，不仅是个人、企业、金融机构和大学在进行自我改造，甚至政治家和决策者们也开始努力了解新的技术和经济现实。尽管知识管理的实施往往以拥有相应的信息基础设施为前提，但企业知识管理的核心并不在于对基础设施的大量投资，而是着力于组织的调整和管理方式的探索，通过消除组织交流障碍、营造知识共享环境、实施扁平化组织结构以激励员工创造性、建立广泛的外部网络等方式，将信息技术转变为真正有力的竞争工具。而知识生态的形成，促进了整个社会的进步。

知识管理的主体是广义的人，包括人的各种社会整合体的组织形式，具体而言，指个人主体、集团主体和社会主体；客体是知识实践、认识的对象。一般而言，在任何实践、认识活动中，作为实践和认识活动者、行动者的人都是主体，而作为实践和认识对象的自然世界、事物和人则都是客体。知识管理的客体主要表现为知识内容及知识活动的过程。

1. 知识管理的主体

知识管理是个人、企业公司、一个国家乃至整个社会对知识的学习、创造、交流、使用和控制等活动的管理。因此，知识管理的主体可以是个人，也可以是组织、国家或整个社会。

在一个具体的企业内部，知识管理的主体包括知识的创造者、知识的管理者和知识的使用者，这些主体又分别由企业的员工、专家担任。企业知识管理旨在对企业的显性知识、经验知识和集体智慧进行管理和加工，促进知识的传递和共享，提升企业业务效率、产品及服务质量，形成知识链，打造企业持久竞争力。从企业自身来看，企业的知识资源除了大量的业务数据外，还包括员工个人知识和组织所蕴含的知识，如企业文化等。由于知识来源涉及多个业务部门、结构多样且显性隐性并存，企业知识管理是一个复杂的系统工程，因此需要从多个层面对企业知识管理的实践进行剖析。

依据知识管理的主体，可以将知识管理分为三个层次：

（1）微观层次的知识管理　个人知识管理和组织（企业、公司、学校、科研机构等）知识管理。

（2）中观层次的知识管理　如对战略经营网络、战略联盟、虚拟组织和产业群等的知识管理。

（3）宏观层次的知识管理　即国家层次的知识管理，其核心是国家创新系统。

2. 知识管理的客体

知识管理的客体是知识管理主体所指向的对象，知识管理的客体包括知识内容和知识活动过程。知识内容包括个人或组织的显性和隐性知识，知识活动过程是指参与到知识活动的人员、设施、场所，以及知识活动的过程。

知识有显性与隐性之分。显性知识即我们平时理解的知识，而隐性知识是指未经编码化的人们的经验、技能等，不能被清晰地表达且不易扩散。知识活动也有显性与隐性的区分。显性的活动可以表现为一些流程规范，而隐性的知识活动流程可以是一种自发的、隐含的知识活动过程，例如，个人的知识创新过程、组织知识共享文化等。

知识管理注重对各类知识的管理，是为了使组织内的知识可以被有效利用，并且实现知识创新，其中隐性知识的开发是促进知识创新的关键。

"知识"这一概念及其处理方式一直是人工智能、知识工程等领域的研究重点。针对如何表示"知识"及其相关概念这一问题，H. Cleveland 在 *Information As a Resource* 一文中首先提出使用 DIKW 层次结构，明确地将人类认识过程分为数据（Data）、信息（Information）、知识（Knowledge）及智慧（Wisdom）四个层次。

二、知识分类

1. 知识的不同分类方法

像知识的定义一样，知识分类的方法有很多，常用的分类方法主要有下列几种。

（1）按照领域来划分　知识可分为自然知识、社会知识、思维知识以及工程知识。

（2）按照经济合作与发展组织（OECD）报告的分类法来划分　为了有利于经济分析，把知识分为四类：

1）知道是什么的知识（Know-What）。

2）知道为什么的知识（Know-Why）。

3）知道怎样做的知识（Know-How）。

4）知道是谁的知识（Know-Who）。

该报告还将第一类和第二类知识归结为"可编码的知识"（即显性知识）。将第三类和第四类知识归结为"可意会的知识"（即隐性知识），将知识与经济发展有机地联系在一起，强调"可意会的知识"在整个知识体系中的地位，这是对知识经济时代知识重要性的一个很好的描述。

查尔斯·萨维奇在1998年增加了两种知识分类作为补充：①Know-Where 做事的最佳场合，即空间感；②Know-When 适时把握时机，即节奏感。

（3）按照可呈现的程度来划分　知识可分为显性知识（Explicit Knowledge）和隐性知识（Tacit Knowledge）。1966年，英国哲学家波兰尼（Michael Polanyi）对显性知识与隐性知识进行了明确的区分，二者的含义和区别见表5-1。

表 5-1　显性知识与隐性知识

知识类别	含　义
显性知识	通过书本、数学公式、图表或计算机程序等方式来传播的知识，而且在一种正式的、规范的语言中传播，可以与他人共享和交流
隐性知识	通过个人或组织经过长期积累而拥有的知识，通常是嵌在具体的情境之中，不可言传的知识，可以通过博弈论研究企业员工间隐性知识共享规律

除了显性知识和隐性知识，还有一类知识很难用显性知识或隐性知识的分类来描述其特征，那就是隐藏在计算机的文档和数据中的规律，必须通过数据汇总、清洗、钻取等数据挖掘手段进行综合分析，或对文档进行索引、关联、自动分类等知识发现手段后才能得到。这种隐藏在数据或信息之中的规律性知识可以称为"分析知识"（Analysis Knowledge）。随着信息技术、人工智能技术的发展，机器学习、数据挖掘技术在知识管理技术中得到充分利用，分析知识被人们逐渐认识和掌握，并对企业管理和经营产生巨大的效益。

2. 个人知识和组织知识

随着学习型组织与组织学习理论研究的展开，研究者从个人与组织两个层面对知识进行分析，将知识分为员工的个人知识（Employee Knowledge）和内含于组织实体系统的知识（Knowledge Embedded in Physical System），也就是组织知识。

（1）个人知识　是指员工自己的知识，包含技能、经验、习惯、直觉、价值观等。例如，工艺人员的工艺设计能力、设计人员的创新设计能力、员工的软件开发能力等。这些知识都是属于员工自身的，它可以随着员工的离职而被带走。

（2）组织知识　指内含于组织实体系统的知识。例如，组织内优秀的作业流程、信息系统、项目经验、组织文化与团队协调合作氛围等，这些都是员工无法带走的知识。员工虽然离职了，但组织优秀的作业流程依然存在，并不会因此而消失。

个人知识是组织知识的基础，经过组织的学习与知识分享，员工的个人知识可以转化和升华为组织知识，组织知识是组织核心竞争力的重要来源。把个人知识转化为组织知识是知识管理的一个重要工作。

3. SECI 模型

在知识管理的方法和理论中，野中郁次郎的 SECI 模型是比较经典的模型。在学术研究领域和企业的实际应用领域都得到了大家的重视和认同。他认为创造新知识的过程是通过隐性知识与显性知识之间的互动和转换来实现的，如图 5-1 所示。

图 5-1　SECI 模型

野中郁次郎梳理了企业内部的知识转化过程，提出了知识转化的四种具体模式，归纳了组织知识创造的两个维度——认识论维度和存在论维度。认识论维度是隐性知识与显性知识之间产生了知识转换的维度；存在论维度指将个体创造的知识向小组和组织层次的知识转移的维度。SECI 模型导入了时间维度，并指出组织知识创造的四个阶段，即共享隐性知识、验证概念、建造原型及知识转移。

1995 年野中郁次郎和竹内弘高在《知识创造公司》一书中，提出了以下隐性知识与显性知识相互转换的四个阶段：

（1）社会化（Socialization）或共同化　从（一个人的）隐性知识到（另一个人的）隐性知识，产生共感知识。社会化是共享经验的过程，个人从其他人那里直接获得隐性知识，而不是进行显性知识的学习。学徒工与师父一同工作，不用语言而凭借观察、模仿和练习便可学得技艺。获得隐性知识的关键是共有体验，如果没有在一个环境下形成共有体验的话，个人要想使自己置身于他人的思考过程中是非常困难的。通常，如果一个信息是从相应的感情及共有体验所根植的特定情境中抽象出来的话，在这个情景之外的信息传递的意义并不大。

例如，企业培训新员工的师徒制，新进员工接受组织文化社会化的过程，通过师徒制观察、模仿、练习使之潜移默化。这里只有书面文字是不够的，而需要整体学习，隐性的智慧（隐性知识）是通过人与人之间长期的潜移默化、耳濡目染，从一个人传授给另一个人。

（2）外部化（Externalization）或表出化　从隐性知识到显性知识，这个过程产生概念知识。外化是知识创造的关键，因为它从隐性知识到显性知识的过程中创造新的显性概念。在创造概念上常用的方法是演绎法和归纳法。但是如何才能有效地把隐性知识转换成显性知识？一般使用隐喻、模拟和模型序列等方法，显性概念一旦产生，就能模型化。

　　例如，程序设计师设计程序、建筑师绘制蓝图、经理人撰写建议书、记者报道新闻及专家整理专家系统。目前各企业最大的重点工程是如何将隐性的员工知识、智慧整理转化为显性且能诉诸文字和程序的知识，并存储、分享、转移给其他员工，使之成为组织的集体知识。

　　创造出概念之后，需要对这些概念模型化，在一个逻辑模型里，所有概念和命题必须用系统化的语言和缜密的逻辑表达清楚。模型化通过一些标准的表达工具来描述，如机械或建筑图样、程序流程图、UML（统一建模语言）、sysML（系统建模语言）等。但是在企业经营场合，模型通常只是概括性地描述或用示意图形表示，远没有达到具体化的程度。当在商业背景下创造新概念时，模型一般是从比喻中产生的。

　　（3）组合化（Combination）　从（分离的）显性知识到（系统的）显性知识，这个过程产生系统知识。这是一种把分散的概念综合成知识体系的过程。这个知识转换模型包括组合的不同显性知识。

　　例如，个人抽取和组合知识是通过文献、会议、电话交谈等媒体或计算机通信网络来实现的。学校中的教育和训练通常也采用这种形式。一个企业管理顾问从知识库内获取各种创造、分享和存储的知识，在经过重新分类和整理后进而整合成一个新的知识管理项目报告。

　　（4）内部化（Internalization）　从显性知识到隐性知识，产生操作知识。这个过程是把显性知识应用为隐性知识的过程，它与"做中学"有密切关系。

　　例如，员工可以通过实践学习及手册研读理论知识，利用专家系统培训或通过信息的分析与解释，使员工改善其技能与知识。

　　SECI模式，一方面包括了知识员工头脑中的隐性知识转化成显性知识并传递给系统或其他人；另一方面，知识员工从环境中、系统中获得信息、知识，并将这些转化成头脑中新的隐性知识和显性知识。每一方面都是双向的过程。

　　组织的知识创造是一个隐性知识与显性知识、个人与个人、个人与组织持续相互作用的动态过程。它是一个螺旋上升的过程，因此也称为"知识螺旋"。这种相互作用是由知识转换的不同模式之间的转变所塑造的，而这些转变反过来又是由几个触发因素所诱致的。

　　社会化模式起始于创建一个互动的"场"（野中郁次郎用英文Ba来表示），"场"是成员间分享彼此经历和思维模式的地方。这个过程产生"共感知识"（Sympathized Knowledge），如共享思维方式和技能。

　　外部化模式通过有目的的"对话或集体反思"所触发，在对话与反思中，运用适当的比喻或类比帮助成员将难以沟通和隐含的知识表述出来。外部化过程产生的是"概念知识"（Conceptual Knowledge）。组合化模式是由新创造的知识与组织内其他部门的现有知识形成的"网络"所激发的，这些知识体现在新产品、服务或管理体系上。组合化给出"系统知识"（Systemic Knowledge）概念。"做中学"触发了内部化过程。内部化产生了关于项目管理、生产过程、新产品使用、政策实施方面的"操作知识"（Operational Knowledge），这些知识成为员工新的隐性知识。在知识创造的螺旋内，这些知识内容彼此相互作用。

　　SECI模型主要理论价值在于，准确地揭示了一个知识创造循环过程的起点和终点，即来源于高度个人化的隐性知识，通过社会化、外部化、组合化和内部化，最终升华为组织所有成员的隐性知识。根据野中郁次郎的实证研究，在知识转化各阶段运用不同的策略可以加速知识转化的进程，并且大大提高企业知识创新的效率和经营绩效。

三、制造企业知识管理的对象

制造企业的正常经营需要主营业务、业务管理和业务资源三条主线。其中，业务资源就包括企业的知识资源。

主营业务是企业生存的主线。对于研发型企业，主营业务就是产品和技术的研发；对于制造型企业，主营业务就是工艺和生产能力。

业务管理就是对主营业务达到既定目标的计划、执行和控制。

业务资源，包括为了实现主营业务不断提升的物理资源和信息资源。物理资源包括硬件（设备）、软件、人力资源等，这些资源在企业运营过程中相对稳定，不是每天都变化的。信息资源包括产品资源、工艺资源、数据资源、知识资源、模式资源等，这些资源一般存在于信息系统或规范文件记录中，随企业的运营不断变化。

制造企业知识管理对象，应该覆盖企业业务资源的所有信息资源部分，即包括业务相关的数据、信息、知识和模式资源。

数据资源包括在业务过程中产生的所有原始数据，如产品生产过程的质量数据、产品运行过程的运维数据等。

信息资源是将数据资源进行分析整理、形成具有特定结论的文档。经过分析整理后，可以形成结构化的形式，促进其在企业内或企业间的共享。信息资源经过分类、聚类、标签、语义分析、挖掘等出来后，可以形成知识资源。

知识资源是经过挖掘后可以作为企业内部或企业之间共享的模型、方法、模式的综合，如产品设计模型、工艺方法、产品开发流程等。

需要说明的是，企业的模式资源也是知识管理需要管理的对象之一。模式资源，是指面向主营业务的流程、标准规范等的规范化表示，如产品研发流程、投产流程、服务流程等，是企业的一种显性知识，是企业在管理实践过程中不断改善提升的结果，因此，作为企业运营的一个重要因素，也是需要进行管理的。模式资源也是企业业务管理的支撑。

第三节　知识管理的体系

一、知识管理体系整体架构

企业要实现有效的知识管理，需要构建其知识管理体系。由于知识管理涉及企业管理、信息技术、知识工程、心理学等多个方面，因此，知识管理体系的构建也涉及企业生产运营的多个方面。图 5-2 所示为知识管理的一个参考体系。

知识管理要服务于企业的整体战略，因此，企业需要构建其知识管理战略，在此指引下，企业利用其知识资产，通过知识管理的一系列活动，在相关支撑条件下，实现整个知识

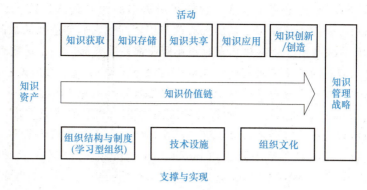

图 5-2　企业知识管理体系

价值链的增值。

1. 知识管理战略

凡事预则立，不预则废。个人如此，组织亦如此。对于一个企业来说，为求得生存和长期稳定发展，并能不断取得新的竞争优势，根据其外部环境和内部资源及能力状况，对企业发展目标及达成目标的途径和手段进行总体谋划，形成企业总体发展战略。一个企业所有的经营管理活动都将围绕着企业的总体发展战略来进行，并以实现该发展战略为导向。

一个企业的知识管理战略是指该企业根据总体发展战略，为实现知识管理的目标而采取的一系列行动和计划。其前提是将"知识"作为企业的核心资源，从战略上加以审视，把企业生产经营活动和管理工作的重心放在对企业的知识资源的有效管理、提供生产知识型产品或提供富有知识含量的服务，以及提升企业知识创新的能力上，以创造价值和增强核心竞争力，获取持续竞争优势。现代企业战略管理的核心内容包括如何创造和保持竞争优势，以及如何在竞争中制胜成功。战略管理的过程实质上就是企业确立竞争优势的过程。企业的竞争优势既包括企业内部的优势来源，也包括企业外部的优势因素。

在知识经济、知识社会的宏观环境中，经济全球化给企业在产品适应性、创新和业务流程速度等方面施加越来越大的压力，其焦点是如何开发、共享、使用和评估各类知识，以便为顾客、员工和股东创造更多的价值。在此前提下，"知识资产"（或"智力资本"）将成为未来创造财富的实际推动力。谁能更好地创新知识和善用知识，谁就能制胜，获得惊人的利益。但是，传统企业及其管理者通常倾向于重视企业的有形资产，对知识资本的管理和运营没有给予足够的重视，或没有主动和有意识地对这部分资源进行开发和管理，企业中大量的知识资源出现严重浪费，同时对知识创新投入严重不足，个体知识没有转化为企业的知识资产。知识经济时代，知识管理是企业获得持续竞争优势的必由之路。企业管理者必须从战略角度认识知识资产和知识管理的重要性，将知识管理战略引入企业的总体发展战略。围绕这一战略所开展的各种经营管理活动，作为企业总体发展战略的重要组成部分和对核心业务活动实施管理的指导纲领。

2. 知识资产

正如上面所描述，知识资产成为企业发展的实际推动力，只用实物资产来描述一个公司已经不再准确。诸多知识管理文献中非常清楚地指出知识资源作为组织价值创造过程中的主要部分已经得到越来越多的认可。一些企业，如微软、谷歌、脸谱网等公司的有形资产

（工厂、库存和财产）所占比例非常低，它们市场资本的大多数都是以无形资产的形式存在，它们所认识到的财产都存在于它们所拥有的知识资产或它们创造新知识的市场感知能力中。在美国，80%的国内生产总值和私人非农业职业都在服务部门，在这些企业里面多数的产出都是基于知识的。因此，推进这些知识资产的共享和转移就成为知识管理的中心活动。在此背景下，越来越多的企业也开始意识到自身的知识资产的重要性。

知识资产（Knowledge Assets）是知识管理文献中的一个重要研究方面，它被看作当代商业世界中最为珍贵的竞争资产。在知识管理的文献中，对于知识资产有不同的提法，如智力资产（Intellectual Assets）、智力资本（Intellectual Capital）、知识资本（Knowledge Capital），甚至是无形资产（Invisible Assets）等。它们的名称各不一样，这里需要区分企业的资本（Capital）与资产（Asset）两个概念，资产是企业用于从事生产经营活动为投资者带来未来经济利益的各类资源，而资本则是企业为购置从事生产经营活动所需资产的资金来源，是投资者对企业的投入，不同名词的出现都是为了说明知识所具有的可以为企业带来增值的特征，本书中将其统称为知识资产。知识资产理论的提出为理解企业的知识活动提供了一个新的理论框架，揭示了企业界重视人力资本管理和无形资产投资的根据和意义，为建立知识管理战略奠定了理论基础。

知识资产可以被界定为企业所拥有的智力资源的总和，包括知识、信息、知识产权（商标、专利、许可证）、经验、信誉、个人能力和集体智慧等。这些都可以被用来创造价值并转化为组织的财富和利润。例如，知识资产可以将原材料加以转换并使其具有更大的价值，如可口可乐公司用价值便宜的焦糖、水、可可粉等原材料就可以创造出 3 元一听的可口可乐饮料；苹果公司可以用通用的元器件创造出富含品牌溢价的 iPhone；麦肯锡公司的咨询人员通过整合公司已有的知识资源，并将其跟客户公司的问题相结合就可以创造出价值百万的咨询报告。

3. 知识价值链

在知识经济时代，知识对企业而言确实至关重要。但是，企业的目标是创造价值，而不是创造知识（这个是大学的任务）。知识资产对于企业的回报，不是在于拥有知识的多少，而是在于是否真正能够将关键知识应用于价值创造。在知识资源极大丰富、很多显性知识往往唾手可得的今天，企业业绩的差异不在于是否知道如何去做，而主要在于是否能把丰富的技能和经验知识转化为创造价值的实际行动。这个也就是 SECI 模型中的内部化过程，需要"做中学"，只有所有员工在工作中能得到提升，才能推动整个企业创新能力的提高。正如赫胥黎所说，"知识的最终目的是行动，而非知识本身"。知识之所以重要，正因为它可以应用、可以运营、可以增值，它能转化为企业改进生产、服务和经营管理的行为，从而实现价值最大化。因此，应用和运营知识以创造价值，才是企业知识管理的根本目的和归宿。

知识的应用是指企业使用拥有或能够支配的知识来改善生产和经营管理的流程，从提高产品和服务的竞争力中实现其价值，如基于知识和技术的产品改进、工艺创新、服务改善等。知识的运营则是将知识作为资产进行运作和经营，从各类知识产权活动中提取价值，如技术转让、专利许可、商标租用等。由于知识应用和运营的根本指向都是创造和获取价值，实现价值最大化，因此，企业知识管理需要围绕整个知识价值链的增值来进行，需要实现从知识链到价值链的转变。知识管理的线索，通常包括知识的识别、获取、开发、分解、储存、传递、共享及价值评估等环节。在这个知识链上形成的知识流循环往复，就构成了知识管理运行的基本流程。显然，知识链和知识流是以知识为指向的，但知识的应用和运营则要求以企业的价值链为导向。

知识价值链的核心定位在企业对知识的应用和运营上，并围绕这一核心将整个价值链和价值系统视为在行动上相互依存、相互影响的价值体系。在这个体系中，知识的应用和运营处于价值链的中心环节，简称为"3C"的创造（Creation）、转化（Conversion）和商业化（Commercialization）是价值链的过程环节。这些环节相互影响、交相促进和循环往复，构成了企业全部的价值创造和获取活动，而创造和获取价值是整个价值链的指向和目的。企业需要以应用和运营知识的能力为核心，将企业生产和经营整理的整个过程视为知识应用和运营的过程。它不仅为相互依存的知识经济提供了更为灵活和更具指导性的管理框架，而且也成为企业知识管理的坚实基础和基本内核之一。

二、知识管理系统的建模方法分析

对知识管理系统的设计都可以看作是用模型的形式来构建和表达的，即是通过文字、图形、公式和方程的形式对知识管理系统的形式和功能进行表述的。当前的知识管理建模通常是基于价值链理论、基于资源转化理论，侧重流程优化模型。对模型的构建往往强调的是紧跟问题和假说的验证两大环节，而这种强调从某种意义上弱化了对建模流程的连续性控制。通过对本体映射的梳理，可以在一定程度上减少建模流程的不连续性。

本体由概念、关系、函数、公理和实例五个建模元概念构成。概念在此处指的是在某领域中具有共同属性的一组实体的集合。关系用来对某领域中的两个概念之间或属性之间的关系进行说明。函数表示一组特殊而稳定的相关性，这种相关性要求对象之间的连接是一种明显而精确的情境。公理指的是定义在概念或实例上的约束或规则。在本体研究中，公理体系通常用来检验本体一致性。实例指的是一种具体的组成部分，特指概念表征下的具体事物。本体映射的主要功能是实现两个本体元素之间的相似度判定，元素之间的相似度受多方面因素影响，包括概念层面、关系层面、属性层面等。本体映射也可以被认作一种映射方法，可以分成本体结构相关法、实例相关法、领域约束相关法。在映射方法的分类上，可以分为独立映射和组合映射，独立映射又可以分为基于模式和基于实例的方法，而组合映射又可以分为复合映射和混合映射。基于模式的方法又可以进一步分成元素型方法和结构型方法，元素型方法中还可以区分出两类基本类型，分别为语法型匹配和外部信息匹配。本体映射中可能需要多种匹配器或匹配算法，具体情况需要具体分析。

知识管理系统的研究中，其要素通常是集中在对知识本身及知识在存储、转化过程一些机制的描述上。经过了本体映射的计算过程，如名称的概念相似度计算，可以认为知识管理系统和某一已知系统具有了一种功能上的匹配关系，这种匹配有助于从已知的系统中寻找优秀的成果来转置到不熟悉的系统（知识管理系统）的功能设计中去。

三、知识管理的活动

前面说过，知识资产不在于拥有，更多在于知识资产的应用。静态的知识资源本身作为一种要素禀赋和对象性资源而存在，并不等同于能力或优势，企业能否有效地编排、配置与运用既有知识，对于企业提升创新能力尤为重要。使用知识管理方法，以知识获取、筛选、再加工为基础，对知识资源进行编排，重构组织的知识结构，形成新的知识基础和知识体系。任何管理活动都是由一系列的环节和过程组成的，知识管理必须和业务流程结合起来才能创造更大的价值。从过程管理来看，知识管理也包括一系列的活动，以实现知识价值的创造。不同的文献，其总结的知识管理活动也各不相同，本书总结的活动包括知识获取、知识存储、知识共享、知识使用和知识创造五个环节。这五个环节不是孤立的，而是相互交织、相互关联和相互融合的，其过程如图 5-3 所示。

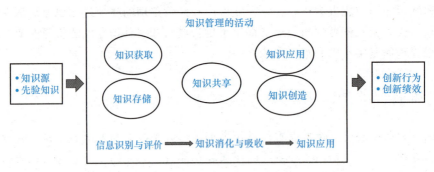

图 5-3　知识整合的过程

1. 知识获取

知识获取包括个人（员工）的知识获取和组织的知识获取。这里主要讨论组织知识的获取，其主要分为外部知识的获取和内部知识的获取。外部知识的获取是指组织将外部环境中的知识转换到组织内部，供组织个人、团体所用，并转化为组织知识的过程，外部知识的获取是知识获取的重要方式。内部知识获取就是从个人的知识转化为组织知识的过程。

从过程来看，知识的获取主要包括以下三个阶段：

（1）知识识别　即企业基于自身发展的需要，对企业内部和外部知识进行了解、评估、筛选，确定出可利用知识的种类和数量，了解所需知识的来源和可获得性。

（2）知识收集　组织通过无偿或有偿方式，将内部或外部知识引入到组织内供个体和组织使用的过程。组织外部知识源有多种，以企业为例，外部知识包括科研机构、上游供应商、消费者、咨询顾问、竞争对手及非竞争性公司等；组织内部知识源主要是组织员工。知识收集的关键是企业知识获取能力。

（3）知识整理　对所获取的有用知识进行整理、提炼和转化，使其成为组织成员可以利用的形式。

2. 知识存储

知识的存储是指组织将有价值的知识经过选择、过滤、加工和提炼后，存储在适当媒介内以利于需求者更为便利、快速地采集，并随时更新和重组其内容和结构。

知识存储的方式和方法有很多，如员工的大脑（用于记载隐性知识）和书籍、报告、计算机文件等（记载显性知识）等。但无论这些方式方法如何表现和发展，它们都共同依赖于知识存储的核心载体——文字、数字及在此基础上发展的知识表示技术。

组织的知识应该有效地积累沉淀下来，形成组织的知识仓库。古人用"汗牛充栋"来形容一个人藏书之多，而今天的组织借助于信息技术，显然已经不止"汗牛充栋"了。信息技术的蓬勃发展和广泛运用彻底改变了人类存储知识的局面。

数据库技术是计算机有史以来应用最广泛的存储技术。知识库、模型库、数据仓库等存储概念都是以数据库为基础的。数据库具有数据结构化、数据方便共享、数据和应用的独立性和可控冗余度四个特征。数据库支持关系型和非关系型的数据表达模型，能适应知识存储的需要。数据库管理系统支持网络化应用，随着云数据库服务的出现，数据库可以在实现单点信息化的基础上，通过计算机网络把知识来源与知识消费者紧密地联系起来，构建起组织的知识网络。借助于移动计算和 4G/5G 接入，个人与整个世界联系在一起。泛在的数据库访问技术，使得组织内部各个成员之间及组织与外部组织之间能够方便地进行知识共享。

信息技术在知识存储方面的优势不仅体现在存储数量上，而且体现在数据和知识的挖掘、检索、归类和安全上。知识获取只是知识管理的起点，知识获取得来的信息和知识往往是杂乱无章的，而组织需要的是对其生存和成长有用的知识，因此必须对信息和知识进行加工处理，使无序的知识转化为有序的知识。知识的加工处理就是指对知识进行分类、分析、整理和提炼，形成对组织有价值的知识。

在这个信息和知识爆炸的时代，面对浩如烟海的知识，任何知识使用者或管理者都很难对现有的知识进行合理有效地搜索和利用。对知识的有效检索、鉴别和使用仅靠人的大脑来完成是不可能的，不断发展的信息技术为知识的存储和整理提供了有力的手段，信息技术的应用扩大了知识采集范围、提高了知识采集速度、降低了知识采集成本。计算机是人类大脑的延伸，它的出现大大增强了人类处理数据的能力。

3. 知识共享

知识共享是知识应用的开始，是指组织的员工或内、外部团队在组织内部或跨组织之间，彼此通过各种渠道进行交换和讨论知识，其目的在于通过知识的交流扩大知识的利用价值并产生知识升华的效应。

随着经济全球化和知识化，企业面临的竞争异常激烈，知识已成为企业最具战略重要性的资源之一。通过学习方式进行知识管理（创造、开发、转移和分享知识），已成为保持企业竞争优势的一种手段和资源。为了在知识资源相对短缺的竞争中获得竞争优势，不仅要把外部知识源（外部拥有知识的机构，如大学、研究所、企业等）拥有的知识转移到企业内部，而且更重要的是要实现企业已经拥有知识的内部转移共享，并且把这些外部和内部知识应用于技术创新中。企业转移知识的能力是企业存在的重要理由。企业有效地进行知识转移，对企业提高竞争优势至关重要。

知识共享是一种互动的过程，有时在非正式场合，人员之间心理距离更近，更能达到共享的目的。因此，达文波特将知识共享分为两种机制，即正式机制和非正式机制。

正式的知识共享机制，包括正式的知识共享网络、师徒制、知识库的建立、知识展览会和知识论坛等；非正式的知识共享机制，包括同事展开非正式的讨论、非正式网络、知识社区等。

组织中个人最有价值的知识往往是难于言传的隐性知识，而隐性知识只有通过有效的共享，才能外显化，为组织及组织外其他成员所用。知识管理是在"适当的时间，将适当的知识传递给适当的人"，要达到这个目标，需要对知识的共享进行管理。一方面，可以促进组织内知识共享的发生；另一方面，可以提高知识共享的效益。

4. 知识应用

知识的价值在于有效的应用。不同的学者使用了 Use、Utilization、Applications、Implementation 等英文单词来描述"知识应用"活动，在实质上，这些指的都是知识的实际使用和应用过程。

知识应用就是知识从理论到实践的转化过程。当企业面临新的问题时，借助企业所掌握的显性或隐性知识，应用到实践中以解决问题，为企业创造价值。知识应用是实现知识从知识形态到企业价值的转化点。知识应用过程中，要使知识与企业实际应用环境相吻合，才能通过原有的知识或原有知识的组合创新来解决新遇到的问题，因此，知识应用往往需要有一个方便实用的知识检索系统。

知识管理最为重要的目标就是基于组织的知识资源来创造价值以便组织所拥有的知识可以转化到产品和服务中并带来市场价值。因此，知识管理活动应该促进员工行为、组织策略和业务实践的变革，同时推进新的思想、流程、策略和实践的开发与产生。知识应用可以是将创意和创新的想法转化为具体的行为、商品或服务，也可以是针对更为细分的市场开发新的产品和服务。知识管理活动的成功主要依赖于知识应用的效率和有效性，以及知识活动的层次。

知识应用具有以下特点：

1）知识应用是组织价值的具体实现，知识应用与组织效率关系密切。

2）知识应用是一个动态循环的过程，新知识的应用会导致与组织原有知识进行整合进而变为组织掌握的知识，然后下一个循环再引入更新的知识应用。

3）知识本身的特性、个人及组织三者共同影响着组织的知识应用过程。

4）信息技术能够对知识应用起到很好的辅助作用，但信息技术的使用只是辅助知识应用的实施，并非知识应用的目标。

5. 知识创新/创造

知识创新是知识管理的重要目标，也是组织提升竞争能力的关键因素。就企业知识管理而言，知识系统的构建为知识管理的运行奠定了基础和平台，知识共享的实现进一步提供了前提条件和环境，那么，知识创新则是这个运行体系中具有更深内涵和处于更高层次的环节，也是企业培育核心竞争力和可持续发展能力的关键环节。

创新（Innovation）概念在广义上是指发现、发明或创造某种新事物的现象和行为，如知识创新、技术创新、制度创新、政治文化创新和社会事务创新等。人类的创新活动是一个不断延续、纷繁复杂的社会过程，包含着极其广泛丰富的社会内涵。在本书后续的描述中，知识创新包含了上述技术创新、制度创新等内涵。

知识创新是知识经济时代组织管理的核心，不进行知识创新，组织就会缺乏生命力。知识经济时代的创新具有一些不同于以往的特点：

1）知识创新不只是一个单一过程，而是一个系统创新。传统理论认为创新是一种线形模型，在这样的创新链中，知识的流动被描述为基础研究→应用研究→新技术、新产品的开发。似乎上游的基础研究可以直接增加下游的新技术、新产品的开发。但实际的情况，是在研究、开发、市场化和扩散等任何阶段都可能发生创新，创新的形式是多样的，包括产品改进、工艺改良等。知识创新系统是动态的、多维的，是一个复杂的系统工程。

2）知识创新，合作优于竞争。知识创新注重合作性战略，通过共生促进企业之间的协调与合作，知识总量增长了，蛋糕做大了，双方都获得了利益，呈现双赢的局面，从而更好地促进企业之间的知识流动，为创新提供更好的机会和信息来源。

3）企业应该成为知识创新的积极主体。公共研究机构（如大学、科研院所等）所生产的科学技术知识在知识创新过程中可能会发挥相当重要的作用和影响，是知识创新的重要源泉。但是由于其在一般的产品或服务过程中不直接接触最终客户，因此在知识创新过程中公共研究机构只是重要参与者而不是积极主体。企业以客户为中心提升整个价值链的效益为目标，进行知识创新可提升企业竞争能力从而带来更多的经济效益，所以企业是知识创新活动的积极主体。企业可以联合科研院所共同进行知识创新，把科研机构的创新能力充分利用起来。

知识创新是一个连续的、动态的过程，需要显性与隐性知识交互作用，这种交互作用体现在不同的知识转化模式的轮换过程中。创新过程是复杂的，是由多种条件促成的，但它又不是随意的、完全非理性的。企业创新过程是一个动态、复杂、模糊的不确定性过程。实际上，一个组织的创新过程几乎是不可能被观察的。但是为了便于分析，管理学家们还是从其中抽象出一些主要的特征，并根据这些特征的不同对这一过程进行研究。日本学者野中郁次郎经过研究提出，知识创新是由隐喻、类比、模型三个环节组成的过程，其含义见表5-2。

表5-2　知识创新组成过程

组成环节	含义
隐喻	用比喻和象征性的语言来表达管理人员的直觉和灵感
类比	通过澄清一个短语中的两个概念是如何地相同与不同,将隐喻中蕴涵的冲突加以调和
模型	概念可以用一致、系统的逻辑进行转换

隐喻大多受直觉驱使，把初看起来毫无联系的形象连接起来；而类比则是一个更结构化的过程，是从纯粹想象到逻辑思维的中间环节；模型要比隐喻或类比来得直接，易于被人接受。隐喻、类比、模型在实际生活中，往往很难区分。但这三个环节概括了企业知识创新的整个过程。首先，用隐喻连接相互矛盾的事情或念头；其次，通过类比化解这些矛盾；最后，将创造出的新概念明确化，并建立一个模型，让其他人都能学到这些知识。

一种学习对另一种学习的影响，也可以称为知识迁移，即一个个体把在原有情境下习得的知识、技巧和经验，应用到新的情境活动中去，从而能够在新的情境中分析问题和解决问题。根据知识迁移的范围、方向、层面、效果和特殊性等特征，知识迁移的分类见表5-3。

表5-3　知识迁移的分类

分类特征	迁移类型
迁移的范围	自迁移、近迁移、远迁移
迁移的方向	顺向迁移、逆向迁移
迁移的层面	水平迁移、垂直迁移
迁移的效果	正迁移、负迁移、零迁移
迁移的特殊性	一般迁移、具体迁移

（1）自迁移/近迁移/远迁移　既有知识在同种/相似/差异较大应用情境下调用。

（2）顺向迁移/逆向迁移　顺向迁移指先导知识的认知对新知识的创造产生影响；而逆

139

向迁移是新知识的积累修正了对先导知识的认知。

（3）水平迁移/垂直迁移　先导知识迁移至同一/不同概括程度的新知识。

（4）正迁移/负迁移/零迁移　先导知识的掌握程度越高，知识迁移绩效越好/差；而零迁移是指先导知识的掌握程度对知识迁移绩效无显著影响。

（5）一般迁移/具体迁移　一般迁移是将之前习得的一般性技巧、原理和方法迁移到另一种一般性知识的学习中；具体迁移是一个专业领域内的知识点的掌握直接影响另一个相同或相关领域知识点的学习。

四、知识管理的支撑

知识管理是一个组织确立和提升核心竞争力的关键，也是组织价值创造的重要源泉。但是，组织要想有效地实施知识管理，必须以可靠有力的支撑体系为保障。知识管理支撑体系要求组织建立一个能够适应知识经济时代要求、与知识管理模式与规律相吻合的组织结构和运行机制，培育和营造一种适宜并有利于开展各种知识管理活动的组织文化，寻找并建立一个能满足组织知识管理活动要求的技术平台和相应的技术基础设施，使组织能够灵敏而有效地进行知识发掘和分析、知识交流和共享、知识应用和创新。可以将上述三个方面概括为一个组织为适应和支撑知识管理而进行的组织结构、技术和组织文化的三大转型。

1. 组织结构和制度

1988 年，彼得．F．德鲁克在《哈佛商业评论》上发表了关于新型组织理论的指南针式的开山之作——《新型组织的出现》。在探讨以知识为基础的新型组织的形态及与之相适应的管理模式时，德鲁克指出未来的商业组织将同当时的商业组织没有任何相似之处。他认为，这种新型组织在本质上是自我主导的，组织中的商业行为将由许多特别的"以任务为中心的团队"来执行，而不是像当时主要由职能部门来组织完成。

在描述这一新型组织的特点时，德鲁克从交响乐队的运行中得到启发并寻求到答案。在大的交响乐团中，可能会有几百名乐手共同演奏。根据传统组织理论，就应该需要一名总指挥、几个副总指挥和多个专业指挥。而实际上呢？一个乐队显然只有一名指挥，每个乐手都直接面对他表演，而不需要任何中间人员。每位乐手都是高水平专家，是真正的艺术家。由此，作者得出结论，新型组织不需要中间管理层，但必须有一个"乐谱"，也就是简明而清晰的组织目标，组织的每一位成员都要围绕这一目标承担相应的责任，并将自身的知识、技巧和能力自觉地融入实现组织目标的共同事业中。

知识管理是涉及一个组织所有方面的一项系统工程，知识管理战略的有效实施和知识管理的有效运行，不仅需要所有员工的参与和协调，而且需要一个合理的组织结构作为支撑其实施和运行的载体。在知识经济条件下，传统模式下的组织结构已成为知识管理的严重阻碍，知识管理为组织结构提出了许多新的要求。这些要求体现在以下几个方面：

（1）组织结构的扁平化和网络化　传统的企业或单位，其组织结构通常是金字塔式的，带有较强的官僚层级体制。而知识管理则要求企业的组织结构呈扁平化或网络状，即从最上面的决策层到最下面的操作层，中间相隔的层次很少。这种组织结构尽最大可能地将决策权向组织的下层移动，让下层单位拥有充分的自主权，并对产生的结果负责。这样下层能直接体会到上层的决策思想和智慧，上层也能迅速了解到下层的动态，吸取第一线的知识和智慧。在这种组织结构中，成员之间的联系不是层次型的，而是网络状的，这样就能保证不同部门之间、上下级之间的广泛沟通，知识和信息可以在组织内部自由迅速地流动。在这样的组织结构中，组织内部容易形成相互理解、互相学习、互动思考、协调合作的状态，产生巨大、持久的学习力和创造力。

（2）基于知识而非职能部门的组织结构 知识管理的对象是知识和知识工作者。在一个组织内部，知识工作者主要指具有领域背景知识的专家或知识型员工，在具体的业务中，他们会根据各自擅长的知识领域归属于不同的项目团队。这些团队形成了企业组织的主体结构，并作为一种知识资源和知识能力而存在。企业中由于不同业务或产品线形成的不同的知识团队将并行工作，负责与供应商、顾客、合作者交流和对话，并随时根据市场机会迅速组成新的团队，将机会变成产品或服务推向市场。与传统的按职能划分部门、相对固定的组织结构相比，这种团队化或小组化的组织模式具有适应性强、灵活应变、快速反应等特点。不过，在企业推进知识管理的过程中，往往是知识团队和职能部门两种组织模式同时存在或交叉存在。随着知识管理的全面深入推进，基于知识的团队模式将成为知识型企业的主要组织模式。

（3）设立知识管理部门，建立知识经理制度 知识作为一种无形资产，需要有专门的部门和人员负责其开发、收集、整理、分发，通过及时有效的管理，提高其利用的效率和效益，充分发挥知识创新的巨大价值。

专门的知识研发和知识管理机构包括研究院、知识中心等部门，专门的知识管理人员包括首席知识官（CKO）或知识总监、知识经理、知识编辑等。这些部门和人员负责了解企业生存与发展的外部和内部环境，理解和发现企业所需要的知识资源及其来源，建设和维护知识管理所需要的技术基础设施（如知识管理系统），组织员工进行定期的知识交流与研讨，开展组织知识创新文化培训和学习。

实际上，知识经济和知识管理对企业组织结构提出的挑战远远超出了上述三个方面。组织结构的转型是企业成功实施知识管理必不可少的支撑条件。知识管理的有效运行需要对传统的组织结构模式进行变革，以建立起适应知识管理要求的新的组织结构形式。如果只是对现存的职能和等级体制进行简单修正，将无法形成足够的组织适应力，来满足以知识为核心、成本竞争全球化、市场驱动和保持长期竞争优势的需要。

2. 学习型组织

知识管理的实质就是把知识作为最重要的资源，把知识和知识活动作为财富和核心，对组织知识及其活动进行科学的管理，促进知识在组织内部的流动，形成知识链和知识流的良性循环。由于知识与学习的不可分割的关系，要实现知识的有效管理，需要借助学习手段，通过个人学习、团队学习、组织学习三个层次，使知识不断地得到共享、重组、创新，从而扩大组织的知识基础，不断提高组织成员及组织本身实现目标的能力和竞争力。

学习型组织是通过培养弥漫于整个组织的学习气氛，充分发挥员工的创造性思维能力而建立起来的一种有机的、高度柔性的、扁平的、符合人性的、可持续发展的组织。学习型组织使全体成员全身心投入并有能力不断学习，通过学习改变自身、创造自我、创造未来。学习型组织通过有效的途径和措施，促使成员养成终身学习习惯，在学习过程中激发个人潜能、提升人生价值和实现自我，以形成良好的组织气氛与组织文化，达到组织能适应环境变化、不断学习和发展的目的。

141

学习型组织的概念，是当代管理大师彼得·圣吉在其 1990 年出版的《第五项修炼——学习型组织的艺术与务实》中系统提出的。这部巨著于 1992 年荣获世界企业学会（World Business Academy）最高荣誉——开拓者奖（Pathfinder Award），以表彰其开拓管理新典范的卓越贡献，即发展出一种人类梦寐以求的组织蓝图——学习型组织。在这本被誉为"21 世纪管理圣经"的书中，彼得·圣吉指出学习型组织必须经过五项修炼：

1）个人熟练（Personal Mastery）。

2）心智模型（Mental Models）。

3）共同愿景（Shared Vision）。

4）团队学习（Team Learning）。

5）系统思考（Systems Thinking）。

彼得·圣吉强调系统思考的重要性，认为系统思考是整合其他各项修炼成一体的理论与实务。他赞成以整体性系统思考的哲理，并指出"学习型组织的核心是一种心灵的转变。从将自己看作与世界分开，转变为与世界联结；从将问题看作是由外部的某些人或事所引起的，转变为看到我们自己的行动如何造成问题。学习型组织是一个促进人们不断发现自己如何造成目前的处境，以及如何能够加以改变的地方"。

彼得·圣吉特别强调学习型组织的重要性，他认为学习型组织具有作为竞争优势持久源泉的生产型学习（主动学习）和适应性学习（被动学习）的能力。为建立这样的学习型组织，管理者必须采取以下五项措施：

1）采用"系统思维"。

2）鼓励"个人掌握"自己的命运。

3）找出流行的"思维模式"，并对之进行批判分析。

4）促进"小组学习"。

5）学习"工作化"，即学习与工作不可分离。

学习型组织既是一种管理策略，也是一个组织形式、一种理想目标。学习型组织从人的角度提出假设，指出团体中众多的个人力量因为缺少一致的共同目标而被互相抵消，无法有效地转化为团体的力量，从而提出改善人的行为的理论，强调组织学习及良好的学习氛围。学习的过程也正是知识共享和管理的过程，知识管理的过程正是组织革新与发展的过程，也是构建并实施学习型组织的手段。

3. 技术及基础设施

美国《商业周刊》副总编布鲁斯·努斯鲍姆曾经指出"每个时代，每个世纪，都有两三项具有代表性的主要技术。这些技术推动着社会进入未来。它们以人们不易觉察的方式决定着人们做什么工作，在什么地方以什么方式工作"。在知识经济时代，信息技术和人工智能技术就是具有代表性的主要技术，包括传统产业和服务业在内的社会经济各行业价值链的诸多环节都日益为新的信息技术和人工智能技术所改造。企业知识管理尤其不能不涉及这些新兴的技术。

知识管理技术是实施知识管理所依赖的信息技术条件与技术工具，它是构建知识管理系统的基础，也是企业知识管理系统的重要组成部分。知识管理的各种功能及服务都得依靠现代信息技术和人工智能技术来实现，如搜索引擎服务就离不开搜索引擎技术；知识生产服务也需要内容管理技术的支撑；内容推荐功能离不开机器学习技术。如果说组织结构和文化是企业知识管理支撑体系中的"软件"要素，那么技术系统则是其中的"硬件"要素。可以说，相应的知识管理技术是企业实现知识管理的强大推动力，没有强大的知识管理技术支持，企业将很难有效地实施知识管理。

基于信息技术对社会经济运行和管理模式的全面、巨大和深刻的影响，以计算机、通信和网络为代表的现代信息技术和人工智能技术与企业知识管理有着十分密切的关系。基于知识并围绕知识的新一代人工智能技术及其在知识管理中的应用，正在有力地支撑着企业知识管理的实施和运行，并推动和促进着知识管理的发展。可以说，正是不断发展着的信息和人工智能技术构成了支撑知识管理大厦不可缺少的基石，知识管理前进的每一步，都与支撑技术的发展有着密不可分的关系。

知识处理可分为知识的产生、知识的编码和知识的传播，对应的技术工具也可相应地分成三类，即产生、编码和传播知识的技术工具。首先，企业内部的知识产生有多种模式，如知识的获取、综合、创新等。不同方式的知识产生模式有不同的工具对其进行支持，最具代表性的知识获取工具有内容管理工具、数据挖掘、文本挖掘等。其次，知识编码通过标准形式表现知识。知识编码工具的作用就在于将这些知识有效存储并以简明的方式呈现给使用者，使个人和企业的知识能方便地被共享、交流和利用。文档管理软件、语义网络、知识地图和知识图谱等已成为知识编码的常用工具。最后，在知识的传播方面，企业需要解决阻碍知识顺畅传播的问题，依托互联网、及时通信和协同软件（如群件）等技术，设计相应的制度和工具，使知识更有效地传播。

4. 组织文化

组织文化是知识管理的"软"工具。组织文化一般体现在员工的态度和价值观、管理风格、问题解决方式等方面。一个组织的价值观、原则、行为模式、道德观念及业务程序都是与文化有关的知识资源。一个组织的规范会影响到知识的分享，即知识在个体和组织内的转移。适当的知识导向的文化展示出积极的知识分享和创新本质。一个知识管理系统要真正发挥效力，知识分享的文化必须存在，这就需要基于组织鼓励员工间的知识分享。

企业内的知识分享的文化对于知识的共享有着积极的正向影响，即知识分享的文化越强，知识分享活动就越容易发生。组织的知识分享文化越强，知识分享可能带来的收益就越大。文化是知识分享中最为重要的因素，包括业务活动并且为组织所有成员所共同接受，丰富的组织文化保证了有效、成功的知识管理的实施。在最佳实践的组织中，知识分享的实践与组织文化紧密相连，组织文化与知识分享的技巧也有内在的关联，在最佳实践的组织中，来自管理者和同事的压力也会推进知识的分享。知识分享应该成为日常工作的一部分，同时领导者也能够通过他们的行动和行为来影响他们的下属。

一个支持知识分享的组织文化是知识管理的一个目标，同时，也是成功实施知识管理的一个有效工具。

第四节　知识管理的信息技术支持

信息技术是指扩展人类信息器官功能的技术，包括感测技术（获取信息）、通信技术（传递信息）、智能技术（处理和再生信息）和控制技术（使用信息）。现代信息技术以微电子技术为基础，以计算机、通信和网络等技术为代表，结合硬件和软件技术，融合了众多行业的专业知识，是现代知识经济的主要支柱产业之一。

在发展初期，信息技术更多地应用于前端工业的自动化、通信、无线电、数据处理等领域。随着网络技术的发展、计算机的普及和各种数据库及软件的开发，现代信息技术正以日益数字化的方式，不断扩展其应用领域和范围。当前，现代信息技术的发展和大规模应用集中体现在互联网、云平台、5G 接入等基础设施的建设上。这种以最新的数字化光纤传输、智能化计算机处理和多媒体终端服务技术装备的，行业、区域、国家乃至国际范围内的大容量、高速率的交互式综合信息网络系统，正在全面而深刻地改变着人类的社会生活，改变着宏观和微观经济领域的运行与管理模式，并极大地促进知识经济和人类社会的发展。

人工智能技术依托现代信息技术发展而来，因此，广义的信息技术也包含人工智能技术，即属于信息处理和再生的智能技术范畴。

一、数据库和数据仓库

1. 数据库

随着计算机处理能力的提升，计算机从最开始只是作为一个计算工具，变成一个信息处理的工具。计算机内数据存储量越来越多，但庞大的数据给存储和管理带来了新的问题，数据库系统提供了对这些数据的有效管理和简单处理功能，人们可以在这些数据之上进行商业分析和科学研究。

数据库提供了基于标准信息模型的数据定义，最流行的数据模式为关系模型，随着文档、多媒体等数据的增多，非关系型或半关系型数据库也越来越多地得到应用。数据库技术和数据库管理系统得到了广泛应用，目前全球范围内数据库中存储的数据量急剧增大，互联网上的绝大部分数据都存储在大小不一的数据库中。

由于数据库技术的广泛深入的应用，对数据的基本处理功能（如对数据的增删改、数据查询和统计等）已经成为任何一个信息管理系统必备的功能。随着数据在日常决策中的重要性越来越显著，人们对数据处理技术的要求也不断提高，需要数据库能够对数据进行更深层次的处理，以得到关于数据的总体特征及对发展趋势的预测，而这些功能对传统的数据库管理系统来说是无法做到的。同时数据量的爆炸性增长也使得传统的手工处理方法变得不切实际，因此需要采用自动化程度更高、效率更好的数据处理方法来帮助人们更高效地进行数据分析。

由于数据繁杂，在由人工对数据进行处理的过程中，相关人员很难找出关于数据的较为全面的信息，这样许多有用的信息仍然隐含在数据中而难以被发现和利用，造成了资源的浪费。机器学习通过对数据对象之间关系的分析，可以提取出隐含在数据中的模式，即知识。正是由于实际工作的需要，以及相关技术的发展，将机器学习应用于大型数据库中的知识挖掘（Knowledge Discovery in Database，KDD）技术逐渐流行起来。

2. 数据仓库

数据仓库是为了便于多维分析和多角度展示数据按特定模式进行存储所建立起来的关系型数据库。数据仓库概念始于 1998 年，数据仓库之父 Bill Inmon 将其定义为"数据仓库是支持管理决策过程的、面向主题的、集成的、随时间而变的、持久的数据集合"。与传统的数据库系统相比，数据仓库有着本质的区别。数据库一般基于数据库管理系统而构建，建立于严格的数学模型之上，用于管理企业数据，支持企业日常事务处理，完成相关业务。在商业智能系统的设计中，数据仓库的构建是关键，是商业智能系统的基础，承担对业务系统数据整合的任务，为商业智能系统提供数据抽取、转换和加载（ETL），并按主题对数据进行查询和访问，为联机数据分析和数据挖掘提供数据平台。数据仓库面向数据分析（如联机事务分析系统，OLAP）而构建，其应用对象是不同层次的管理者；它的数据来源多样，对库中数据很少进行修改、删除，主要是大规模查询和分析，要求有大量的历史数据和汇总数据。数据仓库通过对数据库中的数据按分析主题进行整理，能强化管理整个企业的历史数据，提供多维分析工具，帮助用户更好地利用数据。图 5-4 所示为一个典型的数据仓库的结构。

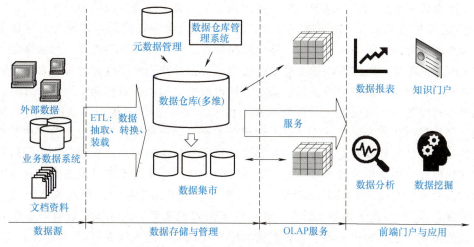

图 5-4　典型的数据仓库的结构

数据仓库的数据来源，除存放在数据库中的结构性数据之外，还有很多是文档类的非结构化数据。因此，数据仓库还有另外一个更基本的技术概念——元数据。其最常见的定义是"有关数据的结构数据"或"说明一个资源特性的数据"，更通俗地则可称为"关于数据的信息"。元数据提供了一个关于内容、质量、条件、作者身份和所有其他对象或数据的特征，如关于文档的作者、存储位置、主要内容等的信息。元数据提供了标准的信息表现方式，提高了信息和知识的价值、关联性及生命周期。

作为一种比较成熟的技术，元数据已经有了比较广泛的应用，根据其发展的背景、目的及其描述和处理数据对象的不同，产生了多种多样的元数据表示格式。有的直接采用未结构化的原始资料来描述资源，如一般性的网络资源爬虫工具、搜索引擎等；有的使用结构化资料，支持字段查询，如目前图书馆界积极发展的都柏林核心集（Dublin Core Technology）；还有的使用完整的资源描述架构，来记录文件或描述一组对象及其相互关系，如加州大学伯克利分校发展的适合档案资源描述编码的国际标准等。元数据不仅是构建数据仓库的根本技术，也是构建知识库的支撑技术之一。

二、知识库

知识库是一种特殊的数据库，库中元数据有其特有的语境和经验参考。知识库被用作数据库和信息库的升级产品，使其概念远比数据库和信息库复杂。知识库拥有更多的实体，它不仅仅存储着知识的条目，而且存储着知识的来源、知识的使用情景、知识的使用记录等相关信息。正确运用知识不仅需要人们了解表示知识的模型、数据，还需要人们了解与这条知识相关的语境，因此在帮助人们利用知识的作用上，知识库要比数据库更有效率。

知识库存放了支持决策的知识，也包括了各种针对一些场景的经验，如 CBR、MBR 模型。知识库基于人工智能的方法，对所保存的场景、知识、数据加以分类，便于检索。通过知识库，可以避免解决问题过程中重新获取知识带来的成本，而且可以通过知识检索工具加速企业创新的速度。知识库可以与推理系统一起，形成友好的知识库应用系统，成为企业实用的知识管理工具。

知识库形成一个知识域。该知识域中包含确定和不确定推理、归纳和演绎方法、面向约束/规则/案例/模型的推理、逻辑查词语言、语义查询优化和自然语言访问等。自然语言访问包括问题求解对话、扩展响应序列、组织协同行为、解释和确证等部分。信息库和数据库属于知识库的一部分，但知识库的内容要广泛得多。企业知识库尽可能包含所有与企业有关的信息和知识。知识库的理论涉及知识表达、知识模型、知识检索和知识传输等方面。

知识库有完备性、有效性、简明性和综合性四个基本特性。比如，知识库应当是完备的，所包含的规则和方法可以补充，但不能相互矛盾，知识库能为支持企业经营功能的专家系统提供一个完备的开发和运行环境；有效性是知识库好坏的标志，数据仓库中的信息是历史的，而知识库中的信息则既有过去的又有现实的，知识库中的事实是动态的、有效的，实际管理问题要求用有效的知识来加以解决；简明性意味着易学易用，知识条目明确（如基于本体的概念定义），便于知识的综合；综合性是指知识库里面的知识需要具有系统性，形成一个知识体系，配合知识地图、知识图谱为用户提供完整的方法支持。

知识库应该要支持各类结构化（如数据库等）、非结构化（如 DOC、PDF、DWG、JPG 等格式的文档）和半结构化（如 HTML 等）等各种格式知识的全文检索，同时还要支持多种类型的内容源搜索。知识库中的知识分类非常重要，知识库系统应该支持对于知识的多维度查询和分类，如可根据格式、部门、项目、时间、业务活动等对知识进行分类，也可根据具体的主题区域来对知识进行自定义的分类。结合元数据技术，对知识库中的各种知识元素进行有效标记，可以综合采用"推/拉"技术来对知识进行传递，"推"技术就是根据员工的需求主动地向接收者发送相关的有用知识和信息及其最新更新，而"拉"技术则是由接收者从知识库中取得自己所需的知识。运用网络平台作为主要的"推/拉"传递机制将有助于在全公司内跨越多个地点、实时地充分利用各类硬件平台来推进组织知识的共享和提升知识的利用效率。

基于案例的推理方法允许员工依据以前的问题或案例去解决新的问题，当遇到新问题时，基于案例的推理系统在知识库中搜索相关案例，并且把过去案例的属性与当前问题的属性进行匹配。使用者可以根据某些属性来定义一个新的问题，依据问题的属性，检索出所有可获得的案例；然后，再检索出那些非常接近于新问题的解决方法，对这些方法再做进一步的精确搜索，从而检索出更加匹配的问题解决方法。例如，咨询师常常利用来自自己过去项目的知识，对其稍做调整就可应用到新的问题中，从而将业务简化为一项简单的匹配和剪贴工作。基于案例的推理方法非常适用于知识管理系统的原因在于它将概念按原样储存，所有有关过去决策的内容都被妥善保存下来。由于知识库中的案例越来越多，案例推理系统也会变得越来越强大且越来越准确，从而成为解决实际问题的有效工具。

三、数据挖掘和大数据分析

1. 数据挖掘

数据挖掘（Data Mining），是知识发现（Knowledge Discovering）的一种方法，指从存放在数据库、数据仓库或其他信息库中的大量数据中提取出有用的、人们感兴趣的知识的过程，这些知识是隐含的、事先未知的、潜在有用的、易被理解的信息。

数据挖掘技术按应用的技术方法分为基于规则和决策树的方法、数据分类和聚类、统计方法和数据可视化方法。采用基于规则和决策树的分类技术来发现数据模式和规则的核心是一种归纳算法，通常是先对数据库中的数据进行采集，产生规则和决策树，然后对新数据进行分析和预测。数据分类和聚类是对数据进行有效划分，典型的有 K-Means 算法（K 均值聚类算法）、神经网络方法、模糊和粗集理论等。统计方法主要用来对数据的规律进行分析，逐渐形成基于统计学习的方法。数据可视化技术大大扩展了数据的表达和理解能力，在人机交互的决策中起到了关键作用。

2. 大数据分析

随着信息系统中的数据越来越多，大量数据具有五个"V"的特性，即数据量（Volume）大、（更新）速度（Velocity）快、（数据表达）类型（Variety）多、数据价值（Value）低、数据真实性（Veracity）高。对具有这些特征的数据进行有效分析的技术，就是大数据分析技术。

无论是大数据分析专家，还是普通用户，对于大数据分析最基本的要求就是可视化分析，因为可视化分析能够充分利用人类的直觉判断，直观地呈现大数据特点，同时能够非常容易被使用者接受，如同看图说话一样简单明了。

大数据分析的理论核心是数据挖掘算法，基于不同问题分析目标及数据类型和格式，使用各种不同的数据挖掘算法。但是与传统的数据挖掘算法不同，面向大数据的分析算法需要解决在数据存储、算法处理速度等方面的问题。同时，由于大数据的"低"价值特性，即很多数据不是面向特定问题而采集的，因此，在挖掘方向方面也需要有新的解决方法。

大数据分析的一个重要应用领域之一就是预测性分析，从看似无关的大数据中发现规律，通过建立预测模型，利用新的数据预测未来的变化。

大数据分析有以下四种典型工具：

（1）Hadoop　Hadoop 是一个由 Apache 基金会开发的分布式系统基础架构。用户可以在不了解分布式底层细节的情况下开发分布式程序，充分利用计算机集群的威力进行高速运算和存储。Hadoop 实现了一个分布式文件系统（Hadoop Distributed File System，HDFS）。Hadoop 的框架最核心的设计是 HDFS 和 MapReduce。HDFS 为海量的数据提供了有效存储，而MapReduce 则为海量的数据提供了有力计算。图 5-5 所示为基于 Hadoop 的数据仓库架构参考设计。

（2）Spark　Spark 是专为大规模数据处理而设计的快速通用的计算引擎。Spark 是加州大学伯克利分校的 AMP 实验室所开源的类 Hadoop 的通用并行框架，拥有 Hadoop 所具有的优点。但不同于 Hadoop 的是 Job 中间输出结果可以保存在内存中，从而不再需要读写

147

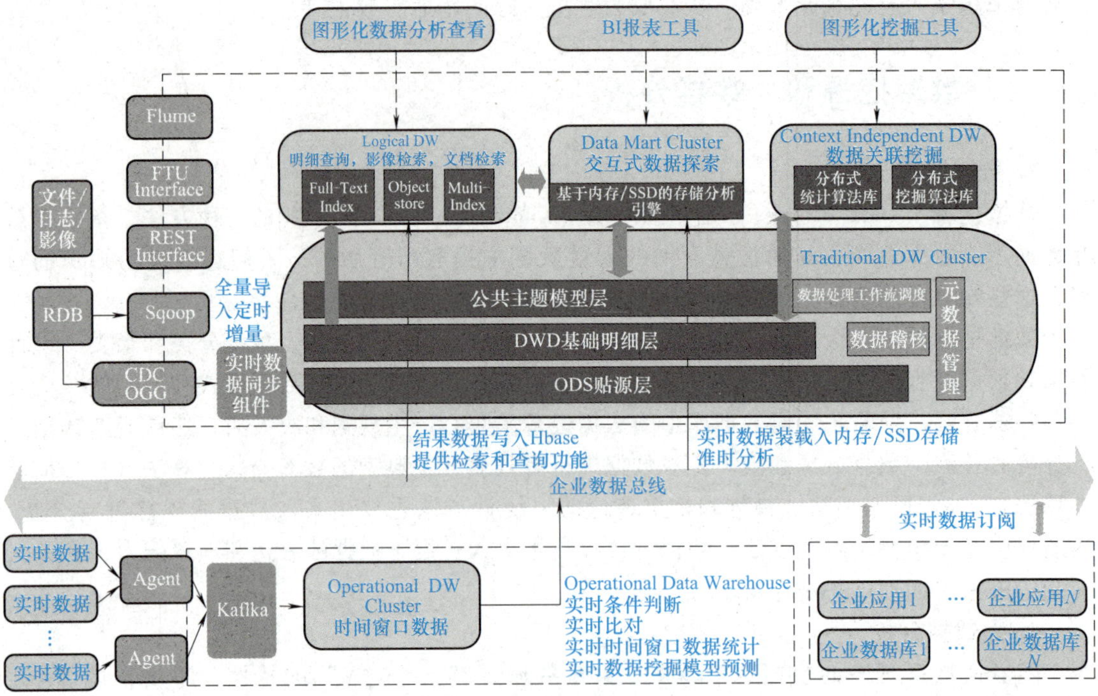

图 5-5　基于 Hadoop 的数据仓库架构参考设计

HDFS，因此 Spark 能更好地适用于数据挖掘与机器学习等需要迭代的 MapReduce 的算法。

　　Spark 是一种与 Hadoop 相似的开源集群计算环境，不同之处是 Spark 启用了内存分布数据集，除了能够提供交互式查询外，它还可以优化迭代工作负载。Spark 是在 Scala 语言中实现的，它将 Scala 用作其应用程序框架。不同于 Hadoop，Spark 与 Scala 能够紧密集成，其中的 Scala 可以像操作本地集合对象一样轻松地操作分布式数据集。

　　（3）Storm　Storm 是一个分布式的、容错的实时计算系统。Storm 为分布式实时计算提供了一组通用原语，可被用于"流处理"之中实时处理消息并更新数据库，这是管理队列及工作者集群的另一种方式。Storm 也可被用于"连续计算"（Continuous Computation），对数据流做连续查询，在计算时就将结果以流的形式输出给用户。它还可被用于"分布式 RPC"，以并行的方式运行昂贵的运算。Storm 的主工程师 Nathan Marz 表示：Storm 可以方便地在一个计算机集群中编写与扩展复杂的实时计算，Storm 用于实时处理，就好比 Hadoop 用于批处理。Storm 保证每个消息都会得到处理，而且它在一个小集群中，每秒可以处理数以百万计的消息。

　　（4）Apache Drill　为了帮助企业用户寻找更为有效、加快 Hadoop 数据查询的方法，Apache 软件基金会发起了一项名为"Drill"的开源项目。Apache Drill 在基于 SQL 的数据分析和商业智能（BI）上引入了 JSON 文件模型，这使得用户能查询固定架构、演化架构及各种格式和数据存储中的模式无关（Schema-Free）数据。该体系架构中关系查询引擎和数据库的构建是有先决条件的，即假设所有数据都有一个简单的静态架构。

　　Apache Drill 是唯一一个支持复杂和无模式数据的柱状执行引擎（Columnar Execution Engine），也是唯一一个能在查询执行期间进行数据驱动查询的执行引擎（Execution Engine）。这些性能使得 Apache Drill 在 JSON 文件模式下能实现记录断点性能（Record-Breaking Performance）。

四、语义网技术

2002 年初，"万维网之父"伯纳斯·李（Tim Berners-Lee）在接受美国《商业周刊》记者采访时，将下一代互联网描述为"语义网"。他说："语义网是当前网络的延伸，它上面的信息已经被赋予了一定的含义，它能够使计算机和人更好地进行协作。"不同于万维网（Web），语义网是一种智能网络，它能根据语义进行判断，像一个巨型大脑，能够理解人类的语言，使得人与电脑之间的交流像人与人之间的交流一样轻松，能在语义层面上高效地实现知识的交流与共享。在语义网环境下，Web 上定义和链接的数据不仅能显示在浏览器中，而且可以被机器自动处理、集成和重用。只有当数据不仅可以被人而且可以被机器自动地共享和处理的时候，Web 的潜力才能发挥到极致。

根据伯纳斯·李的设想，语义网由一种分层的体系结构构成，如图 5-6 所示。这是一个功能逐层增强的层次化结构，由七个层次构成。语义网赖以实现的技术基础是可扩展标记语言、资源描述框架、本体分类三项前沿技术。其在知识管理中的作用主要体现在实现语义层次上知识的查找、积累和共享，从而在互联网上实现对知识的管理。

（1）统一资源标识符（Uniform Resource Identifiers，URI）和 Unicode　URI 是 Web 的核心概念之一，它能够唯一地标识 Web 上的任意一个资源，能在需要的时候通过链接引用资源，因此不需要对资源进行拷贝或集中管理。Unicode 是一种新的字符编码标准，它支持世界上所有的语言。无论什么平台、应用程序和语言，每个字符都对应于一个唯一的 Unicode 编码值。因此，它是语义网多语种支持的基础。

（2）可扩展标记语言（eXtensible Markup Language，XML）　XML 是语义网最重要的一块基石，它为计算机提供了可分辨的标记，并清楚地定义了知识的结构框架，从而能保证知识在传递过程中的准确性，为在语义层面上实现知识交流提供了条件。XML 是针对超文本标记

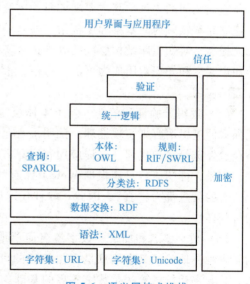

图 5-6　语义网技术堆栈

语言（HTML）的局限性而开发的，在 B2B 电子商务推广中迅速崛起。目前，XML 已经在各类软件中广泛应用。例如，很多系统或软件的配置文档，就是用 XML 来描述的；很多 Web 服务的数据交互也是基于 XML 格式的。

XML 是知识管理的一个基础技术，类似化学中的分子和生物中的细胞。XML 提供了一种通用的信息传输标准，使得知识管理能够超越数据层面，在语义层面上交换信息。XML 还将大大提高知识的重用度。知识重用强调理解并应用知识来解决问题，从而使知识应用的水平提高到一个新阶段。

（3）资源描述框架（Resource Description Framework，RDF） RDF从本质上可以被认为是XML处理元数据的一个应用。XML实现了文档结构化，但文档信息并不包含任何语义。RDF数据模型提供简单的语义，RDF属性可以看作资源的属性，同时又表达了资源之间的关系，因此RDF数据模型对应于传统的"属性-值"对。与元数据不同，它能同时定义多个元数据，再用定义的多个元数据来描述资源状况。RDF的基本模型中包括了资源、特性和声明。在RDF下说明的所有内容都称为资源。从诞生到应用，RDF都融入了知识管理的思想，并将在未来的知识管理中继续发挥重要作用。

（4）本体（Ontology） 本体在哲学中的定义为"对世界上客观事物的系统描述"。虽然RDF能够定义对象的属性和类，并且还提供了类的泛化等简单语义，但它不能明确表达描述属性或类的术语的含义及术语间的关系。本体层就是要提供一个能明确的形式化语言，以准确定义术语语义及术语间关系。因此，在需要共享某一领域知识的系统中，本体被广泛应用。在20世纪80年代，本体主要应用于图书分类和专家系统中；20世纪90年代以后，本体在互联网的驱动下得到了推广。本体分为领域、通用、应用和表示四种类型。其中，领域本体包含特定类型领域的相关知识；通用本体也称为核心本体，覆盖了若干个领域的相关知识；应用本体则包含特定领域建模所需的全部知识；表示本体不仅局限于某个特定的领域，还提供了用于描述事物的实体。

作为一种概念化的规范，本体的核心作用在于它定义了某一领域和领域之间的一系列概念及它们之间的关系。其主要功能是为围绕特定领域知识的各方提供一种统一的交换定义，并建立起本领域内的基本知识框架。在这一技术的支持下，知识搜索、存储和共享的效率将大大提高。对知识库结构层次的划分，也使得知识库的可维护性大大提高，并使真正意义上的知识共享和知识重用成为可能。目前，世界各国和许多组织都在积极探索本体在知识管理方面的应用。

（5）逻辑、验证和信任 除了本体层定义的术语关系和推理规则外，还需要有一个功能强大的逻辑语言来实现推理。证明语言允许服务代理在向客户代理发送断言的同时将推理路径也发送给客户代理。这样应用程序只需要包含一个普通的验证引擎就可以确定断言的真假。但是，证明语言只能根据Web上已有的信息对断言给出逻辑证明，它并不能保证Web上所有的信息都为"真"。因此，软件代理还需要使用数字签名和加密技术来确保Web信息的可信任性。

（6）数字签名和加密 数字签名简单地说就是一段数据加密块，机器和软件代理可以用它来唯一地验证某个信息是否由特定的可信任的来源提供。它是实现Web信任的关键技术。公共密钥加密算法是数字签名的基础。

基于语义网的知识表示方法，可参见本书第三章的第四节。

五、知识地图

知识地图（Knowledge Map），或称为知识图、知识分布图、知识黄页簿，是知识的库存目录。就像普通地图显示道路名称、车站、餐馆、学校、派出所等各类机构和设施的地理位置一样，知识地图是用来整理个人或组织所拥有的知识项目及其访问地址的工具，以便用户能快速定位到其所需要的知识，按图索骥地寻找知识来源。

与普通地图不同，知识地图所显示的知识来源信息包括所属部门或小组名称、专家名字、文档名称、参考书目、项目代号、专利号码、相关人员信息或知识库索引等，它是一种指南和检索向导，用以节省用户访问知识的时间。通过知识地图，一方面可以使用户在需要知识的时候，通过地图的层层推荐追踪找到知识的源头；另一方面，组织可以有效地对知识进行管理，了解哪些知识尚待补充或开发，哪些知识应当扩散及推广等。

知识地图可以是从普通地图发展而来的，例如，美国地铁公司最早的知识地图是一张充满知识资源的美国地理地图。知识地图的早期形式是带有索引号或表示层次关系的表格和文件，以及信息资源管理表和信息资源分布图，它侧重于揭示信息资源与各相关部门或人员的关系。图书馆学、情报学、哲学、知识工程、知识管理等领域的发展推动了知识地图的发展和应用，知识地图的分类方式很多，主要有两种，见表 5-4。

表 5-4 知识地图的分类

分类角度	内容
呈现方式	信息资源分布型知识地图、概念型与职称型知识地图（采用阶层式、分类式、语义网式进行呈现）、流程型知识地图（采用企业流程图、认知流程图、推论引擎方式呈现）、网页形式的知识地图
功能和应用	企业知识地图、学习知识地图、资源知识地图等

作为知识管理一种工具，知识地图能把复杂的数据结构形象化。通过知识地图，组织的知识可以为组织所有成员所获取并可以通过在组织中大规模使用而增加。知识地图可以使用户看到表面上截然不同的知识条目之间的内在联系，同时能充分发挥人类天生的视觉识别能力、空间线条和立体图的识别能力，直观地得出结论、解释和决策。

要制作一份良好的知识地图，必须完成以下五件工作：

1）将重要知识及技能的表达形式加以分类。

2）将各类知识及技能的重要程度加以区别。

3）明确各组织中各类特定职务所需要的知识种类与程度。

4）将各知识型员工的能力表现加以评比。

5）建立知识地图索引系统。

由于知识地图所需要的信息部分存在于员工头脑中，组织可以采用问卷的形式把员工已经知道的信息搜集起来，重新整理。

图 5-7 所示为一种 V 型知识地图的结构。V 型知识地图最初由美国康奈尔大学教育心理学专家 D. B. Gowin 教授于 1997 年设计出来，作为围绕某一主题探索理论与方法之间联系的一种简单的启发式工具，其主要功能是以形象化方式对知识进行结构化的组织和揭示。

V 型知识地图模型是以问题为中心来构建知识体系的。如图 5-7 所示，左右两条不同方向的轴线交叉形成 "V" 字母，构成 V 型知识地图。左轴为静态知识，包括概念（理论），从下往上分为基本概念（Concept）、架构（Constructs）、理论（Theory）、哲理（Philosophy）四个层次，知识的深度越来越深。右侧为动态知识，包括方法（实现），由下至上分为数据/信息（Data/Information）、信息转化（Transformations）、知识评价（Knowledge Claims）、价值判定（Value Claims）四个层次，按照方法在实际中的应用及其效果评价依次递进。

在 "V" 字母的底部两轴交叉的地方，是有待解决及需探究的问题。事件/对象（Events/Objects），是需要对哪些问题进行研究，属于 "焦点问题"，是知识导航的起点。沿着 V 型知识地图由左至右完成一个认知过程后得出的结论为评论或建议（Commentary/Suggestions）。整个"V"字母连接形成以所关注焦点问题为核心的相关知识网络。知识条目之间、知识条目与人员之间及知识与实践之间的关联关系通过空间结构关系（相近关系、相关关系和包含关系）或逻辑关系（顺序关系、层级关系、并列关系、因果关系、演化关系等）来建立。

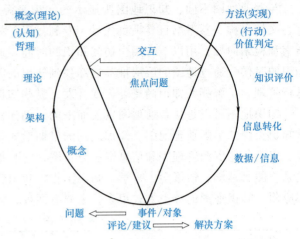

图 5-7　V 型知识地图基本模型

六、知识图谱

知识地图构建了知识的索引，并非对知识本身进行更多的处理，而是对知识关系进行了梳理。知识图谱试图用实体及实体间的关系来解读各种知识和用户需求，并以此实现知识与用户的更好匹配。根据知识数据的来源和图谱应用的领域，可以将其分为通用知识图谱和行业知识图谱。通用知识图谱主要面向的对象为普通用户，以常识性知识为主，强调一种知识的广度，但由于缺乏行业专家的参与，知识深度上表达不够。典型的通用知识图谱以百度知心、谷歌知识图谱等为代表。行业知识图谱又称为垂直知识图谱，是在特定的行业数据的基础上构建的，对知识的深度有较高的要求。通用知识图谱与行业知识图谱相互补充，可以实现广度与深度的互补，形成更为完整的知识图谱。通用知识图谱中的知识，为行业知识图谱的构建提供基础；而构建的行业知识图谱可以补充融合到通用知识图谱中。知识图谱的技术细节可见本书第三章的相关介绍。

知识图谱的构建方法主要包括自顶向下和自底向上的构建方法，以及二者混合的方法。

（1）自顶向下　该构建方法以数据模式为出发点，多应用于结构化的数据，更适合通用知识图谱的构建。

（2）自底向上　该构建方法以知识源为出发点，数据模式主要从知识源中提取，更适合行业知识图谱的构建。

（3）混合方法　大多数行业知识图谱采取二者混合的方法，将自顶向下与自底向上的构建方式结合起来，从知识源提取数据模式，并在模式层经过人工的校验，确保数据质量的可靠性。

知识图谱构建的流程规划包括知识抽取、知识融合和知识加工。知识抽取是知识图谱构建过程中最关键的环节。知识融合是从多个异构的网络资源中识别和抽取知识，并对知识进行转化，将这种知识集合应用到具体问题求解的过程。知识加工是在知识融合完成后，通过计算和推理，建立实体间新的关联或推理出隐含的关系，如图 5-8 所示。

七、知识社区

知识社区是一种知识的实践社区（Communities of Practice，CoP），它有利于知识的社会

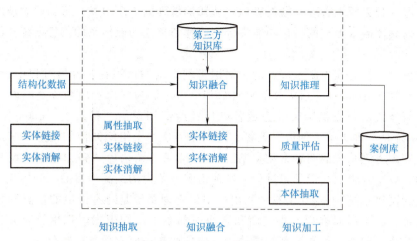

图 5-8　知识图谱构建过程

化和外部化，并强调对于隐性知识的转化和应用。

知识社区一般建立有明确的主题，可以吸引数量众多的参与者，展开广泛和自由的讨论，分享知识、激发思考、解决问题。知识社区除有普通员工或组织外部人员参与外，还可以在每个主题板块中邀请该领域的专家参加。领域专家组成知识社区的管理者（版主或圈主），确保各个领域的知识能载入社区系统并得到分享，宣传并协调知识分享活动的进行，负责执行知识管理系统内容审核流程，以确保社区正常交流过程执行的品质与效能。随着知识管理的发展，知识社区变得非常流行，成为知识管理的重要措施和手段之一。

知识社区还可以在其他方式和技术中得到体现，如知识咖啡厅（Knowledge Cafe）、知识沙龙等可以让参加者参与到很多个小型的相互作用的小组中，每一个小组都可以就一个特定的主题进行讨论，从而通过这一程序来分享他们的知识。

知识社区可分为实体社区和虚拟社区。实体社区注重面对面的交流，如摩托罗拉在公司内部创办的"读书会"；而虚拟社区则是基于信息网络技术来搭建知识分享的平台，如社交软件的群、论坛、视频会议小组、虚拟项目空间等。

知识社区在企业中得到了广泛的应用，如谷歌公司为了发掘和激发员工的新创意，设立了促进内部交流的知识社区平台。这个平台不仅能实现信息交流的功能，还鼓励工程师们将自己的创新点子放在这里，由其他人给出建议，使这些在 20% 的工作时间内自由发挥的结晶有可能落实为具体的产品。当由这些好点子发展而来的产品足够完善的时候，就会被放在"Google Lab"中，通过这个向用户展示创意和产品的工具来征集用户体验和反馈，以便对尚未正式推出的产品进行修正和补充。为鼓励社区的产出，谷歌还设立了专门的创业大奖。在这些措施的推动之下，谷歌公司实现了不断的创新，如谷歌地图搜索、学术搜索、桌面搜索等都是来自知识社区的创意。

八、知识管理系统

知识管理系统可以理解为是实现知识管理的工具，是一个有助于知识收集、存储和分享的技术系统集合。知识管理不单纯是对个人或对一个组织的知识的管理，而更倾向于知识共

153

享、组织学习、智力资本管理、绩效管理。从知识管理的概念出发，将知识管理所包含的基本功能和根据具体需求形成的特色功能集合形成具备独立功能体系的信息系统，即知识管理系统。

由于知识这一概念在不断发展，对于知识管理系统的认识在其发展过程中也不断演变。达文波特（T. H. Davenport）和普鲁萨克（L. Prusak）认为知识管理系统是经设计和开发的为组织的决策者或用户提供决策并完成各种任务所需知识的一种系统。Peter H. Gray 指出"知识管理系统是一种集中于创造、聚集、组织和传播一个组织知识的信息系统。知识库和知识地图是知识管理系统的两种常见类型"。国内学者丁蔚认为"知识管理系统是指以人和信息为基础，以整合组织知识学习过程、实现组织竞争力的提高为目的，利用先进的信息技术建立起来的网络系统"。他在文献中指出：知识管理系统是对有价值的信息即知识进行强化管理的系统，它包括对客户、供应商和企业内部职工的知识加以识别、获取、分解、储存、传递、共享、创造、价值评判和保护，并使这些知识资本化和产品化。

知识管理系统是一个以人为主导的，利用计算机硬件、软件、网络及移动智能终端，进行知识的有效识别、获取、储存、开发、传递、共享、更新和维护，以提高组织中知识工作者的知识生产率及提高组织的应变能力和反应速度为目的的人机一体化系统。知识管理系统需要对知识资源和知识使用过程进行有效的管理。一般来说，一个知识管理系统需要满足的基本指标见表 5-5。

表 5-5　知识管理系统的基本指标

指标	具体内容
文档管理指标	系统是否具有数据摘要、数据分类功能，能否进行版本的控制，能否记录用户对文档的意见，能否设置文档的发布、审核的权限
安全及权限控管指标	系统能否设置账号对用户和组进行管理，是否具有优于文件系统的权限控管功能，对于每一个系统对象是否可以设置不同的管理权限，并分别为群组及个人设置不同的工作区
知识循环指标	系统能否保存工作中生成的知识，具有讨论组、新闻组等功能，是否提供用户之间交互的工具，如留言板、投票系统等，是否能由系统提供的机制中清楚地得知用户的参与及贡献度，并能由用户反馈、使用频率中明确地判别知识价值
信息检索指标	系统能否对所有的数据进行全文检索，包括数据库数据、网页及各种格式的档案，是否具有多种高级查洵功能，包括按照主题、关键字、时间分段及模糊查找功能
系统环境指标	系统是否建构于一个开放的系统平台，是否在跨平台系统环境中正常运行，并且都保持极佳的效能；系统是否能与其他的应用系统进行集成，用户在使用系统时是否可以随时随地存取，不限定在安装特定程序的计算机等
数据规范化指标	系统产生的数据资源是否满足数据元素标准化原则，是否满足数据库结构标准化原则，是否满足数据存储标准化原则，是否满足输入输出标准化原则
界面友好性指标	界面的设计是否以业务流程为主，遵循简单、实用、方便原则；界面的设计是否符合大多数用户的操作习惯，是否真正面向用户实际使用；布局方式是否体现用户的操作习惯；界面设计是否强调交互过程，一方面是物的信息传达，另一方面是人的接收与反馈，对任何物的信息都能动地认识与把握
扩充能力指标	系统随着公司的发展，用户规模逐渐增加时，是否能很容易地扩充，增强进程能力，系统设计是否满足模块化设计原则，是否能方便地进行备份和还原等

　　知识管理系统是以知识的使用者——"人"为根本的信息系统，以"人"为中心，以知识、信息和事实数据为基础，以知识创新为目标，将知识看作一种可开发的组织资源，将业务过程和知识创新过程纳入有序的管理范围内。知识管理系统是应知识经济的需要而产生的，它要能达到知识经济对知识创新的要求。创新不仅仅是"处理"客观信息或数据，更重要的是依靠一种内在的、通常是高度主观的洞察力、直觉和组织成员个人的感觉，它要将每个成员蕴藏的知识（即隐性知识）转化为可以由组织所共享的显性知识。知识管理系统能够将每个成员纳入管理范围之内，为其提供创新所必需的知识，通过程序化的知识创新步骤、设计好的知识表达的规范格式来引导成员将其隐性知识显性化。一个典型的知识管理系统组成如图 5-9 所示。

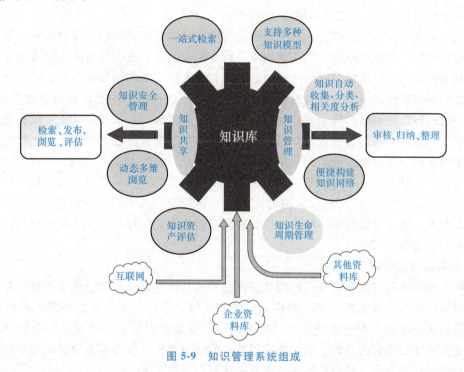

图 5-9　知识管理系统组成

第五节　跨组织的知识管理

一、跨组织知识管理及其特点

　　从知识管理的范围来分，可将知识管理分为个人知识管理、群体知识管理、组织知识管理和跨组织知识管理。

　　组织（Organization）是一种稳定的、对完成特定使命的人的系统性、正式的安排。组织具有三个特征：一是组织目标，组织的成立是为了一个共同的目标；二是组织的资源，核心是人，其他包括财、物、信息等；三是系统性，组织有一定的权责结构，各组成个体之间相互形成一种较稳定的互动关系。组织知识是组织内各类知识的综合与集成，是整个组织的核心竞争能力的体现。

从知识集成的角度分析，组织知识来自组织成员个体和组织群体（群体可以是由组织的部分或全部成员组成，大小不一）两个方面。组织的部分能力来自组织个体，个体知识能够转化为组织知识；组织知识的另一来源是组织的群体知识，是指蕴含在组织内部的知识，如组织文化、工作流程习惯等。群体知识也可以转化为整个组织的知识。组织知识不能脱离组织中的个体或群体的知识而独立存在，但又不是个体或群体知识的简单总和，组织知识具有单个个体或群体无法具有的知识特质。知识一旦转移为组织知识，它就会彻底抛开对原有知识个体或群体的依赖，任何个体和群体都无法再对其垄断，只要组织存在，知识会在整个组织中自由地流动，组织知识就不会消亡。

组织不是独立存在的，因此，一个组织除需建立其内部知识网络和知识库外，还需要建立外部知识网络，如客户网络、供应商网络、行业专家网络、政府及合作伙伴网络等。组织要充分利用这些网络，加强对网络中知识的管理，最大限度地利用外部知识。

跨组织知识管理是组织知识管理的高级目标。它不仅在组织内部将知识管理完整实施，而且能与组织外部的科研机构、客户和供应商、竞争对手和合作伙伴等其他组织有效地交流知识，进而形成一个能创造价值的知识网络。该网络能快速、低成本、高效地获取大量对组织有价值的知识，从而增加组织的竞争能力。

跨组织知识管理常见形式：基于虚拟组织或战略联盟的跨组织知识管理、基于产学研合作的跨组织知识管理、基于地区/区域的跨组织知识管理、基于行业的跨组织知识管理等。个人知识管理、群体知识管理、组织知识管理属于微观知识管理；而上述跨组织知识管理则属于宏观知识管理。

1. 跨组织知识获取

跨组织知识获取是指企业利用外部知识网络，从其他组织或个体中收集和获得有价值的信息的过程。作为一种资源，组织知识有存量与流量之分。存量知识是组织长期积累的知识，是组织活动（如一个企业经营生产）的基础；流量知识是组织知识的流动部分，它能改善、更新或增强已有的知识。组织要获得持续的竞争优势，就必须从外部不断获取新知识以补充存量知识的不足。跨组织知识获取对企业具有重要意义。

一个组织根据战略目标需要，通过跨组织的知识获取，对其内部和外部知识网络中的知识资源进行组合、集成和提炼，以此形成新的核心知识和知识体系。跨组织知识获取超越单个组织边界，涉及多个组织，要比组织内部知识整合复杂，主要包括知识获取需求确定、知识获取对象选择、知识整合平台建立、知识冲突解决机制建立等工作。对于制造企业来说，随着竞争激烈程度的加剧，研究者们不断强调知识整合对企业创新而言是最为重要的能力，因为知识经过整合后才能指引企业在快速变动的环境中使产品与市场有效结合，从而快速开发产品以满足市场需求。市场的不断变化给企业带来高度的模糊和不确定性，只有坚持不懈地整合和重组各种知识，才能有效应对。

2. 跨组织知识共享

有跨组织的知识获取，就有跨组织的知识共享，即组织合理处理和应对组织边界障碍和时空限制，与其他组织分享知识。"知识共享"体现了组织之间竞合的理念，是在知识保护与知识分享之间寻求一个平衡点。跨组织知识共享不仅是跨越组织边界的组织知识的传递过程，还是一个知识重建的过程，即知识传输可以被定义为一个知识在一个组织情境中产生，在另外一个组织情境中被再创造和有效利用的多层次过程。接收方需要接收知识，内化为其组织知识并构建新的知识体系，因此，跨组织知识共享的结果主要体现在接收方知识吸收的绩效上。

影响跨组织知识共享的因素包括：

（1）知识主体方面的影响因素　主要是知识提供方、知识接收方两个组织的差异，包括组织的特征、组织的知识吸收能力、组织的知识共享动机强度等因素。

（2）知识客体方面的影响因素　从知识的性质来考虑，如知识的模糊性和内隐性强度等。需要注意的是，不同组织对知识本体的定义不同，会影响知识的传输。

（3）知识共享手段方面的影响因素　目前，信息技术是一种不可忽视的重要手段，但是信息系统的差别会给知识传输带来影响。

（4）知识共享情境方面的影响因素　指跨组织知识共享的环境、氛围等特性，如跨组织知识距离和文化距离、跨组织信任（文化、管理、IT环境等方面）等因素。

因此，跨组织知识共享比组织内知识共享要复杂得多。

3. 跨组织知识互动机制设计

知识共享的过程需要有效的知识互动，为了促进和知识交流活动，通过构建激励、学习、信任、协调和保障五个子机制，相互关联和补充，形成有效的知识互动机制。这五种子机制之间协同工作、相互配合、互为补充，共同推动知识互动进程。一个制造企业及其关联组织的知识互动机制总体运行框架如图5-10所示。

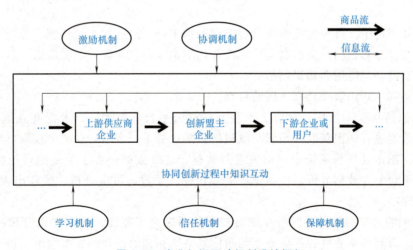

图 5-10　企业知识互动机制设计框架

其中，激励机制为企业参与协同知识互动提供动力；协调机制是企业间协同合作和资源高效利用的手段；学习机制是提高企业能力和促使良性知识互动的有效途径；信任机制是保证企业间知识交流的前提；保障机制提供了企业开展知识交流活动的基础。

4. 跨组织知识创新

知识创新是知识管理的目标之一。从一些组织发展的趋势看，知识创新的变化具有以下趋势：个人、组织内部及跨组织的合作关系密切，彼此的边界日益模糊而整个知识创新系统则不断扩展。在组织内部，组织设计日益呈现出低规程化、扁平化、高度授权和低部门化等特征。在组织外部，通过构建有效的知识获取、知识共享和知识互动机制，实现跨组织知识创新。整个知识创新网络呈现出职能定位的分工和互补趋势。

知识创新的这种变化趋势可以用组织随环境变化而进行自适应性调整来解释。随着全球化经济快速发展，组织学习能力与自我更新能力应适应环境变化，满足公司可持续发展要求。通过进行优化设计组织架构与组织文化来促进组织知识共享与应用，从而提高组织学习能力与自我更新能力，并促进组织成员之间、组织内部群体之间及组织之间快速与便捷地获取所需知识，提高效率及节约交易成本。在技术及市场环境快速变化的现状下，跨组织的知识共享能够实现组织知识的扩散，使供应链、联盟、区域或行业的企业之间共有相同和互补的经验和诀窍，并在共同的远景和行为惯例下行事，形成组织层面和具有合作关系的组织之间的显性和隐性知识，实现跨组织的知识创新。

二、网络化协同中的知识管理

基于互联网、工业互联网的网络化协同制造，是一个基于新兴 IT 技术的制造新模式。依托不断发展的互联网技术、通信技术、人工智能技术，以及不断提高的移动计算能力，人（客户、领域专家、技术人员）、制造和服务企业等知识管理主体可以实现前所未有的泛在互联，为实现形成跨组织的知识管理提供了强有力的知识共享环境。

网络化协同中的知识管理，是协同制造与知识管理的有机结合，以跨组织的协同知识链为主导，对知识资源的获取、共享、创新、应用等过程进行同步管理，发挥整体效应的过程。

在协同知识链中，各种形式的信息提交到网络平台，经过加工、整理、分析等过程，转换为知识，并经过知识门户，根据用户的需要把知识推向企业客户、供应商、员工等知识管理主体，以支持知识应用和知识创新。

网络化协同中知识管理具有下面的特点：

（1）知识的获取　依托云计算、工业互联网云平台等技术，以及泛在互联的便捷性，可以更加有效地进行知识获取。知识获取包括直接从员工、客户、专家中获取显性知识，也包括从市场、制造设备和系统中获取大量的数据，这些数据包含了大量的待挖掘的隐性知识。通过云平台的大数据分析、机器学习等知识挖掘手段，可以分析、整理出大量的知识，存储在知识库中。

（2）知识的共享与传播　网络互联给知识传播带来了便捷，协同知识管理强调知识的共享与传播，有利于企业群的各业务单元间信息共享和知识创新的新型组织，最终通过激活企业的隐性资产，实现企业群知识网络的正反馈而获得协同效应，从而形成企业持续的竞争优势。通过对知识共享范围进行有效分级，可以合理区分组织内共享与组织间共享的知识。

（3）知识的运用　网络协同中的知识运用强调协同成员间知识水平的协调，包括成员间知识存量、知识的吸收能力、知识的利用能力的协调，以实现最终产品功能的协调与优化。

网络化协同知识管理目标是在网络互联条件下解决那些在传统技术条件下难以打破的企业群不同业务单元之间及统一业务单元不同职能部门之间的信息、知识传播的障碍，不断地创造企业的新知识，并实现这些知识在企业内的共享。协同知识管理的目标主要表现在：

1）通过组织成员之间的有效交流来加强员工之间、部门之间的合作。知识管理的根本目标就是在组织内部最大限度地扩散和交流知识，实现知识资产的价值。随着企业的逐渐发展壮大，跨地区、跨国家的部门不断出现，给知识共享带来了障碍。组织内的信息孤岛增加了知识的流动和转化的难度。网络互联给知识共享和传播带来新的技术支持手段，新技术可以促进组织管理提出新的知识共享要求，这种要求一旦形成制度，各级人员和部门必须遵守，在"强制"之中可以消除孤岛效应。

2）通过重塑企业文化来创建高效、敏捷的工作环境。企业的协同知识管理所追求的是合作、共享的精神，这种思想、精神的逐渐成熟就会形成一种全新的文化，即激励、创新、合作。此时，员工受先进文化的影响，会在彼此之间形成强大的凝聚力，提高工作的积极性和效率。另外，在友好和谐的网络环境中，员工获得了更多的交流与学习机会，进而扩大了个人的知识储备，同时也增强了知识（信息）意识，对组织内的任何知识现象变得更为敏感，能在最短的时间内做出反应，进而提高了知识管理的效率。

三、顾客与企业间的知识管理

制造企业的价值链核心，就是其产品或服务的顾客。满足顾客的需求是企业价值的源泉。因此，本节介绍如何有效地实现顾客与企业之间的知识管理。

顾客知识对企业的创新具有重要的推动作用，越来越多的制造企业通过构建知识社区来了解顾客的需求和评价，如小米社区、海尔社区等为用户打造了一个良好的交流互动平台，用户可以在社区进行产品使用心得和经验的交流分享，并且能及时反馈产品使用过程中的问题。用户还可以提出产品改进的想法，参与新产品的设计及产品功能的完善。顾客的参与提高了顾客对产品的满意度和对企业的认同感，并且顾客知识的共享能够加快企业新产品的上市。

顾客和制造企业之间的知识共享具有四个特征：

（1）双向性　企业是产品的设计和制造者，顾客是产品的使用者，因此，双方拥有互补的知识。不同的顾客对产品使用过程的认知也各不相同。参与知识共享的主体可能是知识的提供者，他们将自身掌握的知识与他人共享；也可能是作为知识接收者，他们接收他人共享的知识；并且在知识共享过程中，参与知识共享的主体间存在交流和互动。

（2）动态性　顾客对产品的了解是逐渐深入的，顾客知识共享不是静态的，而是动态变化的。顾客知识共享过程包含了知识的产生、传递、应用和创新四个阶段，在知识的产生阶段，知识提供者将产生的知识进行传递，知识接收者接收到共享的知识并且对知识进行应用和创新，从而产生新的知识，并对新产生的知识进行共享。因此，这四个阶段组成了一个循环往复的动态过程，为知识共享行为的持续发生提供保障。

（3）复杂性　顾客知识共享过程包含了显性知识的共享和隐性知识的共享。可以通过语言、文字、数据等形式对显性知识进行存储和共享。由于隐性知识多数为经验、窍门、技巧等知识，需要借助现场示范、模仿、演绎等方式来完成，并且需要知识接收者对知识进行不断地学习，如果隐性知识的拥有者不出现，则知识共享行为很难发生。

同时，顾客在社区中的反馈大多通过非结构化的文本、视频、图片等发布，因此，对这些数据背后的知识挖掘是需要解决的一个技术问题。

159

（4）分散性　顾客分布的分散性导致了顾客知识的分散性，使得企业难以对顾客知识进行整合和集中管理，同时，由于顾客的年龄、教育背景、工作经历、使用环境等存在差异，所拥有的知识存在差异性和多样性，提高了知识获取和知识共享的难度。

顾客与企业之间的知识共享主要要素包括：

（1）主体　知识共享的主体即为参加知识共享活动的参与者，包括了顾客群体和企业员工两部分，参与知识共享的主体在知识共享过程中承担三种角色，分别为知识提供者、知识传递者和知识接收者。

（2）客体　客体即为知识本身。顾客知识可分为关于顾客的知识、顾客需要的知识和来自顾客的知识三部分。关于顾客的知识即描述顾客基本情况的知识，包括顾客的年龄、收入、兴趣爱好、购买记录、消费倾向等；顾客需要的知识即企业需要为顾客提供的有关产品和服务的知识；来自顾客的知识即顾客所掌握的知识，如顾客对产品的构想、需求信息、反馈信息等。

（3）环境　环境包括两方面：一是在网络技术支撑下企业为顾客提供的参与平台，如小米社区、贴吧、论坛、微博、微信等；二是企业提供的顾客参与知识共享的场所，如企业的体验店、顾客实地参与企业的新产品创新等。顾客参与知识共享的途径主要包括在线共享、离线共享和线下共享三种方式，三种方式的优缺点见表 5-6。

表 5-6　知识共享的三种方式的优缺点

共享方式	共享途径	优点	缺点
在线共享	QQ、微信、论坛、社区、微博、电子邮件	实时共享 顾客参与的主动性较强 共享成本低 利于显性知识的共享	共享效果一般 不利于隐性知识的共享
离线共享	电话、短信	共享成本低 利于显性知识的共享	共享效果一般 不利于隐性知识的共享 顾客参与的主动性较弱
线下共享	面谈、现场指导、现场体验	共享效果好 利于隐性知识的共享 体验价值较高	需要顾客到场 共享成本较高 需要较高的顾客参与意愿

顾客参与的知识共享应该是企业知识管理系统的一个延伸，这样从顾客共享到的知识能很快进入企业的知识体系架构中，并且能转化为企业的组织知识而共享。从这个意义上说，企业应该首先构建自己的知识管理系统，然后以此为基础，与面向顾客的知识社区进行互联，形成有效的知识共享系统。

参 考 文 献

［1］　田锋．智能制造时代的研发智慧：知识工程 2.0［M］．2 版．北京：机械工业出版社，2017.

［2］　陈文伟，陈晟．知识工程与知识管理［M］．2 版．北京：清华大学出版社，2016.

［3］　汪克强，古继宝．企业知识管理［M］．合肥：中国科学技术大学出版社，2005.

［4］　张云芝．大数据概念与管理的演化研究［D］．太原：山西大学，2019.

［5］　易凌峰，朱景琪．知识管理［M］．上海：复旦大学出版社，2008.

［6］　孙晨曦. 基于本体映射的知识管理系统构建研究［D］. 沈阳：东北大学，2017.

［7］　张海军. 跨界搜索、知识整合能力对制造业企业服务创新的影响机制研究［D］. 天津：南开大学，2017.

［8］　李心雨. 工程经验知识迁移机制和演化动因研究［D］. 上海：上海交通大学，2018.

［9］　阿克肖·贾夏帕拉. 知识管理：一种集成方法［M］. 安小米，译. 2 版. 北京：中国人民出版社，2013.

［10］　邱均平. 知识管理学［M］. 北京：科学技术文献出版社，2006.

［11］　刘琳. 价值共创背景下顾客知识共享机制研究［D］. 秦皇岛：燕山大学，2019.

［12］　奉继承. 知识管理：理论、技术与运营［M］. 北京：中国经济出版社，2006.

［13］　陈海虹，黄彪，刘峰，等. 机器学习原理及应用［M］. 成都：电子科技大学出版社，2017.

习　　题

1. 什么是知识管理？

2. 试阐述知识管理的发展历程。

3. 知识管理有哪些目标？最根本的目标是什么？

4. 什么是隐性知识？隐性知识的特点有哪些？进行隐性知识管理会遇到哪些障碍？

5. 简述 SECI 模型及基本内容。

6. 知识的获取包含哪几个阶段？试阐述知识获取的途径。

7. 什么是知识共享？举例说明知识共享的机制。

8. 知识创新的内涵是什么？有哪些特点？

9. 常用的知识管理技术有哪些？

10. 什么是数据仓库？它有哪些特征？

11. 什么是知识库？知识库与数据库间的差异是什么？

12. 如何在一个组织内实现知识地图技术？知识地图的作用是什么？

13. 简述数据挖掘技术和大数据分析技术的含义和分类。

14. 什么是知识管理系统？它有哪些作用？

15. 信息管理系统与知识管理系统之间是否有差异？是否是"新瓶装旧酒"？

16. 跨组织管理的优点和常见形式有哪些？

17. 什么是协同知识管理？协同知识管理的特点是什么？

第六章 企业知识工程方法与实施

第一节 企业知识工程的发展动因与实现

一、企业知识工程的发展动因

企业知识工程的发展是需求拉动和技术驱动共同作用的结果，以制造业为例，其发展动因如图 6-1 所示。

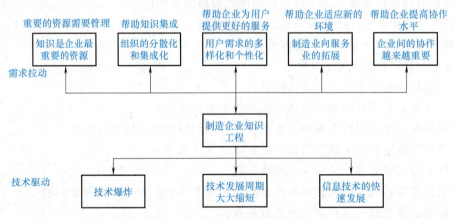

图 6-1　企业知识工程的发展动因

1. 企业知识工程的发展首先是需求拉动

（1）知识是企业最重要的资源——企业需要知识工程　在未来，企业竞争将会是知识的竞争，知识是创新的力量源泉。知识的创造和发展大大降低了社会对自然资源的依赖，传统的生产要素，如劳力、土地、资本都已逐渐失去其原本的主导地位，知识资源成为科技创新的战略性首要因素，知识逐渐开始决定经济的发展。

目前，中国不少企业因为没有对知识和商业秘密投入足够的重视而在竞争中遭受了巨大损失；有不少企业由于不重视知识的开发和法律保护，在国外企业专利面前吃了哑巴亏；还有的地区由于缺乏知识优势，只能依靠出售廉价劳动力换取有限的短期回报，甚至以污染环境作为代价换取经济的短期发展。

（2）组织的分散化和集成化——知识工程帮助知识集成　组织的分散化和集成化是当

前企业的一个重要发展方向，其背景如下：①创造权力的下放，充分发挥知识型员工的创造力，因此每一位知识型员工可以看作是企业的最小单位，可以根据工作需要进行灵活的组合；②网络技术的发展，使分散的知识和信息的集成变得容易；③企业的全球化，使得员工更具有移动性并且在地理上也更具有分散性；④知识分散化的特点。在此过程中，通过知识工程的发挥，可以促进知识型员工集成和合作，对员工的知识进行有效的管理和集成，减少由于人员的调动、退休而造成的知识流失。

（3）市场的多变和混沌——知识工程帮助企业提高反应和适应能力　市场的多变性和混沌性的主要表现：①用户需求逐渐趋于多样化和个性化；②产品生命周期越来越短；③产品技术日新月异；④市场变化莫测；⑤政治、金融、军事、环境、经济等影响市场的因素错综复杂。企业要在这样一个瞬息万变的环境中生存和发展，甚至壮大，就需要具备很强的适应能力、反应能力和竞争能力。这些能力来自于产品和过程创新所需要的知识、应对复杂环境的知识、满足用户需求的多样化和个性化的知识、对市场变化进行预测的知识等。

2. 企业知识工程的迅速发展与技术驱动密切相关

（1）技术爆炸——要求企业持续更新和创造知识　当代社会科技发展日新月异，知识总量的更新周期越来越短。技术爆炸给企业带来的战略挑战是企业怎样才能跟上即将影响其竞争地位的相关技术的发展趋势。知识易消亡，新的技术、产品和服务源源不断地涌入市场；而储备知识却无比困难，企业和个人必须持续不断地更新、补充、扩充和创造更多的知识。

（2）技术发展周期大大缩短——要求企业将知识迅速转化为生产力　传统的技术发展周期是从科学发现开始，到市场传播其产品而结束。在这个过程中，新的技术会被孵化出来。如今，这个时间差变得越来越短，迫使企业思考如何在一项技术被更好的新技术取代之前，将其融入新产品中，从而获得商业利益。

（3）信息技术的快速发展——为企业知识工程提供了技术基础　信息技术，特别是计算机网络技术为企业员工提供了协同工作和相互学习的渠道。先进的通信系统、群件与Web的结合，为企业知识工程提供了技术基础。信息技术使知识能在更大范围内流动和集成。知识经济时代的消费者与生产者可以通过网络直接接触，这消除了两者之间的中间环节。

二、企业知识工程的实现

1. 企业知识工程的实现过程

企业知识工程的实现伴随产品的全生命周期，包括相关知识的产生（新知识获取）、处理、表达（形式化）、组织（体系化）、共享（知识传递）、检索（已有知识获取）、应用（物化与创新）及更新（过时知识的淘汰）等一系列技术活动，其中也包括人与技术交互作用的体系过程。

（1）知识的产生　生成解决问题的新知识；通过自动知识挖掘工具，发现、收集知识库以外及游离于管理制度之外的知识；把隐性知识转化成显性知识，把个体的、无组织的、散乱的知识转换成公有的、有组织的、可以共享的知识。

（2）知识的处理　将知识进行梳理、分类，组织专家组评估，解决"管什么"的问题，关注的三个重点是 Know-how、Know-why、Know-who。

（3）知识的表达　将知识以最佳的形式表达出来，以便于高效的理解和掌握。例如，以"文字+动画+图+表"的方式来清晰地表达知识，让读者在短时间内接收最大化的信息。

（4）知识的组织　对知识建立彼此关联的关系，把零散、分离的知识片断串接成"信息链"和"信息网"，实现知识的有效组织。

（5）知识的共享　以知识库为核心、以网络为手段构建知识平台，实现知识的高度共享和快速传输。

（6）知识的检索　查询和检索相关知识，实现对已有知识的获取。

（7）知识的应用　辅助需要知识的人，在产品全生命周期里充分运用知识，创造性地应用知识来解决问题，让企业知识转变成物理资产，让知识在使用的过程中为企业创造价值（创新）。

（8）知识的更新　定期淘汰过时知识，保持知识库的时效性和可用性。

实际上，知识工程的实现手段就是把信息和知识彼此之间系统化"关联"起来，"关联"是知识工程中最主要的关键词。表 6-1 给出了信息关联与知识关联的一般性表述。

表 6-1　信息关联与知识关联

项目	内容	关联要点
知识产生	外部知识内部化，隐性知识显性化，显性知识数字化，个体知识组织化	外部、个人、隐性知识与企业的"问题模板""知识模板"关联
知识处理	对知识进行筛选、分解、组合等梳理	获取后的知识与需求、知识模板的关联
知识表达	以文字、表格、图片、动画等相对固定的组合形式（知识模板）来表达知识	文字、表格、图片、动画等要素的彼此关联
知识组织	以本体关系形成体系化的知识组织方式	术语（信息）按照语义和层次的关联
知识共享	通过计算机、网络、数据库来共享知识	人与知识、信息的关联
知识检索	基于本体关系来查询和检索相关知识	问题或解决方案的"关键词"与"既有知识"的关联
知识应用	创造性地应用知识来解决问题，实现知识物化，组织知识产品化	问题与分析结果、解决方案的关联
知识更新	更新过时的、不适用的知识，保持知识的时效性	新知识与老知识的关联，知识与知识的关联

2. 知识的转化

如图 6-2 所示，知识不断地被群化、外化、整合和内化，以显性或隐性的形式在不同阶段呈螺旋形动态转化和上升，并被随时用于企业的各项活动和创新。

（1）知识群化　知识群化是从隐性知识到隐性知识的过程，即隐性知识在人之间发生转移和再用。知识群化是个人之间分享隐性知识的过程，主要通过观察、模仿和亲身实践等形式使隐性知识得以传递。传统的"师傅教徒弟"方法就是个人间分享隐性知识的典型。这是人类知识传播最古老、最有效的方式，是一种分享经验、形成共有思维模式获得基本相同技能的过程。在该过程中，作为"徒弟"的一方应当做到勤观察、多思考、细钻研，虚心向"师傅"请教。知识群化使员工的隐性知识得以交流，从而发生知识的碰撞，产生出

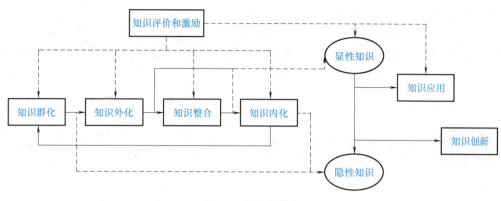

图 6-2　知识的转化

新的隐性知识。企业员工可通过知识工程工具中的会议系统、电子邮件、知识社区、群件、讨论组、即时消息、P2P 应用、专家定位系统等进行隐性知识的交流，激发创新的灵感，促进员工之间的交流。

（2）知识外化　知识外化是将隐性知识转变为显性知识，以便于整个企业共享，并且让知识得到继承和再用的过程。因为隐性知识通常难以表达，往往需要借助隐喻、类推、假设、丰富的语言想象、故事、可视化工具、模型和图表等方法。而通过知识工程工具中的讨论板、个人主页、知识博客、知识库管理系统等，企业员工可以将自己的经验和诀窍转变成共享的显性知识。

（3）知识整合　知识整合的对象一般是不同的、零碎的显性知识，通过知识整合，这些知识得以条理化、系统化和优化。将知识存放在知识库，或从数据库中抽取知识，或对知识进行集成，使个人知识上升为组织知识，以便在组织范围内使新的知识得以共享，实现知识应用。通过知识工程工具中的知识分类、内容管理和数据挖掘等工具，可以加速知识整合，提高现有知识的转换和转移速度，实现知识更大的实用价值。

（4）知识内化　知识内化是指组织范围内显性知识向个体的隐性知识的转换，这实际上是一个学习过程。例如，通过培训将书本等显性知识转化为人们头脑中的隐性知识，再通过人的创新活动，实现知识应用。通过知识工程工具中的知识推送系统、知识社区、电子化学习，向企业员工提供其所需要的知识，提高其学习效率。团队工作、边干边学和工作中培训等是实现知识内化的有效方法。

（5）知识应用　知识应用即利用已有知识提高企业价值，这是最快、最直接的使用知识提升企业业绩的方法。更重要的是，如果企业不能成功应用知识，那么即使有成功的知识群化、外化、整合和内化，其意义也不大。知识应用的方法有多种，如购买专利、产品研发和协同设计等。企业内部也有很多知识，如客户知识、以往产品的设计和制造知识等。单纯的知识是没有价值的，只有在被合理地利用后才能为企业创造价值，这也是知识工程的终极目的。

（6）知识创新　知识创新是利用企业自身所拥有的知识创造出新的知识，从而获得持续的创造力，使企业具有较强的竞争优势。知识创新主要是由人对知识（包括隐性知识和显性知识）、信息和数据进行综合，根据市场和社会需求变化，重新整合人才、资本等资源，进行知识的创造，得到新的知识。知识创新包括产品创新、工艺创新和管理创新等。新的知识包括隐性知识和显性知识两部分，并以隐性知识为主。

（7）知识评价和激励　知识评价是对知识的价值进行评价，以便"心中有数"，在此基础上对积极参与知识工程的员工进行有效激励，促进知识工程的深入开展。知识评价和激励应当贯穿知识工程的全过程，以保证知识群化、外化、整合、内化、应用和创新的有效、持续的开展。

第二节　企业知识工程体系

一、企业知识化

1. 企业知识化的内容

企业知识化主要包括人才的高素质化、技术的先进性和发展性、产品的智能化和人性化、营销的知识化、服务的知识化、管理的现代化和个性化六个方面。

（1）人才的高素质化　人才的高素质化是企业知识化最重要的一个方面，是企业知识化的决定性因素。人才的高素质化要求企业员工具有适应知识经济、网络经济及激烈的市场竞争环境的综合素质，这种综合素质的主要内涵包括：对兼具新颖性和实用性的知识的储量，能够与社会发展和现实需要相结合的知识类型，优化的知识结构及其与环境相协调、与时代相一致的进化状态，良好的知识生产、知识传播和知识应用道德，理想的知识分析评价能力，健全的知识应用能力，熟练的知识检索获取能力，较强的知识创新能力，以及强大的知识合作能力等。

（2）技术的先进性和发展性　技术在企业知识化进程中的作用十分重要，如果说企业各类人员的高素质化是重中之重，那么技术水平提升的重要性无疑是处于第二位的，因为技术直接关系产品的质量和性能。企业的经营活动所应用的技术有多种，有的是本体性技术，与产品或服务直接相关；有的则属于支持性技术或辅助性技术，与经营管理过程的顺利、协调有密切关系。无论哪种技术，都要追求横向比较上的先进性、纵向比较上的发展性。

（3）产品的智能化和人性化　其含义是不断提高产品的知识含量或技术含量，且以人为本。在企业知识化过程中，产品的智能化和人性化直接关系到产品与企业的品质，关系到用户对产品和企业的感观，关系到消费者对产品和企业的认可度和忠诚度。

（4）营销的知识化　营销的知识化是指在市场营销中提高对知识的运用。营销的知识化也是营销的"绿色化"，在产品或服务向市场投放之前，需要围绕企业的产品或服务对潜在的用户进行知识上的关怀而不是传统营销的铺天盖地的广告宣传和推销。

（5）服务的知识化　服务的知识化是企业产品智能化的必然发展趋势，产品的知识含量和技术含量越来越高，其维护、维修及使用方法也越来越复杂，使用时一旦出现问题，一般的消费者往往难以解决，所以企业的技术服务部门必须通过应用自己的知识和技能来解决消费者所遇到的难题，技术服务人员必须掌握企业产品维修和正确使用企业产品的各项技能与知识。

（6）管理的现代化和个性化　管理现代化的含义包括两个方面：一是管理理念、管理方式和管理制度的现代化；二是管理手段的现代化。此外管理还要有自己的个性，有自己独特的管理风格。这实际上就是通过大量研究，把环境、先进的管理方式、制度和技术手段与企业本身的实际情况相互结合，进行综合考虑之后所形成的管理特色，它是构成企业核心能力的关键。

2. 企业知识化的过程

企业知识化的过程是一个团队学习并将知识转化为生产力的过程，它要求团队在共同的学习中为了完成共同的愿景而努力使知识实现增值，并创造性地实现知识的共享。同时，这也是一个系统的过程，它所指的不仅是知识的本身，其中更加重要的是将知识转化为生产力的能力。企业的知识化是一个完整的质变过程，其基础是知识，核心是转化。企业知识化的过程主要包括企业知识管理、企业知识共享和企业知识创新三个方面。

（1）企业知识管理　知识管理是对企业生产和经营依赖的知识及其收集、组织、创新、扩散、使用和开发等一系列过程的管理。企业知识管理是将知识视为最重要的资源，最大限度地掌握和利用知识，这是企业核心竞争力得以提高的关键。由于人是知识的重要载体，因此人力资源管理是知识管理的重要组成部分。许多学者和专家认为，企业知识管理的实质就是对企业中人的经验、知识、能力等因素的管理，实现知识共享并有效实现知识价值的转化，以促进企业知识化和企业的不断成熟和壮大，最终提升企业的核心竞争力。

在企业的知识管理中，无论是对知识生产、知识流通、知识应用等环节和条件的管理，还是对与知识相关的资本管理、资源管理等都是以知识为核心的管理。企业知识管理具有以下特征：重视对企业员工的激励，充分赋予每一位员工相应的权力和责任，充分发挥员工的自觉性、能动性和首创性；重视企业知识的流动、共享和创新，运用集体的智慧，提高企业的应变能力和创新能力，增强企业的竞争能力；重视企业知识和人才，促使企业成长为学习型组织；重视企业文化的建设，在实现企业自我价值的同时，注重向全社会扩散和渗透，提高社会整体的知识化水平。

（2）企业知识共享　企业知识化关键的一点就是要实现企业知识共享。其目标之一是倡导相互协作，培育知识共享的环境。知识只有通过互相交流才能得到发展，也只有通过使用，才能从知识中创造出新知识。知识的交流越广效果越好，只有使知识被更多的人共享，才能使知识的拥有者获得更大的收益。在知识交流管理中，如果员工为了保证自己在企业中的地位而隐瞒知识，或企业为保密而设置的各种安全措施阻碍了知识共享，那么将对企业的发展极为不利。知识不进行充分的交流，就无法使其为大多数人所共享，也就无法为企业的发展做出贡献。知识交流的目的是要在企业内部实现知识共享，但要真正做到这一点十分困难，这对企业的知识化而言是一个巨大的挑战，其难度丝毫不亚于实现在竞争对手之间共享知识的难度。为做好这一点，企业在处理知识产权归属时，应该从有利于知识的生成和传播的角度考虑，使员工均能共享科研开发的成果（除有合同规定以外），以鼓励员工积极进行知识生产相互交流。将分散在各个员工头脑中的零星知识资源整合成强有力的知识力量，是知识共享的目标。实现企业内部知识共享，将个人知识优势转化为团队、组织知识优势，那么企业内蕴含的知识要素将整合为企业新的竞争优势，将极大促进企业的向前发展。

（3）企业知识创新　知识化的灵魂就是创新，创新是知识经济时代的核心，是企业核心竞争力的生命力所在。知识的不断更替与创新，使企业关联的知识因素不断升级，由此还可引起产业结构变动，为产业结构调整提供可能，同时又促使产业关联技术趋同，降低产业结构高度化演进的技术准入标准，使产业结构转换可以越过循序渐进的转换过程实现跳跃式转换，进而缩短产业结构升级程序或省略转换的某些阶段。高新技术所具有的高度渗透性，加速了产业边界的模糊和融合；知识创新的全球化趋势造成的产业分工开放化，为产业结构转换实现跨越提供了所需基本要素，甚至是整体产业植入的良机，使产业结构跨越转换成为现实。

二、企业知识工程的社会技术系统模型

1. 社会技术学

社会技术学是运用社会学的理论、观点和方法，研究技术对社会的影响、作用及协调发展的科学。社会技术学认为，社会技术系统由一个中心（战略）和三个维度（组织、技术、流程）构成。在信息化和云计算时代，有学者建议增加一个载体——信息化平台。最终形成的模型如图 6-3 所示。该模型主要从战略、组织、技术、流程及平台几个方面对整个系统进行分析。战略分析是中心，组织、技术、流程围绕中心展开，平台是战略实现和不同维度有效实施的支撑和载体。

由此构成"1-3-1"结构模型：1 个中心，即战略，决定了体系的使命；3 个维度，即组织（人）、流程、技术；1 个载体，即信息化平台，云时代的便利性。

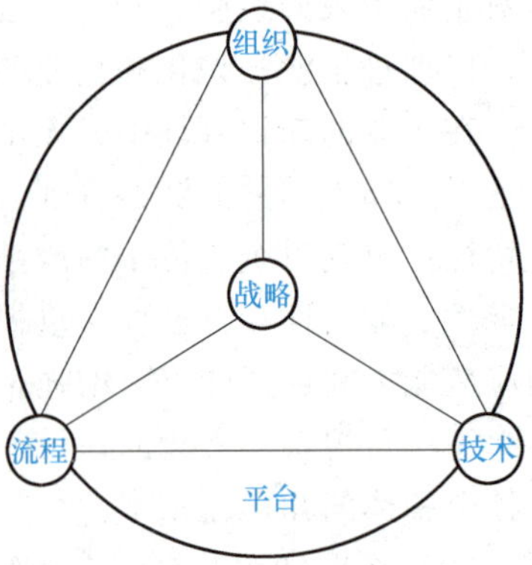

社会技术系统的发展通常从技术开始。当技术达到一定高度，需要进行社会化应用的时候，就开始要求流程体系、组织体系及人才体系的建立，进而明确战略体系，最终构成完整和稳定的社会技术体系。完善的社会技术体系是保障技术良好应用的基础。通常情况下，在一个社会技术系统中，最不容易出问题的是技术，最容易出问题的是组织与流程。

图 6-3　社会技术系统模型

2. 企业知识工程的社会技术系统模型

企业知识工程系统是一个社会技术系统，可以采用社会技术系统模型进行描述。社会系统包括企业的体制、文化、组织、管理和激励机制等；技术系统包括互联网、各种知识工程软件工具等。社会系统与技术系统的匹配只有满意解，而不存在最优解，因为社会系统难以精确描述，并且总是在不断变化。例如，当企业还不具备促进知识共享的社会系统时，支持知识共享的工具显然是无能为力的。

在大多数情况下，社会系统起主要和决定性的作用，技术系统起次要和支持性的作用。但有时技术系统也很重要。例如，一个企业要完成跨地区、大范围的知识共享需要很多人共同进行知识发布和知识应用，必然需要一个强大的基于网络的知识共享平台支持其实现。

企业知识工程的社会技术系统模型如图 6-4 所示。在知识工程各个环节的工作中，有的环节中社会系统的任务重，有的环节中则是技术系统的任务重。当然对于不同的企业，孰重孰轻也有所不同。社会系统的具体任务是高度相关的，是面向知识工程各个环节的。而技术系统中的各子系统主要与具体的知识工程环节有关。

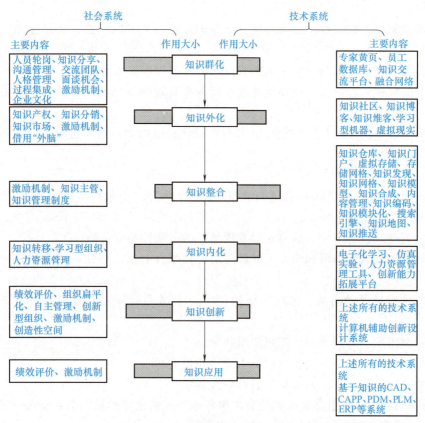

图 6-4 企业知识工程的社会技术系统模型

由图 6-4 所示内容可知，与隐性知识相关的知识工程环节对社会系统的要求较高，而与显性知识相关的知识工程环节对技术系统的要求较高。知识的创新和应用主要与隐性知识相关，因此对社会系统的要求较高。

作为一种集成了人、过程及技术的"社会技术"系统，知识工程需要强调共享的文化、规范清晰的管理过程及良好的技术支撑。有效的知识工程首先应建立愿意分享知识的文化；其次，以此为基础结合企业的业务过程，理顺知识创建、贮存、分享、应用和更新过程，并制定相关的管理机制；而知识工程软件工具和系统作为一种技术支撑，只是第三位的。

3. 知识工程的社会技术系统模型中的社会系统设计

知识工程每个环节都需要知识型员工的参与，只是在不同的环节中知识与员工的互动程度不同而已。社会系统包括文化、制度、组织管理三个方面。

（1）文化

1）尊重知识的文化和机制。有一种民主、透明、公开化的决策机制，充分尊重员工的知识价值。

2）相互信任的文化。信任是实现知识交流、使用与共享的前提。信任文化表现在员工的合作精神，大家积极主动贡献知识，以及有一种有利于交流的组织结构和文化氛围，使员工之间的交流在心理上畅通无阻。

3）对创新中的失败秉持宽容态度。

（2）制度

1）完善的知识产权制度。国家和社会既保护知识发现者的利益，又促进知识的交流和应用。

2）完善的知识市场机制。以一定形式存在的知识可以作为商品进行交易。

3）必要的知识工程制度。有相应的业务流程和管理制度规范，将知识工程系统与员工的日常工作紧密结合。

4）合理的奖励制度。"论功行赏"，即对积极将自己的知识共享出来并产生效益的员工一定要给予合理的奖励。

（3）组织管理

1）责权统一。让员工既肩负进行知识创新的责任，又拥有从中获得相应的报酬的权利。

2）自主管理。权力下放，从而充分发挥员工的主动性和创造性。

3）有效的组织激励。将知识系统与员工的考评结合起来，将知识积累创新与员工激励结合起来。

4）面向过程集成的团队。消除传统的员工与上司之间、员工与员工之间知识交流的障碍。

5）学习型组织。共同学习，实现知识共享。

6）为员工提供创造性空间。方便员工进行知识创新。

7）设立企业知识主管。使知识工程有专人负责。

知识工程的社会系统显然是人类社会多少年来追求的比较理想的企业模式——自主、自律、工作充满乐趣、工作与学习交融、相互协作等。

在知识工程的社会系统的设计中，主要涉及以下问题：

1）企业领导和员工是怎样理解和认识知识工程的？企业知识工程的目标是什么？

2）企业领导和员工对知识工程是否充满热情？

3）企业文化是否有助于企业员工之间的知识共享？

4）企业现在的组织和激励机制能否支持企业知识工程实践？

5）企业现在的员工素质能否支持企业开展知识社区实践？

6）企业现在的管理模式是否有助于推进企业员工主动的知识学习？

7）在知识工程的社会系统方面，企业的优势和劣势、机会和威胁是什么？

4. 知识工程的社会技术系统模型中的技术系统设计

（1）技术系统

1）知识网络和知识网格。在技术上促进知识的流动。

2）搜索引擎。帮助快速找到所需要的知识。

3）信息安全技术。确保企业的知识和信息处在可控制的状态。

（2）面向知识集成的信息系统

1）知识仓库。存储知识，便于知识的再用。

2）知识门户。集成分散的知识，便于找到知识。

3）知识地图。帮助了解知识的分布情况，以便快速找到知识。

4）知识社区。建立知识交流的环境。

5）专家黄页。帮助快速找到所需要的专家。

6）内容管理。利用计算机对显性知识进行有效管理。

7）基于信息技术的知识处理。对知识进行条理化和模型化等处理。

8）知识发现。从数据和信息中挖掘和提炼知识。

9）电子化学习。利用网络和计算机进行学习。

10）知识合成。将不同的知识进行关联，发现新的知识。

知识工程的技术系统是知识工程的推动器，其中信息技术是知识工程的引擎。其作用：将知识有序地分类、有规律地存储；为员工间知识的传播提供一个有效的学习型组织的环境，帮助使用者快速寻找到所需要的知识和专家。

在知识工程的技术系统设计中，主要涉及以下问题：

1）企业现在的信息技术能否有效支持企业知识工程实践？

2）企业的知识仓库是否包括了企业所需要的大部分知识？

3）企业知识的条理化和标准化程度是否满足应用要求？

4）企业知识门户能否提供企业现有知识的统一入口？

5）企业实施知识工程的主要技术障碍是什么？

6）企业的信息网络能否有效支持企业员工快速找到自己所需要的知识？

7）企业的信息网络能否有效支持企业员工快速找到想要咨询的人？

8）企业的电子化学习工具能否满足员工的学习需要？

9）在知识工程的技术系统方面，企业的优势和劣势、机会和威胁是什么？

三、企业知识工程体系的建设

开展知识工程绝不仅是安装、使用一套所谓的知识工程软件，然后告诉员工注意收集一些知识放到知识库里面就万事大吉了。知识工程实际上是一个需要企业全员参与的系统工程。在企业中实施知识工程，既涉及"体"建设，又涉及"系"建设。所谓"体"，就是与实施知识工程相适应的体制、文化、管理制度、标准规范和实施方法学等内容的建设；所谓"系"，则是指适合各种企业用途的知识工程信息化系统的开发与建设。知识工程的实施难点在于"体"的建设。

1. 知识工程的"体"建设

知识工程的建设必须要有一套组织机构和管理手段，以保证知识工程的有效进行。这包括一套组织机构、一套策划与思路、一套相应的机制和方法。

（1）一套组织机构　成立本企业的"知识工程领导小组"。组长通常由单位的一把手担任，副组长可以是书记、总师或科技委主任等人，日常工作由常设的"知识工程项目办公室"进行管理。成立本企业的"知识工程专家组"，负责评审收集到的各种企业内部和外部的知识，在技术和学术水平上进行把关。

（2）一套策划与思路　"先组织，后技术"。实施顺序：建立组织结构→定义组织职能→出台相关"体"文件的草稿→做好"系"的开发。总之，从现有的实践经验来看，先有"体"，后有"系"，或者同时开展。

（3）一套相应的机制和方法　例如，在某发动机企业，可以制定诸如"发动机知识管理通用规则""发动机知识定义及分类标准""发动机知识模板制定标准""发动机外部知识收集规范""发动机内部知识收集流程""发动机知识评审工作流程""知识入库管理及知识发布工作流程""OA 网上知识采集管理办法"等。

需要说明的是，知识工程的建设需要尽量与现行工作流程实现有效结合，尽量不要与当前进行的工作形成互不相干甚至是冲突的两套工作，也尽量不要单纯通过行政命令的强制要求去推动知识工程。而且，不同的单位情况不一样，没有一套现成的固定不变的方法可以适用于一切情况。

2. 知识工程的"系"建设

首先，我们需要对知识管理软件系统（Knowledge Management System，KMS）有一定了解。KMS 是支撑组织知识管理实施的 IT 系统。其本质是一种经由网络技术、知识库技术、语义解析技术、搜索引擎技术等组建起来的组织应用平台、工具、软件等。

不同使用人群对于知识管理软件系统的理解有很大的差异。知识管理领域的专家们对知识管理软件系统的认识分为两个流派，一个是技术与工具派，一个是系统派。例如，T. H. Davenport 和 L. Prusak 认为知识管理软件系统是"经设计和开发的为组织的决策者、用户提供决策和完成各种任务所需知识的一种工具"。Peter H. Gray 认为"知识管理软件系统是一种集中于创造、聚集、组织和传播组织知识的信息系统"。与 ERP、PDM 等有相对标准的流程和系统相比，KMS 更多地涉及对非结构化数据、信息的管理，所以我们看到的 KMS 包含了各种 IT 应用平台、涉及众多的技术，这也是全球 KMS 方面的现状：各种类型的 KMS 平台满足不同类型、规模、成长阶段的企业需求，一般不同厂商拥有不同模块和功能，覆盖了从 OA、文档管理、内容管理系统、数字图书馆、远程电子学习（E-Learning）等多个软件领域，没有一家厂商能够提供全部的系统和满足所有的功能。

知识工程与知识管理在实现目的上有明显区别，因此对于知识工程软件（Knowledge Engineering System，KES）来说，知识管理的目的不仅是要实现知识管理软件系统（KMS）的一般功能，也要通过应用创新方法学和全面管理研发知识来实现技术创新，还要加入诸如技术创新方法学、现代设计方法学、本体论等理论与技术。

第三节　企业知识工程方法与工具

一、企业知识工程方法的特点

企业知识工程方法具有如下特点：

（1）过程性　知识工程要有对象，即知识工程的过程通常与所要解决问题的过程交汇在一起。知识是解决问题的方法和结果，同时，这些知识还需要不断更新。若企业将相关技术外包，则还要重视与外包公司的知识工程协调，以保证在合适的时间，以合适的方式获取有关经验。

（2）协同性　即知识工程中的协同效应。知识体系到今天已经发展成为非常庞大的系统，掌握所有的知识根本是一件不可能的事情。知识本身也分不同的专业，而且越分越细。

但专业的划分只是人类解决复杂性的一种方法，而自然的复杂性永远不会改变，因此就需要跨学科的协同作业。

（3）独特性　每个企业都有与其他企业不同的知识资源的集合，也有一些必须用这些知识资源来解决的特殊的业务问题。因此每个知识工程解决方案都是针对特定企业的。

（4）多样性　知识工程没有单一的解决方案。知识和知识工程的情境是多变的，最好的管理方法应能够随着环境和对象的改变而不断改变。知识工程实施方法应将硬系统方法和软系统方法综合起来，而不是片面地只采用其中一种方法。在显性知识应用方面，较多地采用硬系统方法，强调标准化和模块化；在隐性知识应用方面，则较多地采用软系统方法。

（5）非线性　知识工程是非线性的，涉及知识的产生、搜索、整合、反馈、交流、共享、存储、挖掘等过程，它们之间的相互关系基本都是非线性的。例如，存储的 1000 条知识，其使用价值可能不如 1 条有用的知识。

二、主要的企业知识工程方法

根据企业行为对象的不同，可以把企业知识分为七大类，相应采用的知识工程方法也不同，见表 6-2。

表 6-2　知识类型和对应的主要知识工程方法

知识类型	主要知识工程方法	案例
客户知识	发掘客户关系中深层次的知识；理解客户需要；发掘新的商机	通过客户知识库将最终客户的需求与企业研发部门联系在一起
合作关系知识	在供应商、雇员和其他合作伙伴之间，通过知识流促进最新的战略制定	日本东芝收集了 200 个有关供应商的定性和定量的因素，并拥有与供应商之间完善的网络通信，使知识能实时共享和使用
商业环境知识	系统的环境变化甄别，包括政治、经济、技术、社会环境的趋势	Smith Kline Beecham 通过建立一个虚拟书店，将潜在和有价值的市场变化信息发布给领域专家
组织知识	知识共享；经验数据库；专家目录；在线文档、在线论坛；Intranet 应用	咨询机构 Price Waterhouse 拥有全公司共享的知识库，还拥有进行对客户分析和导航的知识中心
业务过程知识	将知识内嵌到业务流程、管理和决策中	CIGNA 在其保险业务流程中嵌入了保险业务流程知识
产品和服务中的知识	将知识内嵌到产品和服务中，并利用知识进行智能引导、知识导向等服务	Campbell Soup "Intelligent Quisine" 工具自动每周向高血压和胆固醇患者提供自配的营养套餐建议
人的知识	知识共享；专家学习网络；知识实践社区	TetraPak 拥有技术学习网络，支持公司员工学习

三、知识工程工具

1. 信息工具和知识工程工具

知识是信息的应用，而信息的应用主要是由人来完成的。信息技术的强大沟通和统计运算能力将承担知识工程中的许多重复性工作。因此，许多知识工程工具与信息管理工具在本质上并没有区别，其不同点是这些工具用来为知识工程服务，支持知识的群化、外化、整合、内化、评价、应用和创新。例如，实时交流工具微信、QQ 等，在绝大多数情况下是人们用来进行信息远程交流的,但也有一些企业用这些实时交流工具进行知识交流,此时它们就成为知识工程软件工具。知识工程软件工具可以看作信息管理工具中的核心部分。图 6-5 所示为主要的知识工程工具及相互关系,各种知识工程工具简要地总结见表 6-3。

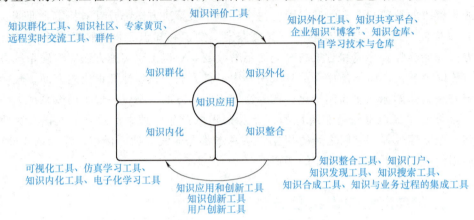

图 6-5　主要的知识工程工具及相互关系

表 6-3　知识工程工具简介

知识应用类型	工具	主要作用	实例
知识群化	知识社区	通过互联网进行讨论和交流	KNetix、BBS
	专家黄页	对知识专家的简单介绍,帮助快速查找所需要的知识专家	
	远程实时交流工具	快速地进行异地远程实时交流	QQ、MSN、视频系统
知识外化	知识共享平台	建立、存储和管理各种类型的文档,建立知识共享通道	Lotus Notes、Exchange Sever
	企业知识"博客"	让员工随意、方便地发布自己的知识	Manila、Sharepoint
	知识仓库	隐性知识的显性化,杂乱信息和知识的有序化	RDMS
	自学习技术与系统	智能和自动地将隐性知识转化为显性知识	PMS
知识整合	知识门户	提供统一的知识入口	IntraBlocks
	知识发现工具	在零乱的数据中发现隐含的、有意义的知识	Enterprise Minser、Congnos、Brio
	知识搜索工具	获取互联网上的各种知识	雅虎、谷歌、百度
	知识合成工具	将分散的知识和创新观点整合起来	IdeaFisher、Inspiration
	知识与业务过程的集成工具	将知识与业务过程集成在一起	ARIS-Toolset
知识内化	电子化学习工具	帮助员工自学,缩短知识转移的时间	Knowledge Hub
	可视化工具	将显性知识更好、更快地内化为员工隐性知识	Sunflower
	仿真学习工具	对实际运行情况的仿真,加速知识的内化	ERP 仿真学习系统
知识评价	知识资产管理工具	对企业拥有的专利权和版权等知识资产的评价	IPAM、ICBS
知识应用和创新	知识创新工具	引导人们突破思维定势,帮助人们实现知识创新	IdeaGenerator、Mindlink、Pro/Innovator
	用户创新工具	支持用户参与产品个性化设计和创新	

2. 知识工程工具的关键词分类法

知识工程工具的种类很多，可以采用关键词分类法以帮助快速找到需要的工具。知识工程工具的关键词有以下七类：

（1）知识结构化程度　结构化、半结构化、非结构化。

（2）知识对象　隐性、显性。

（3）知识载体　人、知识物件。

（4）工具等级　战略层、战术层、运作层。

（5）技术成熟度　很成熟、成熟、有待成熟。

（6）主要用途　知识群化、知识外化、知识整合、知识内化、知识评价、知识应用。

（7）应用领域　如设计、制造、销售、管理等。

第四节　知识创新与知识共享

一、知识创新

1. 知识创新的概念

创新是人们创造性劳动及其价值的实现形式。知识创新，是指通过企业的知识管理，在知识获取、处理、共享的基础上不断追求新的发展，探索新的规律，创立新的学说，并将知识不断地应用到新的领域并在新的领域不断创新，促进企业核心竞争力不断增强，创造知识附加值，使企业获得经营上的成功。知识创新的核心是产生新的思想观念和公理体系，其直接结果是产生新的概念范畴和理论学说，为人类认识世界和改造世界提供新的世界观和方法论。

知识创新包括科学知识创新、技术知识（特别是高技术）创新和科技知识系统集成创新等。知识创新的目的是追求新发现、探索新规律、创立新学说、创造新方法和积累新知识。

2. 知识创新的特征

知识创新具有独创性、系统性、风险性、科学性和前瞻性。

（1）独创性　知识创新是新观念、新设想、新方案及新工艺等的采用，它甚至可能在某种程度上破坏原有的秩序。知识创新实践常常表现为勇于探索、打破常规，知识创新活动是各种相关因素相互整合的结果。

（2）系统性　知识创新可以说是一个复杂的"知识创新系统"，在实际经济活动中，创新在企业价值链中的各个环节都有可能发生。

（3）风险性　知识创新是一种收益与风险并存的活动，它没有现成的方法，尽管有程序可以套用，但是投入和收获未必成正比，风险是不可避免的。

（4）科学性　知识创新是以科学理论为指导、以市场为导向的实践活动。

（5）前瞻性　有些企业，只重视能够在当下带来经济利益的创新，而不注重能够在将来带来利益的创新，而知识创新则更注重未来的利益。

3. 知识创新的形式

企业的知识创新，一般有两种形式，即累积式知识创新和激进式知识创新。

（1）累积式知识创新　累积式知识创新是企业在原有知识的基础上，结合外部资源进行持续创新。这种创新是在原有知识基础上的创新。创新的累积性还意味着学习过程必须是连续的，学习过程依赖于企业组织不会随时间的流逝而分崩离析。

（2）激进式知识创新　激进式知识创新是指企业突破惯性思维，发现现有知识中没有的全新知识。这一创新的来源既有科技创新给企业带来的根本性变革，也有企业效仿竞争对手引进的新知识、新技术与新理念。

无论是累积式知识创新，还是激进式知识创新，企业都需要具备包容新知识的素质和才能。

4. 知识创新的关键因素

知识创新是一个复杂的、非结构化的过程，涉及因素很多。知识创新 = 知识 + 创新兴趣 + 创新环境，如图 6-6 所示。

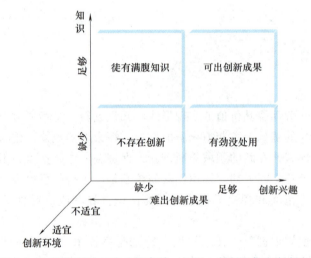

图 6-6　知识创新的三个必要条件：知识、创新兴趣和创新环境

5. 知识创新过程模型

（1）从学习到创新的长周期过程模型　图 6-7 所示为一种从学习到创新的长周期过程模型。

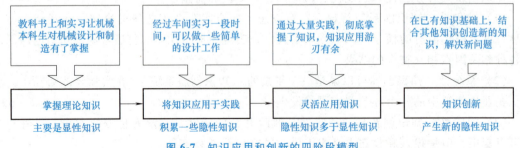

图 6-7　知识应用和创新的四阶段模型

（2）从挑战到创新的短周期过程模型　图 6-8 所示为一种从挑战到创新的短周期过程模型。

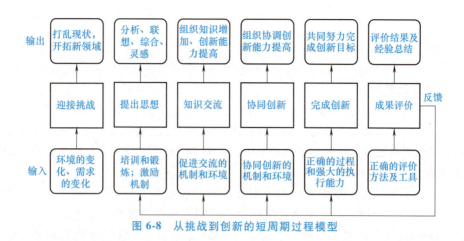

图 6-8 从挑战到创新的短周期过程模型

6. 常用的知识创新方法

知识创新的基础是知识的积累和灵感的迸发，是研发人员进行创造性思维的结果。创新本身意味着不拘一格，但是以下一些创新方法（见表 6-4）有利于在创新过程中产生全新的思路和想法。

表 6-4 常见的创新方法

方法	内容	原理	关键
头脑风暴法	通过会议的形式，让所有参加者在自由愉快、畅所欲言的气氛中，针对某一专题自由交换想法，并以此激发与会者的创意，参加者提出的方案越多越好，一律记录下来，之后再研究有哪些切实可行的新建议	知识群化；不同知识的碰撞和启发；创造能力的集体训练	文化氛围、组织者的组织能力
缺点列举法	尽力列出某事物（如产品）的缺点，再选出主要缺点，然后研究革新方案	将矛盾分析结果用于发现新作用原理、新物理结构，进而找出相似实例	正确分析事物中存在的矛盾
联想类推法	通过相似、相近、对比，将几种联想交叉使用，以及在比较之中找出同中之异、异中之同，从而产生创造性思维和创新的方案	描述世界万物内在规律的各门学科领域的知识具有相互关联的特性	快速找到与问题关联的知识，找到各种知识的联系
反向探求法	采用背离惯常的思考方法，对已有产品或已有方案进行功能、行为、结构、原理的逆向思考和转换构思，寻求解决问题的新途径	突破常规、思维定势，实现创新	逆向思考和转换构思的能力
组合创新法	将现有的技术或产品通过功能、原理和结构的组合变化，或者将已知的概念作为媒介，将毫无关联的不同知识要素结合起来，摄取各种产品的长处使之综合在一起，形成具有创新性的设计技术思想或新产品	许多创新是由现有的技术或产品组合来的	组合方案是无穷的，要善于利用直觉快速摒弃无用的方案
知识链接法	通过各种方式将大量涉及创新的相关知识与知识相关的实体链接、组织在一起，在每个知识供应者和知识使用者之间建立知识反馈，使知识交换更为有效	创新是一个动态的和复杂的作用过程，同时也是个知识工程的运作过程，它包括知识的组织、利用、产生和转移等过程	该方案适用于更大范围内、更高层面上的创新

二、知识共享

1. 知识共享的定义

知识共享是指员工彼此之间相互交流知识，使知识由个人的经验扩散到组织的层面。这样在组织内部，员工可以通过查询组织知识获得解决问题的方法和工具。反过来，员工的好的方法和工具通过反馈系统可以扩散到组织知识里，让更多的员工来使用，从而提高组织的效率。

2. 知识共享的基本方式

从组织知识的来源看，组织知识的最主要的原始来源是个人知识，而个人知识的隐性化程度最高，所以个人知识的共享最不容易。个人之间有两种交流知识的形式，即文档交流和直接交流。Hansen 等人认为，根据个人知识不同的交流方式，组织知识的共享可以分为编码化方法和个人化方法两种。

（1）编码化方法　编码化方法指组织通过内部的管理机制和沟通渠道，将个人知识复制成较为显性的知识表现方法，如工作流程，或进一步表达成数据库的形式。在这种方法中，信息技术将发挥重要的作用，用于存储编码化的信息。作为一种员工与知识进行交流的工具，编码化方法的基本思想是将解决问题所需的知识标准化。

各个组织都或多或少地利用了知识编码方法来提高效率，而方便、实用的知识编码体系是编码化知识共享成功的基础。在编码化的方法中，知识共享的编码体系通常有工作流程和数据库两种形式。组织可以根据知识的可编码程度，以及知识本身的性质，将知识编码成工作流程或数据库的形式。编码化的工作流程将知识嵌入组织的业务流程、信息流程等，将工作流程编码化、规范化甚至标准化。而数据库形式是最显性的表达知识的方法，知识通过编码进入数据库后，就可以方便地被其他组织内部成员使用。

（2）个人化方法　个人化方法指将没有掌握某种知识的人和掌握该知识的人紧密地联系在一起，知识的共享主要通过人与人之间的直接交流。如处理战略性课题时，由于问题本身复杂又不具有重复性，通过专家之间的交流有助于提高效率。实施个人化方法的基本思想是根据要求，将具有不同领域知识的人组成一个团队，通过团队成员间的相互交流解决问题。

根据个人之间的交流方式的不同，将个人化方法分为人-人和人-连接-人两种。人-人式指个人之间直接进行交流，面对面或者通过电子邮件等媒介实现信息共享。这种方法适用于个人之间比较了解，可以直接确定谁对某个领域比较熟悉的情况。人-连接-人方式指人与人之间通过一种连接工具进行接触，如一张记录所有专家的研究领域的列表，还可以是一个联络小组，专门负责帮助组织内部员工寻找所需求的专家。

3. 组织内知识共享策略

（1）创立组织知识共享的文化，在员工之间建立相互信任的关系　员工之间的交往和沟通、知识的交流和转移以相互信任为基础，正如 Putnam 所指出的"一个普遍交往的社会要比相互间缺乏信任的社会更有效率，信任是社会生活的润滑剂"。一方面，从知识的转移来看，尤其是第二类隐性知识，它很难通过正式的网络进行有效的转移，而只有通过紧密的、值得信赖和持续的直接交流等非正式网络才能实现隐性知识的传递，而知识有效转移的前提条件就是知识转移的双方必须相互信任；另一方面，人与人之间的相互信任能有效降低任何一方采取机会主义的可能性，从而提高人们合作的效率。

组织文化是组织及其员工行为准则的判断标准和体系，它时刻指导着组织及其员工的行为。组织文化的核心是价值观，组织文化的建立应以有利于知识共享的价值观为指导，并使这样的价值观融入组织和组织员工的价值观。

（2）降低组织成员知识基础的差异性，减少由于员工对知识共享评价的差异性带来的损失　组织人力资源管理部门应有计划性和前瞻性，在人员招聘、职责描述、帮助新成员内部化和人员匹配等环节中，明确组织职位对成员知识基础的要求，并努力了解员工完成工作所需的相关知识，确保员工具备完成职责所需的基础知识，使全体员工对本企业所需的各种知识有所了解。此外，组织在设计知识管理系统时，应设计合理的激励系统，促进并奖励知识共享，阻止并惩罚对于可完整转移知识的隐藏行为。在考评员工时，要注意考虑他向同事转移了多少有用的知识、在团队工作中起到的作用，以及对企业知识创新的贡献等。企业制度应能让员工看到并享受到将自己的知识与他人共享带来的利益。

（3）设定原则，甄选具有潜在价值的共享知识　知识管理的目标是实现组织总体的发展战略，因此知识共享的过程也必须以实现组织战略目标为前提。对共享知识的甄选非常复杂，可以通过以下几个方面来进行：

1）分析组织的长期规划和目标。通过组织战略目标和核心竞争力分析，寻找为完成组织战略目标所必备的关键活动和关键业务，形成关键活动和业务的工作流程，以此作为甄选和评价具有潜在价值的知识的出发点。

2）对关键活动和业务流程进行分解，寻找为完成这些活动和业务所必备的知识，显示知识杠杆点。在企业关键业务活动中，能够利用知识带来效益，并对实现组织发展战略和长期规划有重要贡献的知识称为知识杠杆点。知识杠杆点是企业知识管理的重点，也是对企业今后发展具有重要作用的关键知识。

3）发现知识杠杆点中的有关人员。人员是知识共享的核心，也是知识共享和知识管理成功实现的保证。通过访谈相关人员，主要是独当一面的人员，获得组织知识库和知识专家的位置。

4）根据知识分类确认知识在组织中存在的形式和发挥作用的情况。对于显性知识，如技术文档、产品说明、市场规划等，指出其存在的位置、获取的方法、知识的简单描述等。对组织中的隐性知识要做出统计和描述，包括知识背景、知识网络、知识与组织之间的关系等，并分析这些知识在组织发挥作用的情况。

以组织本身、顾客和业务伙伴的作业流程为线索，将组织现有知识与为实现组织目标所需知识进行对比，找出组织目前知识存在的不足，并结合知识杠杆点，以此作为甄选和评价组织知识潜在价值的标准。

第五节　企业知识工程实施方法

一、企业知识工程实施方法框架

企业知识工程是一项长期的、关乎全局的战略，需要有效的方法予以保证。企业知识工程的实施方法分为图 6-9 所示三大类：①总体规划，分步实施；②总体规划，全面实施；

③粗规划，分头实施，系统集成。各方法比较见表6-5。

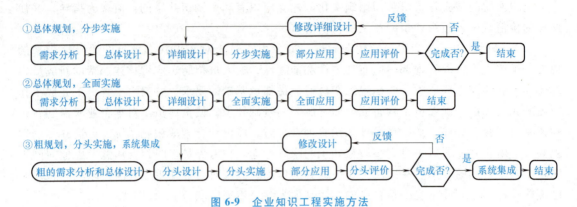

图 6-9 企业知识工程实施方法

表 6-5 企业知识工程实施方法比较

方法	优点	弱点	适用范围	特点
总体规划,分步实施	从企业最需要、实施效果最佳的系统入手,风险小,容易快速见效和容易得到领导的支持	可能总的效果不是最好;有时并不存在单一的最佳的知识工程实践	知识工程基础较差、知识内关联度低的企业	自下而上、他组织、渐进实施
总体规划,全面实施	容易集成	风险大,见效时间长	有一定知识工程基础、知识内关联度高的企业	自上而下、他组织、全面实施
粗规划,分头实施,系统集成	风险小,容易快速见效,有利于得到领导的支持	由于事先没有进行很好的总体规划,有可能出现一些系统集成和资源配置上的问题	大的、复杂的、难以把握的知识工程系统的实施;知识工程基础较差的企业	自下而上、自组织、渐进实施

1. 渐进实施和全面实施

渐进实施方法认为企业知识工程应形成一种开放、互动、持续创新和交替有序上升的模式,其实施是一个渐进的、不断迭代的过程。企业可以从文档管理开始,逐步建立企业知识门户和知识发现系统,进而把企业已有的知识应用提升到一个新的高度。渐进实施方法是从容易实施和见效的方面开始实施,具有风险小、见效快的特点,比较适合正在从传统的劳动密集型、资金密集型向知识密集型发展的企业。这样可以使知识工程实施与企业发展同步,与企业员工的素质和企业文化的发展同步。渐进实施方法也需要进行全面规划,但这种规划可以比较简略。这样可以明确渐进实施的目标,使得不同阶段的工作之间有较好的衔接,最后所实现的知识工程系统的集成性好。

全面实施方法需要全面规划企业知识工程方案,系统引入知识工程模式与平台,对知识资源进行全面整合,比较适合已有一定知识工程基础的知识型平台的企业,往往与采用一个高度内关联的或规模较小的知识工程软件系统有关。知识工程是一个全员化的行动,与每个员工都有关,它可以有效整合各部门的知识资源。

2. 自上而下实施和自下而上实施

自上而下的实施方法是从企业总体需求和总体目标出发,进行目标分解和系统功能分解,确定各子系统的开发和实施任务，并确定各子系统间的集成接口，最后将各子系统集成为整体。因此，自上而下的实施方法比较适合基于信息技术的知识工程系统，比较适合中小企业。

自下而上的实施方法首先由基层组织建立知识工程系统，然后逐步集成，形成部门级的知识工程系统。因此，自下而上的实施方法比较适合面向隐性知识的管理系统，比较适合大企业。

在全面实施知识工程系统中，以自上而下的实施方式为主；在渐进实施知识工程系统中，以自下而上的实施方法为主。

3. 自组织实施和他组织实施

在知识工程实施中，自组织与他组织的实施方法交融在一起。由于企业知识是分布化的，因此知识工程实施也是分布化的，即具有很多自组织的特点。例如，知识集成过程、知识库的建立过程是自组织的，自组织的特点也将促使知识工程快速发展。同时由于知识工程是一个人造系统，在某些方面需要采用他组织的方法开发和实施，即专门组织一支开发实施队伍进行开发和实施。例如，企业的知识工程系统网络结构、搜索引擎的建立是他组织的，事先设计好，然后实施。

二、知识工程实施的过程模型

知识工程的实施是一个动态过程，需要采用过程模型进行描述。知识工程实施过程分为平时的知识学习、搜集、积累、综合过程和需要时的知识寻找、应用、创新过程两大部分。知识工程的实施过程模型有很多，如图6-10所示为其中的一种模型表示。

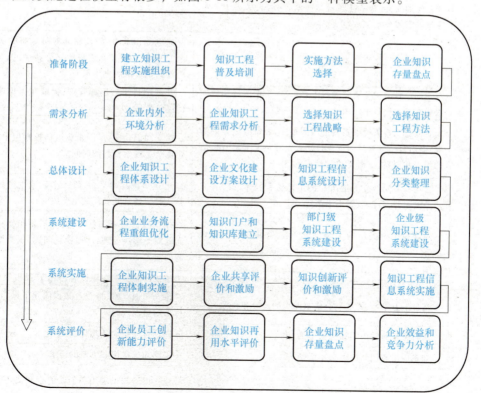

图 6-10　知识工程实施过程的一种模型

三、企业知识工程的需求分析

企业知识工程是需求驱动的，因此企业知识工程实施首先需要描述企业知识处理现状，弄清楚企业现有的知识、知识的需求和知识处理有关的活动，找出应改进的薄弱环节和领域。可以针对不同的问题，选择不同的知识工程方法，见表6-6。

表6-6 企业不同问题的知识工程需求分析

问题分类	问题情景	知识工程的需求分析
知识群化	员工需要向具有某种专长的专家咨询,却不知谁有这样的专长	建立专家黄页,使员工能快速找到掌握所需知识的专家
	企业中富有经验的技术人员的数量跟不上企业发展需求	建立知识社区,让富有经验的技术人员主持,促进隐性知识的传播
	企业严重缺乏富有经验的技术人员	在技术部门建立师傅带徒弟的制度,提供知识交流的良好环境
	企业流动性大,离职员工多	建立离职员工数据库
	企业业务范围大,涉及知识面宽,对项目组人员的组合要求较高,不知如何快速找到合适的员工,进行优化组合	建立企业员工能力数据库
知识外化	老专家退休后,企业出现人才新老交替的知识断代	及时将老专家头脑中的知识记录和保存,使新员工可以了解和掌握
	随着关键员工的离职或休假,与重要合作伙伴的良好关系受到损害,联系甚至被迫中断,同时也失去了非常宝贵的实践经验	及时将关键员工头脑中的经验知识记录和保存
	企业员工重复研究的现象严重	建立知识共享平台,将企业员工研究成果在内部网站公布,使知识资源充分共享,提高企业内部知识资源的再用水平
	不同项目的重复研究的现象严重,项目中的经验教训很难在其他项目中应用	开展项目事后回顾管理,提取和固化项目中的经验教训
知识整合	企业员工每天搜索资料的时间很多,经常有这样的情况:以前自己撰写过的或见过别人整理过的非常有价值的报告和资料,在需要的时候找不到	建立知识仓库,采用企业内部搜索引擎,缩短企业员工搜索资料的时间
	公司在不同地方的生产厂的工艺流程技术和管理方法参差不齐,各厂效能不平衡	建立知识共享平台,将一个厂或生产线的经验及时传播到其他厂或生产线
	对众多用户提出的大量问题不能提供及时的咨询服务	建立咨询服务公共平台,迅速将相似或系统问题归类解决处理,从而简化问题,提高解决问题的能力
	产品相关知识传播速度慢,延缓产品占领市场	加快产品相关知识传播,促使产品占领市场
知识内化	新员工上手难,不能充分借鉴前人的经验和智慧	建立知识仓库,将企业知识固化下来,作为新员工的培训内容
	面对海量的知识不知从何下手	先进行知识的条理化、有序化
知识应用和创新	知识应用和创新的需求不清楚	了解知识应用和创新的需求
	知识应用和创新的兴趣不高	建立促进知识应用和创新的企业文化、机制、组织和管理模式

四、知识工程的总体设计

1. 确定知识工程团队、策略和总体计划

建立专门的知识工程战略和实施的项目团队，确定总体的项目计划、实施战略和项目制度。

2. 进行知识清点

对企业已有知识进行清点，确定企业知识资源的价值、数量及获得这些知识的难易程度。知识清点的内容包括：①整理各种公开发布过的文档；②确定各种未公开发布过的知识资源；③详细清点企业从外界获取的各种知识。

3. 确定企业知识需求

分析企业各部门对知识的需求，以便确定知识工程应该向哪些部门倾斜、重点满足哪些部门的需求、这些部门的业务现状是怎样的、业务关键结点需要什么样的知识资源。

4. 选择知识工程战略

知识工程战略服从于企业的整体战略。根据企业战略、目标、关键的成功因素对企业环境进行分析，定义对企业具有战略性重要意义的知识领域，决定重要的知识密集型经营过程和活动。

5. 提出知识工程的方法

为了实现知识工程，需要提出一个知识工程的方法，包括：①知识工程实施过程的详细定义；②过程重组；③组织重构；④激励方案；⑤培训计划；⑥知识工程工具的方案（包括网络架构、软件系统、知识库等）。

6. 确定策略，选定产品、制订实施计划

为满足各部门和人员的知识需求，从知识建设和知识工程系统建设两个方面入手：①知识建设包括是否购买外部的知识、怎样将已有的知识重构以满足需求、怎样进行研发创新等；②知识工程系统建设包括确定知识工程工具的建设策略、进行产品和技术方案的选择。技术路线确定后，就可以根据产品特点、知识工程的要求制订出系统的实施计划，用于指导系统的建设。

7. 建设知识工程系统

首先选择 1~3 个部门进行试点，然后再总结经验、全面推开。知识工程系统建设需要注意两个方面的问题：①多种知识获取渠道的集成，即用户应该能够通过多种渠道、多种形式获得所需的信息；②综合考虑需求的强烈程度、成本等诸多因素，按收益成本最大化的原则与 OA、ERP、CRM、SCM 等其他业务系统进行有效集成。

8. 提高知识工程系统的安全性和保密性

知识是企业竞争的核心资源，知识工程系统的安全性和保密性非常重要，稍有不慎，知识资源很容易不知不觉流失。安全性是影响知识工程系统普及应用的瓶颈。提高知识工程系统的安全性和保密性可采取以下主要措施：①访问机制控制；②安全性、保密性设计；③数据库备份与恢复；④企业局域网与外网的安全管理。

第六节　制造企业知识工程系统的实现

一、制造企业知识工程系统概述

制造企业知识工程系统是将企业知识进行沉淀，构建企业知识库，并通过知识库对企业知识进行统一管理。企业知识工程系统应支持知识的条目化展示，并为用户提供便捷的知识查询方式。企业知识工程系统有两大定位：

1）系统本身用于构建知识库，对知识资源进行统一管理和应用，体现的系统价值是统一知识源，提高查找知识的效率，加强知识共享。

2）实现知识与业务流程的结合，在企业业务流程模型的基础上，进一步将知识关联到业务活动上，并推送到活动人员手中供其使用，使业务活动得到知识的支撑，提高活动中可用知识的质量，从原来的人找知识转变为知识主动推送。

企业知识工程系统通过对业务流程的梳理，形成企业知识体系，让知识与业务活动产生关系，使工作得到知识支持，并伴随着工作而产生新的知识。企业知识工程系统以业务活动为逻辑单元对知识进行组织和索引，为用户提供企业知识的完整视图，以方便应用。

知识工程系统应能提供专业、深度的知识信息搜索、处理、共享和应用机制，以实现企业知识的可持续积累和有效重用。企业知识工程系统的主要功能包括构建企业业务流程模型、建立企业知识库及知识管理系统。

二、构建企业业务流程

随着企业外部环境的瞬息万变及企业内部管理的不断规范，企业的业务流程也应持续不断进行优化，以提高企业的适应能力和竞争实力，实现企业高速、平稳、可持续发展。业务流程优化针对企业现有业务流程的问题，经过梳理与改进，使业务流程更简单、更直接，使部门间的协作更流畅，提升适应环境变化敏捷反应的能力，尽量避免无效或不增值的活动，提高整体工作效率。

构建业务流程相关工作主要包括流程梳理、流程优化和流程体系建设。

（1）流程梳理　要满足客户的需求，企业必须通过流程来规范内部各部门的活动配合问题。一般来说，每个企业都有自己的流程，但有的是显性的，有的是隐性的。流程梳理就是使流程显性化、可视化。

（2）流程优化　流程优化是对影响效率、成本或质量的关键环节进行调整，不做整体流程更新，从而提升企业管理水平。针对关键性的局部流程优化是一种冲击小、潜移默化、效果好的改进方法。

流程优化的主要工作包括：①分析选定待优化的关键流程，划分跨部门的职责和协同关系，促进部门间共同协作；②制定流程运作的标准指导文件和方法工具，将企业成功经验固化、积累和传承，保证组织高效运作。

（3）流程体系建设　流程体系建设是在流程梳理、优化的基础上按照业务逻辑关系将流程进行整理和管理，形成便于识别和操作的体系。流程体系建设的主要工作包括：构建企业端到端的流程框架和分类分级的流程清单，为全面的流程梳理和优化建立起清晰的结构框架，解决管理交叠或管理盲区问题；明确各级流程执行的责任人和持续优化的责任主体；将流程体系整合到企业管理体系，规范企业各项相关活动；制定治理措施和执行保障措施，形成流程管理长效机制。

三、构建企业知识库

企业知识泛指企业制造活动中应用、产生和创造的各种认知过程和结果，包括制造活动的过程数据和结果数据的积累、制造活动组织运行的信息积累、企业内外与制造活动相关的文档资料、研发人员从事研发活动的方法和经验总结、与研发相关的企业各种战略的决策过程和结果。

1. 知识库构建原则

（1）明确知识分类规则　知识分类是知识梳理、聚集和展示的核心维度，知识工程中所有知识都需按照对应的分类方法进行归类，知识分类的划分是知识工程项目前期的重点工作。

（2）定义知识颗粒度　知识颗粒度是知识内容大小的度量。结合实际业务情况，以提高知识使用者对知识利用率、发挥知识最大价值为目标，制定合理、统一的知识颗粒度标准。

（3）制定知识模板　知识模板是知识结构化的基础，用于对知识进行结构化的描述和展示，不同类别的知识可以采用不同的模板。系统中所有非集成类的知识都需要按照一个合适的模板进行内容描述，知识采集或录入时按模板样式进行信息填写，知识在系统展示时按模板样式进行展示。

2. 构建各专业知识库的方法

知识库是以既有知识资源的聚集和分类为基础，配合企业活动的关联知识梳理进行构建的。根据知识分类及其应用需求，可构建多个分类知识库。

知识库的建设能够有效固化工程知识，从而使知识可以不断地积累和重用。通过知识工程系统平台工具可将分散的、非结构化的知识采集、提炼后入库管理，发现和收集游离于管理制度之外的知识，把隐性知识转化成显性知识，把个体知识转换成公有的、有组织的、可以共享的知识，有效地组织和利用企业内部各个部门分散的知识。

知识库构建的方式有以下三种：

1）企业活动伴随知识梳理入库。包括：①按知识库与维度的分布，汇集和整理各类知识的来源与素材；②分析各类知识属性，设计各专业不同类型的知识模板；③审批并确认各知识条目，使用平台将知识入库，实现各专业知识库的初步构建。

2）将各专业已有数据或知识放入知识库。

3）对已有的各类知识资源库进行集成。

3. 知识体系建设

用知识获取、表达、重构组织和映射等技术，开发企业知识库，显著提高知识的共享和重用水平。

（1）知识体系内容　基于企业业务流程及其活动中的知识需求，建立按组织、专业、知识类型、业务流程阶段、产品等层级的知识体系，建立易于理解和可操作的知识分类。知识体系可以按照多种方式建立，且有些方式可以并存。各知识体系根据其自身用途及特点，有的相对稳定，有的动态变化。

（2）知识多维分类体系 创建不同的维度，并定义每个维度下的多级子分类，以便从不同角度管理知识、查看知识、检索知识和应用知识。

1）按组织维度分类。这一分类体系的主要作用是明确知识与部门科室的对应关系，以便按组织机构检索知识。

2）按专业维度分类。这一分类体系的主要作用是明确知识所属的领域和专业。

3）按知识类型维度分类。分析业务活动所需的各种知识资源，按知识类型对知识进行划分，并形成按知识类型的知识分类体系，如流程类、依据来源类、数据类、标准规范类、方法类、技术报告类、经验/教训类、手段/工具类、专利/成果类、术语类和其他类。

4）按业务流程阶段维度分类。按业务流程阶段对知识进行划分，明确知识在业务活动中所处的阶段，并形成按业务流程阶段的知识分类体系，如立项论证、方案设计、详细设计、试制和试验、设计定型、生产定型、批量生产。

5）按产品维度分类。按产品对知识进行划分，明确知识来源于哪个产品，并形成按产品的知识分类体系。

四、开发企业知识管理系统

建立企业知识管理系统的目标是在制造企业执行业务活动的过程中，实现按照实际业务活动的需要提供知识支持，并进行知识沉淀的功能。知识管理系统需要实现的主要功能包括：①根据按需抽取、按用重构的原则将知识用自动化或半自动化的手段推送到需要完成业务活动的工作人员手中；②实现对知识全生命周期的管理，包括知识新建、审批、查询、表达、共享、更新等基本功能，并能为知识应用者提供伴随业务活动执行过程的知识应用。

1. 知识的按需抽取

知识的按需抽取是指知识库管理系统提供关键词、概念等多种方式进行知识内容查询，并对查询的结果进行相关度排序，同时基于搜索内容中的主要概念自动生成摘要。系统能根据用户的浏览内容或检索条件产生变化的动态摘要，使用户通过摘要就能判断是否要打开进行查看，并且能够动态了解知识条目之间的关系。

2. 知识的按用重构

知识的按用重构包括以下三个方面：①当新的业务活动或任务需要与知识建立关联时，可随时到知识库中抽取知识，关联到该任务；②当应用需求变化，原来已关联到该业务活动的知识不能满足当前需求时，可在知识库中重新检索知识，来更新此业务活动的关联知识；③将业务活动中产生的新知识，送回到知识库中，以完善知识库。

3. 知识的自动/半自动推送

知识推送即知识主动发送给需要的人。知识推送的形式主要包括：推送业务活动关联知识到工作环境；自动推送业务活动参考知识；根据知识地图，推送相关知识；自动生成知识的扩展关系，推送知识的相关知识、术语、业务活动。

4. 知识管理系统功能开发

知识管理系统具有以下基本功能：

（1）知识动态 提供用户快捷操作入口，动态地对知识贡献者进行排名展示。

（2）知识导航　展示知识及知识之间的动态关联，用户可以选择不同的维度和分类查看知识、搜索知识。

（3）本体术语　用于展示系统中的术语、术语关系及本体地图，提供查看与搜索功能。

（4）专家地图　用于专家详细信息、专家知识、专家地图和专家问答的查看及专家的搜索。

（5）知识问答　用于创建问题、查看问题、回答问题及搜索问题。

（6）知识统计　提供知识统计功能，并将统计结果以多种形式进行展示，便于用户快速了解整个系统中知识贡献的分布及质量情况。

（7）知识维护　提供对整个系统的知识库、本体和专家地图、分类授权等进行维护的功能。

（8）个人空间　主要提供个人知识的管理功能，包括知识贡献、知识申请、知识收藏、知识订阅、知识问答和知识推荐。

（9）知识搜索　通过智能搜索引擎为用户提供全面、准确的查询结果。

（10）知识关联、沉淀、推送　支持知识与业务活动的关联、任务执行中的知识沉淀，并且知识能够直接推送给用户，为用户完成工作提供支持。

参 考 文 献

[1]　田锋. 智能制造时代的研发智慧：知识工程 2.0 [M]. 2 版. 北京：机械工业出版社，2017.

[2]　施荣明，赵敏，孙聪. 知识工程与创新 [M]. 北京：航空工业出版社，2009.

[3]　胡洁，彭颖红. 企业信息化与知识工程 [M]. 上海：上海交通大学出版社，2009.

[4]　谭建荣，顾新建，祁国宁，等. 制造企业知识工程理论、方法与工具 [M]. 北京：科学出版社，2008.

习　　　题

1. 知识工程的发展是需求拉动和技术驱动的结果，请阐述知识工程与智能制造的关系。

2. 请结合制造业的特点，阐述制造业知识工程体系的构成。

3. 我们处于一个创新的时代，知识创新是产品创新和技术创新的基础。请谈一下什么是知识的创新，为什么要进行知识的创新，以及知识创新的方法。

4. 知识工程的实现伴随产品的全生命周期，包括知识的产生、表达、体系化、共享、应用等一系列活动，其间会用到知识分类、内容管理和数据挖掘、知识推送系统、知识社区、电子化学习等众多工具，请进一步阐述知识社区的含义、构建等内容。我国第一大知识社区是"知乎"，请选用本章提及的合适工具，就知乎的以下内容进行系统分析：①产品定位及用户分析；②产品更新迭代分析；③商业架构分析。

5. 谷歌为了公司提升搜索引擎返回的答案质量和用户查询的效率，于 2012 年 5 月 16 日发布了知识图谱（Knowledge Graph）。使用知识图谱作为辅助，搜索引擎能够洞察用户查询背后的语义信息，返回更为精准、结构化的信息，更大可能地满足用户的查询需求。谷歌知识图谱的宣传语 "things not strings" 给出了知识图谱的精髓，即不要无意义的字符串，而是获取字符串背后隐含的对象或事物。请阐述三种知识图谱构建技术，并列出应用到的知识工程工具。

第七章 | 基于知识的系统及应用

第一节 基于知识的系统及其开发

一、基于知识的系统

知识工程的目标是构建知识系统。知识系统又称为基于知识的系统（Knowledge Based System，KBS），即基于知识的问题求解系统。基于知识的系统是人工智能研究中最活跃、应用最广泛的领域。基于知识的系统具有两个特点：①具有求解问题所需的专门知识，包括基本原理、常识和领域专家经验；②具有使用专门知识的推理能力。基于知识的系统的基本结构由图7-1所示的知识库与推理机组成，专家知识更多的是人工构建；而大数据时代的知识系统结构如图7-2所示，知识库可以由数据自动或半自动构建。

图7-1　基于知识的系统的基本结构　　　　图7-2　基于大数据的知识系统结构

基于知识的系统包括专家系统、知识库系统、决策支持系统和自然语言理解。

（1）专家系统　当知识系统表现出专家级问题求解能力时称为专家系统。专家系统是针对某一专门领域，将该领域里被公认的权威专家的经验遴选出来，归纳成一定的规则，形成该领域相当数量的专门知识并存入知识库。专家系统根据这些知识能模仿专家的思维活动，进行推理和判断，能像专家那样求解专门问题。

（2）知识库系统　把人类具有的知识以一定形式表示并存入计算机，按照需要进行知识的管理和问题求解，以提供知识的共享。

（3）决策支持系统　利用数据、模型和知识，通过计算机分析或模拟，协助解决多样化和不确定性问题以进行辅助决策的系统。

（4）自然语言理解　使计算机能够理解和运用人们日常使用的口语、书面语，实现人机之间的自然语言通信，以代替人的部分脑力劳动，包括查询资料、解答问题、摘录文献、汇编资料及一切有关自然语言信息的加工处理。

知识系统中常见的问题求解任务包括解释、预测、诊断、设计、规划、监视、控制。

（1）解释　根据所获得的数据或信息对现象或情况做出解释，如语言理解、图像分析等。

（2）预测　按给定的条件推导出未来可能发生的结果，如气象预报、交通预测、经济预测。

（3）诊断　根据观察到的现象推断系统的故障，即从所观察的不正常行为找出潜在的原因，如医疗诊断、机电产品故障诊断。

（4）设计　根据要求和条件进行工程设计，求解出满足设计约束的目标配置，如机械产品设计、制造工艺设计等。

（5）规划　寻找出某个能够达到给定目标的动作序列或步骤，如机器人规划、车间运行调度。

（6）监视　把观察到某个系统、对象或过程的行为与其应当具有的行为进行比较，以发现异常情况，发出警报，如核电站的安全监视、传染病疫情监视。

（7）控制　自适应地管理一个受控对象或客体的全面行为，使之满足预期要求，如自主机器人控制、生产过程控制、生产质量控制等。

二、专家系统的结构

1. 专家系统的基本结构

专家系统是基于知识的系统最具代表性的产物。专家系统是利用大量的专业知识，通过符号知识推理来解决特定领域中实际问题的计算机程序系统。专家系统应具备以下功能：

1）能够存储问题求解所需的知识。

2）能够存储具体问题求解的初始数据和推理过程中涉及的各种信息。

3）能根据当前输入的数据，利用已有知识解决问题，并能控制和协调整个系统。

4）能够对推理过程、结论和系统自身行为做出解释。

5）提供知识获取、修改、扩充和完善的手段，不断提高对系统问题的求解能力和求解准确性。

6）提供用户接口，便于使用，便于分析和理解用户要求和请求。

图7-3所示为专家系统基本结构，包括人机接口、知识获取机构、知识库、推理机、解释器、数据库六个部分。

（1）人机接口　帮助用户或专家与专家系统进行通信，它将用户或专家的输入信息翻译为系统可接收的内部形式，把系统向专家或用户的输出信息转化成易于理解的外部形式。

（2）知识获取机构　为专家系统获取知识，可部分代替知识工程师进行专门知识的自动获取，以构建完整、有效的知识库，满足求解领域问题的需要。

（3）知识库　用于存储领域专家的经验知识及有关的事实、一般常识等。知识库中的知识来源于知识获取机构，同时为推理机提供求解问题的知识。

（4）推理机　任务是模拟领域专家的思维过程，控制并执行对问题的求解，是专家系统的"思维"机构。它能根据当前已知的事实，利用知识库中的知识，按一定的推理方法和控制策略进行推理，求得问题的答案。

（5）解释器　能跟踪并记录推理过程，当用户提出询问需要给出解释时，它将根据问题的要求分别做相应的处理，最后把解答用约定的形式通过人机接口输出给用户。

（6）数据库　用于存储领域或问题的初始数据和推理过程中得到的中间数据，即被处理对象的一些当前事实。推理机根据数据库的内容从知识库选择合适的知识进行推理，然后又把推出的结果存入数据库。

由专家系统的结构组成可知，专家系统与传统程序的不同之处主要在于：

1）专家系统中求解问题的知识不是隐含在程序和数据中，而是单独构成一个知识库。这就使得知识库中的知识在更新和扩充时不会因某一部分的变动而导致整个程序系统的改变，从而使程序结构上长期不变的"数据+算法＝程序"模式转变为"知识+推理＝系统"新模式。

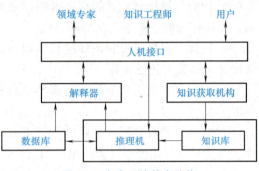

图 7-3　专家系统基本结构

2）专家系统中的解释功能是传统程序所不具备的，专家系统不仅能回答用户的问题，还能解释推理的过程。

3）专家系统中没有所求问题的直接答案，其答案必须经过推理才能得出。而传统程序中只是简单地存储答案，用户在计算机中所做的工作仅是检索答案或计算结果。

2. 新型的专家系统结构

知识和知识推理是专家系统的核心，专家系统的功能很大程度上取决于系统所拥有的知识。但传统专家系统一般不具备自学习能力，其知识获取主要由知识工程师来完成，这是一件十分困难和费时的事情。传统专家系统一般只能应用在某个相当窄的知识领域内去求解预定的专门问题，一旦超出预定范围，专家系统就无法求解。

为了克服传统专家系统的缺陷，满足专家系统应用的需求，随着信息技术的发展，专家系统在并行分布、多专家协同、学习功能、知识表示、推理机制、智能接口、Web 技术等方面都有了较大进展，市面上有一些新型的专家系统出现。例如，模糊专家系统、神经网络专家系统、分布式专家系统、协同式专家系统和基于 Web 的专家系统等。

（1）模糊专家系统　因为现实世界存在大量模糊现象，尤其是在主观认识领域及主客观相互作用的领域，把模糊理论与技术引入专家系统来处理不确定性即构成模糊专家系统。模糊专家系统的基本结构与传统专家系统类似，一般由模糊知识库、模糊数据库、模糊推理机、知识获取模块、解释模块和人机接口六部分组成。其中，模糊数据库是指能存放、处理模糊数据的数据库。

（2）神经网络专家系统　专家系统存在知识获取的瓶颈问题、学习能力较差、处理大型复杂问题较为困难等问题，而神经网络通过训练数据调整系统，可解决那些复杂而没有规则的问题。把神经网络和专家系统结合起来建立混合系统，其功能要比单一的专家系统或神经网络系统更强。如图 7-4 所示神经网络专家系统是神经网络与传统专家系统集成所得到的一种专家系统。它将传统专家系统的显式知识表示变为基于神经网络及其连接权值的隐式知识表示，把基于逻辑的串行推理技术变为基于神经网络的并行联想和自适应推理技术。

（3）基于 Web 的专家系统　随着互联网技术的发展，网络化成为现代软件的基本特征。基于 Web 的专家系统是 Web 数据交换技术与传统专家系统集成所得到的一种专家系统，它利用 Web 浏览器实现用户与系统间在互联网上的交互。基于 Web 的专家系统的结构如图 7-5 所示，由浏览器、应用服务器和数据库服务器三个层次所组

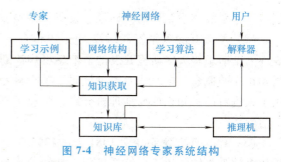

图 7-4　神经网络专家系统结构

成，包括 Web 接口、推理机、知识库、数据库和解释器。系统中的各类用户，包括普通用户、知识工程师、领域专家都可通过浏览器访问专家系统的应用服务器，将问题传递给推理机，推理机通过数据服务器，调用当地或远程数据库和知识库进行推理。

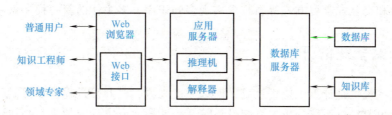

图 7-5　基于 Web 的专家系统基本结构

（4）分布式专家系统　分布式专家系统（Distributed Expert System，DES）是具有并行分布处理特征的专家系统，它可以在把一个专家系统的功能分解后，分布到多个处理机上去并行执行，从而在总体上提高系统的处理效率。分布式专家系统的运行环境可以是紧密耦合的多处理器系统，也可以是松耦合的计算机网络环境。为了设计和实现一个分布式专家系统，需要解决功能分布、知识分布、接口设计、系统结构、驱动方式五大问题。

（5）协同式专家系统　协同式专家系统（Cooperative Expert System，CES）也称为群专家系统，是一种能综合若干个相近领域或同一领域内多个方面的分专家系统相互协作、共同解决单个分专家系统无法解决的更广领域或更复杂问题的专家系统。协同式专家系统是解决单专家系统存在的知识的"窄台阶"问题的一条重要途径。

从结构上看，协同式专家系统和分布式专家系统有一定的相似之处，它们都涉及多个分专家系统。但在功能上却有较大差异，分布式专家系统强调的是功能分布和知识分布，它要求系统必须在多个结点上并行运行；而协同式专家系统强调的则是各分专家系统之间的协同，各分专家系统可以在不同结点上运行，也可以在同一个结点上运行。

三、专家系统的发展

专家系统的发展经历了四个阶段。

（1）第一代专家系统（1965 年—1971 年）　DENDRAL 系统的问世，标志着专家系统进入初创期，这一阶段的专家系统完全是针对特定应用领域开发的，以高度专业化、求解专门问题的能力强为特点，注重系统性能，但忽略了系统的透明性和灵活性等，并不具有较好的

移植性，系统体系结构的完整性、接口衔接等方面有缺陷。

（2）第二代专家系统（1972年—1980年）　这一时期，专家系统进入成熟期，最具代表性的是斯坦福大学研究开发的血液感染病诊断专家系统MYCIN，在MYCIN中第一次应用了知识库的概念。第二代专家系统属于单学科专业型、应用型系统，其体系结构较完整，使用了人机对话，知识库与推理机分离，引进了不确定分析、模糊处理，具有较好的移植性和灵活性。

（3）第三代专家系统（1981年—1995年）　第三代专家系统属于多学科综合型系统，采用多种人工智能语言，综合采用各种知识表示方法和多种推理机制及控制策略，并开始运用各种知识工程语言、骨架系统及专家系统开发工具和环境来研制大型综合专家系统。

（4）第四代专家系统（1996年至今）　20世纪90年代后，专家系统的研究转向了与神经网络等技术相结合，采用大型多专家协作、多种知识表示、综合知识库、并行推理、人工神经网络学习和交互式学习方式等新技术实现多知识库、多主体的新一代专家系统。

四、专家系统的开发

由于专家系统也是计算机应用系统，所以一般来说，其开发过程也要遵循软件工程的步骤和原则，即也要经过系统分析、系统设计等几个阶段。专家系统的核心是知识，知识获取和知识表示是一切工作的起点，专家系统的开发通常由知识工程师和专家配合完成，专家提供领域知识和经验，知识工程师对专家知识和经验进行整理、形式化，形成知识库。早期专家系统的知识获取多采用人工方式，随着人工智能技术的发展，利用机器学习、数据挖掘技术自动获取知识成为一条可行的路径。

一般来说，专家系统投入使用后，知识库需要不断的补充、更新、完善和优化，所以专家系统的开发适合采用快速原型法。采用原型技术的专家系统开发过程可分为设计初始知识库、原型系统开发与试验、知识库的改进与归纳三个主要步骤。

常用的专家系统开发工具和环境可按其性质分为程序设计语言、骨架型工具、语言型工具、开发环境及一些新型专家系统开发工具等。

程序设计语言是专家系统开发的最基础的语言工具，包括人工智能语言和通用程序设计语言两大类。人工智能语言是为人工智能而设计的，主要代表有以LISP为代表的函数型语言和以PROLOG为代表的逻辑型语言等；通用程序设计语言的主要代表有C、C++、JAVA和Python等。

骨架型工具也称为专家系统外壳，它是由一些已经成熟的具体专家系统演变来的。其演变方法是抽去这些专家系统中的具体知识，保留它们的体系结构和功能，再把领域专用的界面改为通用界面，这样，就可得到相应的专家系统外壳。这种工具通常提供知识获取模块、推理机制、解释功能等。使用这种工具开发效率高，但限制多、灵活性差。

语言型工具是一种通用型专家系统开发工具，它是不依赖于任何已有专家系统，不针对任何具体领域，完全重新设计的一类专家系统开发工具。与骨架系统相比，语言型工具具有更大的灵活性和通用性，并且对数据及知识的存取和查询提供了更多的控制手段。常用的语言型工具有CLIPS和OSP等。

专家系统开发环境是一种为高效率开发专家系统而设计和实现的大型智能计算机软件系

统，一般由调试辅助工具、输入输出设施、解释设施和知识编辑器四个典型部件组成。

第二节 知识工程技术在制造装备开发中的应用

一、案例1：基于知识的桥式起重机桥架快速设计系统的开发与应用

起重机属于典型的按订单设计制造的小批量多品种的产品，在不同的载荷、不同的使用工况下结构形式各不相同。传统的设计方法不能把以前的工作成果和知识经验有效地运用到新的产品设计中去。这不仅延缓了产品出厂的时间，而且由于重复劳动占用了大量的设计时间，设计人员不能把主要的精力投入新产品的开发。基于知识的模块化设计方法可通过不同模块的组合，快速设计出符合用户定制要求的产品，是起重机设计发展的重要方向之一。

起重机结构主参数是由载荷或使用工况决定、难以进行系列化分级，可采用广义模块化设计方法进行设计。广义模块化设计的基本原理：分析、总结产品的典型结构，在对产品进行功能分解和模块划分的前提下，对各模块进行变量化分析、提取主参数，结合 CAD 技术，实现各模块的参数化，这称为模块模板或柔性模块。模块模板具有典型的结构特征，确定其参数即可由模块模板派生出满足设计要求的新的模块实例，通过模块实例的组合形成新的产品。

桥架设计是桥式起重机设计计算中工作量最大、最繁杂的部分，也是桥式起重机设计的关键。下面结合起重机桥架结构特点和广义模块化设计的优势，建立桥式起重机专用产品库、模板库、实例库、接口库，开发出桥式起重机桥架快速设计系统。系统包括模块化产品设计、设计资源管理、用户管理三大主功能模块，以及底层知识库。产品设计是对各种设计资源的操作，设计资源管理用于管理各种设计资源，底层知识库用于存储和管理设计过程中的数据、知识。各主功能模块包含若干子功能，系统功能模型如图 7-6 所示。

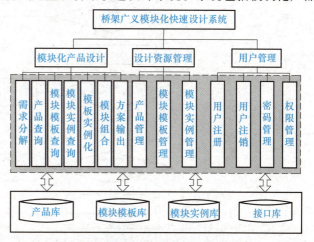

图 7-6 系统功能结构

桥架设计知识库主要包括三个库，即产品库、模块模板库、模块实例库。为了实现重用知识、设计解决方案，以及指导和支持设计人员，使用模板进行知识建模是一种十分有效的基于知识的设计方法。在开发桥式起重机桥架快速设计系统时，基于模板的模块化模型的创建是系统的核心。模块模板是指将产品结构用参数化和模块划分方法得到的一组具有典型模块结构的参数化模型。模块模板是由模块经过抽象、归纳后形成的参数化结构，它具有特定的功能、拓扑关系和相对固定的接口。模块模板的参数化模型由 CAD 软件生成。不同于

传统模块化设计的刚性模块，广义模块化设计的模块是参数化的，根据设计要求给定参数后，即可由模块模板派生出具体的实例。

通过对产品的设计计算知识和工程师的设计经验进行分析、提取主参数，总结出各模块尺寸参数驱动要求。结合数据库技术和 CAD 二次开发技术，建立符合国家标准、行业标准和企业标准的典型结构形式的模板库。模块模板的建立过程如图 7-7 所示，首先在 SOLIDWORKS 环境中采用交互方式生成模板结构来组成零件模型并进行自上而下的装配设计，建立模板的三维装配模型。

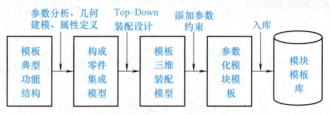

图 7-7　参数化部件模板的建立过程

在此基础上，进一步根据设计要求，用程序、关系式、设计表、配置等方法建立一组完全控制模板模型形状、大小和拓扑结构的设计关系，将特征的生成方式及约束关系存储于部件级模板中。

桥架设计流程如图 7-8 所示，当用户提出设计要求后，首先查找与用户所需参数完全匹配的产品，若找不到，则查找有关能匹配所需设计参数的模块，将其按照接口进行组合成所需产品。通过产品库、模板库和实例库的简单遍历即可完成上述操作。模块组合的结果并非最终结果，还要进行整机分析，如干涉检查、有限元分析等。随后对设计结果进行评价，若

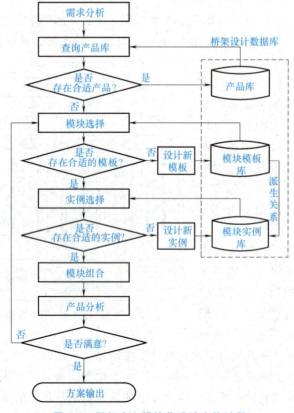

图 7-8　桥架广义模块化设计实施过程

满足要求则将其存入产品库，若不满足要求则回到"模板选择"步骤，查找原因，重新设计。知识库中不一定有符合设计需要的模板或实例，当某种模块库中现有模块无法与用户的要求完全匹配时，进行如下处理：

1）若找不到与之匹配的模块实例，但找到了与之相匹配的模块模板，则由模板按参数要求派生出与之匹配的实例，并将其存入实例库。

2）若通过上述处理无法满足，则找出与目标模块最近的现有模块模板，以现有模块模板为基础，通过功能分模块的替换和少量参数化变型可快速得到所需的新模块模板，将新的模板和实例分别存入模块模板库和实例库。

下面以某桥架的设计过程为例进行说明。图 7-9 所示为由选取模块模板派生模块实例的过程（以一个模块为例），图 7-10 所示为模板实例化后得到的各个主要模块，图 7-11 所示为模块组合过程，组合完成后得到桥架装配模型。

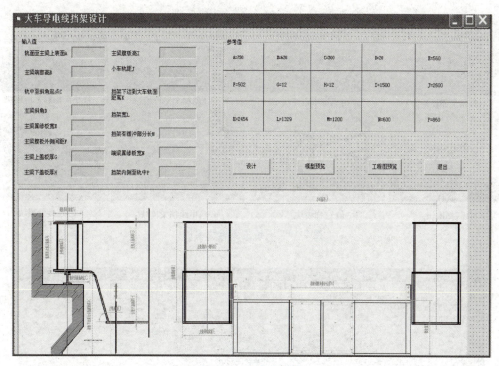

图 7-9　模块实例化

应用该软件系统，设计者可以根据用户需求迅速由模板构建出具体结构尺寸的实例模块，再由实例模块组合成具体的产品结构，从而减少设计人员的重复工作，缩短产品上市周期，降低产品成本，提升企业产品自主创新设计能力，提高企业管理效能。

二、案例 2：基于神经网络的多自由度机器人逆运动学求解

大型结构件复杂焊缝曲线的焊接，需要采用多臂机器人完成焊接作业。解决多臂机器人逆运动学问题，是其轨迹规划与控制的基础。下面采用广义回归神经网络（Generalized Regression Neural Network，GRNN）进行多臂机器人逆运动学求解。机器人逆运动学是已知机

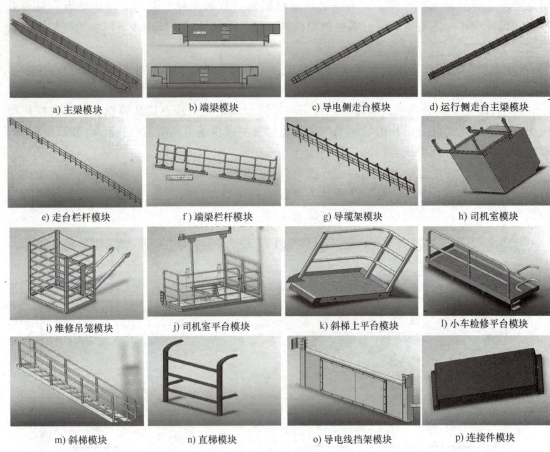

a) 主梁模块 b) 端梁模块 c) 导电侧走台模块 d) 运行侧走台主梁模块

e) 走台栏杆模块 f) 端梁栏杆模块 g) 导缆架模块 h) 司机室模块

i) 维修吊笼模块 j) 司机室平台模块 k) 斜梯上平台模块 l) 小车检修平台模块

m) 斜梯模块 n) 直梯模块 o) 导电线挡架模块 p) 连接件模块

图 7-10 一组主要模块实例

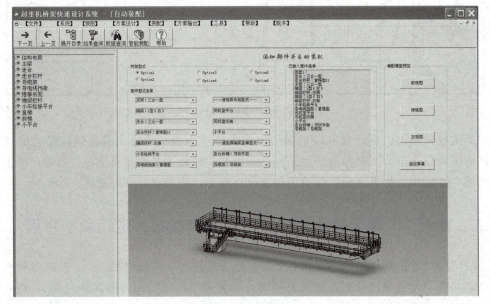

图 7-11 模块组合

器人末端位置和姿态，计算满足要求的关节角，因此神经网络的输入为机器人末端位姿，输出为机器人关节角。基于神经网络的机器人逆运动学求解首先要建立机器人运动学模型，获得训练数据，进而通过数据样本，训练 GRNN，得到多臂机器人逆运动学模型。

（1）建立多臂机器人运动学模型　多臂机器人三维模型如图 7-12 所示，其主机构由三条机械臂及三自由度移动桁架构成：左、右两边布置的机械臂为 6 自由度转动副焊接机械臂，用于对双曲度蒙皮 T 形接头处双侧焊缝的焊接；中间的机械臂为 3 自由度转动副按压机械臂，用于焊接作业过程中按压双曲度蒙皮上的桁条；3 条机械臂倒挂在沿着 z 方向移动的移动桁架上。

根据机器人各支链装配的几何条件，将其模块化为三条支链：支链 1 由 3 自由度移动桁架和中间 3 自由度按压机械臂组成，左、右 6 自由度焊接机械臂分别为支链 2、3。左机械臂 6 个转动关节的输入角分别为 θ_{21}、θ_{22}、θ_{23}、θ_{24}、θ_{25}、θ_{26}，右机械臂 6 个转动关节的输入角分别为 θ_{31}、θ_{32}、θ_{33}、θ_{34}、θ_{35}、θ_{36}，中间机械臂 3 个

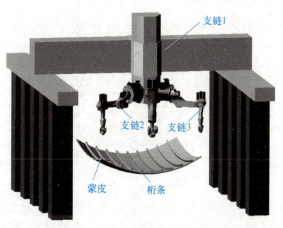

图 7-12　多臂协同焊接机器人三维模型

转动关节的输入角分别为 θ_{14}、θ_{15}、θ_{16}，3 自由度桁架的移动量为 t_1、t_2、t_3。$x_w y_w z_w$ 为全局坐标系，机器人 DH 坐标系如图 7-13 所示。

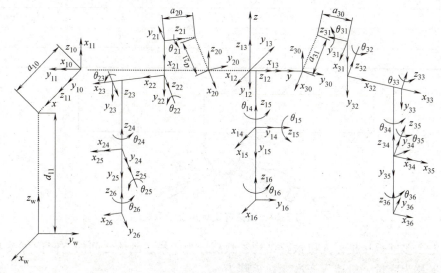

图 7-13　机器人 DH 坐标系

根据机器人结构参数及关节之间的关系，建立与机器人 DH 坐标系拓扑结构统一的 DH 参数表，以表达机器人第 i 条支链第 j 个关节的运动学参数，见表 7-1。其中，L_{12}、L_{13}、L_{21}、L_{22}、L_{23}、L_{24}、L_{25}、L_{26}、L_{31}、L_{32}、L_{33}、L_{34}、L_{35}、L_{36} 表示机械臂杆长参数。多臂机器人两条焊接机械臂安装于 z_w 方向的移动桁架左、右两侧，安装方位角如图 7-14 所示，表

7-1 中关节 1-0、2-0、3-0 用于表达有安装偏角时机器人系统的参数。

表 7-1　焊接机器人 DH 参数

关节 $i\text{-}j$	α_{ij}	a_{ij}	$d_{i,j+1}$	$\theta_{i,j+1}$
1-0	0	a_{10}	d_{11}	$-90°$
1-1	$-90°$	0	x	$-90°$
1-2	$90°$	0	y	$90°$
1-3	$90°$	0	z	$90°$
1-4	0	L_{11}	$-L_{12}$	θ_{14}
1-5	$-90°$	0	0	θ_{15}
1-6	$90°$	0	$-L_{13}$	θ_{16}
2-0	0	a_{20}	0	α_1
2-1	$-90°$	a_{21}	$-L_{21}$	θ_{21}
2-2	$90°$	L_{22}	0	θ_{22}
2-3	0	L_{23}	0	θ_{23}
2-4	$90°$	$-L_{24}$	$-L_{25}$	θ_{24}
2-5	$-90°$	0	0	θ_{25}
2-6	$90°$	0	$-L_{26}$	θ_{26}
3-0	0	a_{30}	0	α_2
3-1	$90°$	a_{31}	$-L_{31}$	θ_{31}
3-2	$90°$	L_{32}	0	θ_{32}
3-3	0	L_{33}	0	θ_{33}
3-4	$90°$	$-L_{34}$	$-L_{35}$	θ_{34}
3-5	$-90°$	0	0	θ_{35}
3-6	$90°$	0	$-L_{36}$	θ_{36}

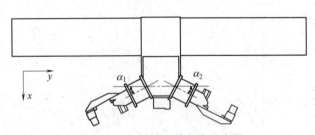

图 7-14　机械臂安装角度示意图

在确定了多臂焊接机器人机械臂结构参数后，为了描述刚体之间的空间位姿关系，以关节转角和平移为变量，机器人齐次变换矩阵为

$$
{}_{j}^{j-1}T_i(\theta_{i,j+1}) =
\begin{pmatrix}
\cos\theta_{i,j+1} & -\sin\theta_{i,j+1} & 0 & a_{ij} \\
\sin\theta_{i,j+1}\cos\alpha_{ij} & \cos\theta_{i,j+1}\cos\alpha_{ij} & -\sin\alpha_{ij} & -d_{i,j+1}\sin\alpha_{ij} \\
\sin\theta_{i,j+1}\sin\alpha_{ij} & \cos\theta_{i,j+1}\sin\alpha_{ij} & \cos\alpha_{ij} & d_{i,j+1}\cos\alpha_{ij} \\
0 & 0 & 0 & 1
\end{pmatrix}
\tag{7-1}
$$

由此，可得焊接机器人手臂末端综合变换矩阵为

$$T_i = \prod_{j=1}^{6} \left({}_{j}^{j-1}T_i(\theta_{ij}) \right) = {}_{1}^{0}T_i \times {}_{2}^{1}T_i \times {}_{3}^{2}T_i \times {}_{4}^{3}T_i \times {}_{5}^{4}T_i \times {}_{6}^{5}T_i \tag{7-2}$$

根据各个关节的变换矩阵，得到机器人机械臂末端位姿输出矩阵表示为

$$T_i \begin{pmatrix} \boldsymbol{n}_i & \boldsymbol{o}_i & \boldsymbol{a}_i & \boldsymbol{p}_i \\ 0 & 0 & 0 & 1 \end{pmatrix} = \begin{pmatrix} n_{ix} & o_{ix} & a_{ix} & p_{ix} \\ n_{iy} & o_{iy} & a_{iy} & p_{iy} \\ n_{iz} & o_{iz} & a_{iz} & p_{iz} \\ 0 & 0 & 0 & 1 \end{pmatrix} \tag{7-3}$$

式中，$\boldsymbol{p}_i$ 为基坐标下末端执行器位置矩阵；$(\boldsymbol{n}_i, \boldsymbol{o}_i, \boldsymbol{a}_i)$ 为基坐标下末端执行器姿态矩阵。

设定机器人末端坐标系与基坐标系重合，然后将末端坐标系相对于基坐标系以 z_w—y_w—x_w 的顺序旋转，即先将末端坐标系绕 z_w 轴旋转 α_i 角，再绕 y_w 轴旋转 β_i 角，最后绕 x_w 轴旋转 γ_i 角，机器人手臂末端姿态可由 α_i、β_i、γ_i 表示，相应地，由旋转矩阵得到机器人手臂末端的姿态为

$$(\boldsymbol{n}_i, \boldsymbol{o}_i, \boldsymbol{a}_i) = {}_{6}^{0}R_{z_w y_w x_w}(\alpha_i, \beta_i, \gamma_i)$$

$$= \begin{pmatrix} \cos\alpha_i\cos\beta_i & -\sin\alpha_i\cos\beta_i & \sin\beta_i \\ \cos\alpha_i\sin\beta_i\sin\gamma_i+\sin\alpha_i\cos\gamma_i & -\sin\alpha_i\sin\beta_i\sin\gamma_i+\cos\alpha_i\cos\gamma_i & -\sin\gamma_i\cos\beta_i \\ -\cos\alpha_i\sin\beta_i\cos\gamma_i+\sin\alpha_i\sin\gamma_i & \sin\alpha_i\sin\beta_i\cos\gamma_i+\cos\alpha_i\sin\gamma_i & \cos\beta_i\cos\gamma_i \end{pmatrix} \tag{7-4}$$

将机器人的结构参数与驱动参数代入以上公式，可以得到机器人机械手臂的运动学实数正解。多臂机器人的结构参数数值：$L_{11}=41\text{mm}$，$L_{12}=1000\text{mm}$，$L_{13}=215\text{mm}$，$L_{21}=L_{31}=675\text{mm}$，$L_{22}=L_{32}=260\text{mm}$，$L_{23}=L_{33}=680\text{mm}$，$L_{24}=L_{34}=35\text{mm}$，$L_{25}=L_{35}=670\text{mm}$，$L_{26}=L_{36}=158\text{mm}$。任意选取一组机器人关节驱动参数：$\theta_{14}=0°$，$\theta_{15}=0°$，$\theta_{16}=45°$，$\theta_{21}=-30°$，$\theta_{22}=90°$，$\theta_{23}=-30°$，$\theta_{24}=-15°$，$\theta_{25}=-60°$，$\theta_{26}=60°$，$\theta_{31}=30°$，$\theta_{32}=90°$，$\theta_{33}=-30°$，$\theta_{34}=15°$，$\theta_{35}=-60°$，$\theta_{36}=-60°$，$x=0\text{mm}$，$y=0\text{mm}$，$z=0\text{mm}$。代入多臂机器人运动学模型，计算得到机器人机械手臂的运动学实数正解见表 7-2。

表 7-2 机器人的运动学正解

末端	x/mm	y/mm	z/mm	$\alpha/(°)$	$\beta/(°)$	$\gamma/(°)$
中间机械臂	-1735.55	3303.00	2075.00	0.00	0.00	45.00
左侧机械臂	-1481.56	3204.01	2061.03	11.21	-12.96	-11.59
右侧机械臂	-1481.56	3319.99	2061.03	-11.21	-12.96	11.59

（2）训练样本的选取　对多臂机器人进行逆运动学求解时，需要将训练样本输入GRNN，而训练样本需要根据机器人各个关节的运动范围来进行选择。根据机器人关节的运动范围，均匀划分各个关节运动空间为 k 组。q_h^l 为第 l 个关节第 h 组运动变量的取值，可计算为

$$q_h^l = q_{\min}^l + h\frac{q_{\max}^l - q_{\min}^l}{k} \quad (h=1,2,\cdots,k; l=1,2,\cdots,18) \tag{7-5}$$

式中，$q_{\min}^l$ 为第 l 个关节变量的最小取值；$q_{\max}^l$ 为第 l 个关节变量的最大取值。

机器人关节的运动范围见表 7-3，将每个关节运动范围均匀划分为 10000 组。计算得到相应 10000 组机器人位姿的数据样本，见表 7-4。

表 7-3　机器人关节运动范围

关节	支链 1	支链 2	支链 3
1	$0 \sim 5502$mm	$\pm 185°$	$\pm 185°$
2	$0 \sim 3006$mm	$-65° \sim 125°$	$-65° \sim 125°$
3	$0 \sim 1003$mm	$-220° \sim 64°$	$-220° \sim 64°$
4	$\pm 350°$	$\pm 350°$	$\pm 350°$
5	$\pm 130°$	$\pm 130°$	$\pm 130°$
6	$\pm 350°$	$\pm 350°$	$\pm 350°$

表 7-4　机器人末端位姿

位姿	1	2	...	9999	10000
$x_1/$mm	3101.72	3101.20		-1572.83	-1573.36
$y_1/$mm	6331.51	6331.42		3332.11	3331.60
$z_1/$mm	3428.02	3427.85		2428.22	2428.20
$\alpha_1/(°)$	11.78	11.87		11.78	11.69
$\beta_1/(°)$	-48.98	-49.00		48.98	48.97
$\gamma_1/(°)$	5.38	5.42		-5.38	-5.34
$x_2/$mm	3781.77	3781.03		-1308.35	-1308.81
$y_2/$mm	5729.70	5729.06		2718.95	2718.86
$z_2/$mm	4570.27	4570.06		3160.60	3160.82
$\alpha_2/(°)$	4.20	4.33		11.36	11.41
$\beta_2/(°)$	40.28	40.35		55.91	55.97
$\gamma_2/(°)$	-0.68	-0.61		-0.06	0.05
$x_3/$mm	2723.18	2722.93		-2184.52	-2185.06
$y_3/$mm	5959.15	5959.18		2969.60	2969.09
$z_3/$mm	4570.27	4570.06		3160.60	3160.82
$\alpha_3/(°)$	4.20	4.33		11.36	11.41
$\beta_3/(°)$	-40.28	-40.35		-55.91	-55.97
$\gamma_3/(°)$	-1.62	-1.56		-1.01	-0.90

　　将 9960 组机器人位姿和机器人转角作为训练样本，其中 x_i、y_i、z_i、α_i、β_i、γ_i（$i=1$, 2,3）表示支链 1、2、3 的末端位姿，网络的输入变量为多臂焊接机器人末端位姿 $\boldsymbol{x} = (x_1^h,$ y_1^h, z_1^h, α_1^h, β_1^h, γ_1^h, x_2^h, y_2^h, z_2^h, α_2^h, β_2^h, γ_2^h, x_3^h, y_3^h, z_3^h, α_3^h, β_3^h, $\gamma_3^h)^{\mathrm{T}}$（$h=1, 2, \cdots$, 9960），输出变量为多臂协同焊接机器人移动关节和转动关节运动量 $\boldsymbol{y} = (t_1^h$, t_2^h, t_3^h, θ_{14}^h,

θ_{15}^h，θ_{16}^h，θ_{21}^h，θ_{22}^h，θ_{23}^h，θ_{24}^h，θ_{25}^h，θ_{26}^h，θ_{31}^h，θ_{32}^h，θ_{33}^h，θ_{34}^h，θ_{35}^h，θ_{36}^h)^T，训练 GRNN，完成对多臂机器人逆运动学的计算。

（3）基于 GRNN 对多臂机器人逆运动学的计算 网络的输入变量为多臂协同焊接机器人末端位姿 $\boldsymbol{x} = (x_m^h，y_m^h，z_m^h，\alpha_m^h，\beta_m^h，\gamma_m^h)^T$（$m=1,2,3$；$h=1,2,\cdots,k$），$k$ 为数据样本的数目，输入变量维数为 18，x_m^h、y_m^h、z_m^h 为基坐标下机器人第 m 个末端位置的第 h 组数据样本值，α_m^h、β_m^h、γ_m^h 为基坐标下机器人第 m 个末端姿态的第 h 组数据样本值。输出变量为多臂协同焊接机器人移动关节和转动关节运动量 $\boldsymbol{y} = (t_n^h，\theta_s^h)^T$（$n=1,2,3$；$s=1,2,\cdots,15$；$h=1,2,\cdots,k$），输出变量维数为 18，$n$ 为机器人移动关节数目，s 为机器人转动关节数目，t_n^h、θ_s^h 分别为机器人移动关节和转动关节的运动量。通过数据样本，训练 GRNN。

输入层神经元的数目对应着输入变量的维数，输入层将输入变量传递给模式层。模式层神经元的数目对应着样本数目 k，其传递函数为

$$P_h = e^{-\frac{(x-x_h)^T(x-x_h)}{2\sigma^2}} \qquad (7-6)$$

式中，σ 为光滑因子；x 为网络输入变量；x_h 为第 h 个神经元对应的学习样本（$h=1,2,\cdots,k$）。

求和层使用两种类型神经元进行求和，分别为

$$S_D = \sum_{h=1}^{k} P_h \qquad (7-7)$$

$$S_l = \sum_{h=1}^{k} y_{hl} P_h (l=1,2,\cdots,18) \qquad (7-8)$$

式中，y_{hl} 是模式层第 h 个输出样本 y_h 中的第 l 个元素，即以这个元素当作模式层中第 h 个神经元与求和层中第 l 个神经元之间的连接权值。

输出层神经元的数目对应着输出变量的维数，各神经元的输出为两种求和结果相除，即

$$y = \frac{S_l}{S_D} \qquad (7-9)$$

将除去训练数据后剩余的数据样本作为测试数据，输入训练后的网络，得到机器人各个关节的预测值，即机器人各关节运动量的输入，并将预测值用于评价神经网络训练效果。

（4）误差分析 为了准确地评价预测模型的准确性，输入 N 组测试数据，使多臂机器人末端位于空间中不同位置，对每组轨迹点求解各个关节运动量的绝对误差，采用期望误差评价指标评判模型的预测效果，即

$$e_w = \frac{1}{N_u} \sum_{a=1}^{N_u} |q_{ap} - q_{as}| (w=1,2,\cdots,N) \qquad (7-10)$$

式中，q_{ap} 为预测的关节运动量；q_{as} 为理论关节运动量；N_u 为不同种类关节的数目，当计算移动关节运动量误差时，$N_u = 3$，当计算转动关节运动量误差时，$N_u = 15$。

将表 7-4 中其余 40 组的多机械臂末端位姿，作为测试数据，输入训练后的网络，得到机器人各个关节的预测值。15 个转动关节运动误差的期望值和 3 个平移关节运动误差的期望值，如图 7-15、图 7-16 所示。基于 GRNN 预测的机器人移动关节运动量误差平均值为 1.71×10^{-7} mm，转动关节运动量误差平均值为 1.34×10^{-7}°。结果表明，基于 GRNN 建立的多臂机器人逆解预测模型的预测精度很高。

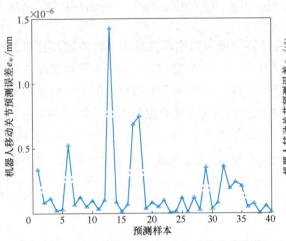

图 7-15　多臂协同焊接机器人逆运动学移动关节
预测值与理论值绝对误差图

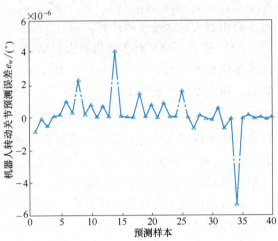

图 7-16　多臂焊接机器人逆运动学转动关节
预测值与理论值绝对误差图

第三节　基于知识的工艺设计

一、案例 1：基于规则推理的零件特征加工方案决策

零件特征加工方案的决策是指为零件上各个待加工的特征确定加工方案（加工链）。特征加工方案包括两个要素：①加工方法种类；②加工方法链。如单个圆孔的加工方案可以为钻→扩→粗铰→精铰，方案中有钻、扩、铰三种加工方法，同时加工方法链的长度为 4。

特征加工方案决策经验性强，目前还不能建立实用的数学模型和相应的通用算法来解决，许多决策依赖于经验知识，采用产生式规则知识建立专家系统是较为广泛的一种方法。

1. 特征加工方案决策知识表示及规则库构建

零件加工中所用到的钻、扩、铰、镗、半精镗、精镗等加工方法知识以规则的形式表示，特征加工方法以一定的优先级顺序集合在一起，形成规则库。通过调用相应的特征加工方法所对应的规则，即可推理出特征加工方案。下面以钻孔为例，介绍加工方法的规则表示。

一条完整的规则主要包括以下几个部分：

1）规则名称（Name）。概括性地描述该条规则。从名称中可以看出规则所对应加工方法的类型、输入特征、输出特征及优先级。例如，从毛坯（BLANK）到一阶通孔（STEP1HOLE），优先级为 100.5 的钻孔规则名称可表示为"S1H/DRILL/100.5"。

2）输入特征（Input Features）。表示加工前的特征。如加工前为毛坯（BLANK）、一阶通孔（STEP1HOLE）等。

3）输出特征（Output Features）。表示经过该方法加工后所获得的特征。如一阶盲孔（STEP1POCKET）、一阶通孔（STEP1HOLE）、二阶通孔（STEP2HOLE）等。

4）加工方法类型（Operation Class）。表示该规则所对应的加工方法。如钻孔（Drill）、镗孔（Bore）等。

5）优先级（Priority）。用于表示程序调用的优先顺序，数值越大，优先级越高。优先级的大小一般根据加工方法的成本来确定。例如，钻孔的成本比镗孔的成本低，故钻孔规则的优先级大于镗孔规则。

6）判断语句。判断某条规则是否适用，只有当所有判断语句均满足时，该规则才可能被调用。例如，判断孔特征所要求的公差是否在规则所定义的范围内，判断孔特征的直径是否在规则所定义的范围内等。

7）操作赋值语句。对加工操作的某些参数进行赋值。主要有切削间隙、切削深度等。以切削间隙赋值为例，由于切削间隙一般为常量，因此定义切削间隙=某常数（Constant）。

8）条件赋值语句。对刀具参数进行赋值。即对刀具最大切削深度、刀具底部倒角角度、刀柄直径、刀具直径、刀具长度、刀尖角、底部倒角及半径等进行条件赋值。

9）常数（Constants）。被规则所调用，主要用于规则内的判断和赋值，可自行定义其数值。

10）其他。如规则所适用的机床，规则所适用的零件材料等，均可自行定义。

以某企业的工艺条件和工艺习惯为基础，构建特征加工方案规则库。下面以最简单的一阶通孔的"钻"加工为例，说明规则库的构建过程。

（1）确定规则的基本属性　按照统一的规则表示方法确定规则的基本属性。见表7-5，将规则名称（Name）定义为"S1H/DRILL/100.5"，其加工方法类型（Operation Class）为钻（Drill），优先级（Priority）为100.5，输出特征（Output Features）为一阶通孔（STEP1HOLE），输入特征（Input Features）为毛坯（BLANK），表示采用本条规则所对应的加工方案，可以将毛坯加工成一阶通孔。此外，还定义了规则所对应的刀具资源库（Resources），"DRILL"表示对应了钻头资源库。

表 7-5　规则的基本属性定义

Name	S1H/DRILL/100.5
Operation Class（oper.）	Drill
Priority	100.5
Output Features（mwf.）	STEP1HOLE
Input Features（lwf.）	BLANK
Resources（tool.）	DRILL

（2）确定规则适用条件　在孔特征的加工方案决策过程中，需要考虑的因素有公差等级、特征直径、深径比、位置公差、表面粗糙度等。根据规则S1H/DRILL/100.5适用的条件，编写相应的规则语句。

1）判断公差是否在要求范围之内：

IT_class_ISO(

mwf. DIAMETER_1, mwf. DIAMETER_1_UPPER, mwf. DIAMETER_1_LOWER)

>= constant. C_MWF_REACH_IT_CLASS_DIAM_1

AND

IT_class_ISO(

mwf. DIAMETER_1 , mwf. DIAMETER_1_UPPER , mwf. DIAMETER_1_LOWER)

< constant. C_MWF_ALLOW_IT_CLASS_DIAM_MIN

其中，IT_class_ISO() 表示公差的代号；mwf. DIAMETER_1 输出特征的一阶直径；mwf. DIAMETER_1_UPPER 输出特征一阶直径的上限；mwf. DIAMETER_1_LOWER 输出特征一阶直径的下限；constant. C_MWF_REACH_IT_CLASS_DIAM_1 为常量，表示规则所对应加工方案可以达到的公差等级，在此处该常量设置为9；constant. C_MWF_ALLOW_IT_CLASS_DIAM_MIN 为常量，表示该规则所对应加工方案允许的最大公差等级，在此处该常量设置为18。

因此，本规则语句的含义：9≤输出特征的公差等级<18。

2）判断深径比是否小于设定的最大深径比：

mwf. DEPTH / mwf. DIAMETER_1 <= constant. C_MWF_ALLOW_L1_D1_MAX

3）判断特征直径是否在所属范围之内：

mwf. DIAMETER_1 >= constant. C_MWF_ALLOW_MIN_DIAM_1　　AND

mwf. DIAMETER_1 <= constant. C_MWF_ALLOW_MAX_DIAM_1

4）判断位置公差是否满足要求：

mwf. PositionTolerance>= constant. C_MWF_REACH_POS_TOL

5）判断特征孔表面粗糙度是否在所属范围之内：

mwf. SIDE_ROUGHNESS_1 >= constant. C_MWF_REACH_SIDE_ROUGHN_1

AND

mwf. SIDE_ROUGHNESS_1<= constant. C_MWF_ALLOW_SIDE_ROUGHN_MIN

（3）操作参数赋值　通过规则的基本属性及其适用条件，已经可以确定特征所采用的加工方案，接下来的步骤是对操作的一系列参数进行赋值，如确定切削间隙、切削深度、吃刀深、刀具直径、刀具长度等参数。

2. 特征加工方案决策流程

特征加工方案决策的过程是基于规则进行推理的过程，即一边搜索一边匹配。按照推理策略的不同可以将推理分为正向推理和逆向推理。在加工方案决策过程中，最初的状态和最终的状态（结论）都是已知的，所需要的是根据两者推理出中间的加工步骤，因此采用正向推理和逆向推理策略都是可行的。但由于正向推理的目的性不够强，在推理过程中会将许多无关的规则也纳入考虑，从而导致搜索效率不高；而采用逆向推理策略由于目标明确可以达到很高的搜索效率。因此，在加工方案决策过程中采用逆向推理策略更为合理。

规则库中的各条规则之间是有联系的，即某条规则的前提是另外一条规则的结论。按逆向推理思想，把规则的结论放在上层，把规则的前提放在下层，规则库的总目标作为根结点，按此原则从上向下展开，可连接成一颗推理树。

特征加工方案决策流程的具体规则调用逻辑如图7-17所示。

该决策流程进一步描述如下。

步骤1：获取输出特征类型，即确定最终所获得的是什么特征。

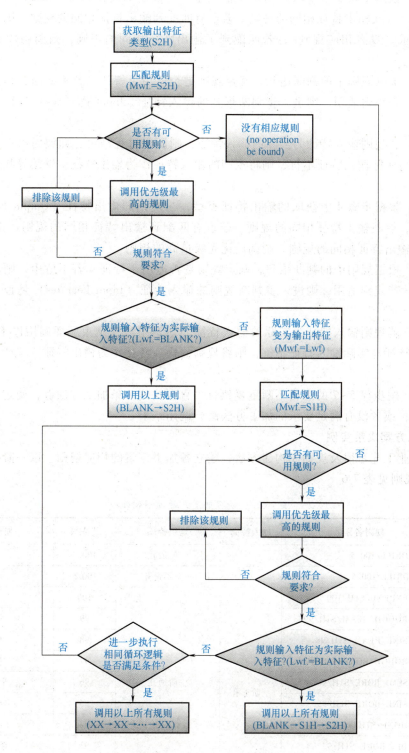

图 7-17 特征加工方案决策流程

步骤 2：根据步骤 1 中获取的输出特征类型，与规则的输出特征（Output Features）一项进行匹配，寻找输出特征相同的规则。若没有匹配到输出特征相同的规则，则规则调用过程结束，显示"没有相应规则"；若匹配到了输出特征相同的规则，则调用优先级最高的规则。

步骤 3：根据规则中的判断语句，确定规则是否适用于特征。若不适用，则排除该规则后转步骤 2；若规则适用，则进一步判断规则的输入特征（Input Features）是否为实际的输入特征。

步骤 4：若规则输入特征为实际的输入特征，则调用过程结束，即调用以上规则；若规则输入特征与实际输入特征不符，则将规则的输入特征作为输出特征，继续寻找前一步加工操作。

步骤 5：根据步骤 4 中获取的输出特征类型，与规则的输出特征（Output Features）一项进行匹配，寻找输出特征相同的规则。若没有匹配到输出特征相同的规则，则转步骤 2；若匹配到了输出特征相同的规则，则调用优先级最高的规则。

步骤 6：根据规则中的判断语句，确定规则是否适用于特征。若不适用，则排除该规则后转步骤 5；若规则适用，则进一步判断规则的输入特征（Input Features）是否为实际的输入特征。

步骤 7：若规则输入特征为实际的输入特征，则调用过程结束，即调用以上所有规则；若规则输入特征与实际输入特征不符，则将规则的输入特征作为输出特征，继续寻找前一步加工操作。

步骤 8：按步骤 5~7 的逻辑不断重复执行，直至找到一条加工方法链，确定调用所涉及的所有规则；或者没有满足要求的加工方法链，调用结束。

3. 加工方案决策实例

根据企业工艺习惯及规则库构建方法，建立各加工方案的相应规则。以一阶孔为例，构建的 23 条规则见表 7-6。

表 7-6　一阶孔加工方案规则列表

序号	规则名称	输入特征	输出特征	优先级	加工方案
1	S1H/DRILL/100.5	毛坯件	一阶通孔	100.5	钻
2	S1P/DRILL/100.5		一阶不通孔	100.5	钻
3	S1H/EXPEND/S1H/100			100	扩
4	S1H/ROUGH_REAM/S1H/99			99	粗铰
5	S1H/FINE_REAM/S1H/98			98	精铰
6	S1H/ROUGH_BORE/S1H/97			97	粗镗
7	S1H/SEMI_BORE/S1H/96	一阶通孔	一阶通孔	96	半精镗
8	S1H/FINE_BORE/S1H/95			95	精镗
9	S1H/HONE/S1H/94			94	珩磨
10	S1H/DIA_BORE/S1H/93			93	金刚镗
11	S1H/SPOT_FA/S1H/92			92	锪孔
12	S1H_TH/TAP/S1H/100		一阶螺纹通孔	100	攻螺纹

（续）

序号	规则名称	输入特征	输出特征	优先级	加工方案
13	S1H/EXPEND/S1P/100		一阶通孔	100	扩
14	S1P/EXPEND/S1P/100			100	扩
15	S1P/ROUGH_REAM/S1P/99			99	粗铰
16	S1P/FINE_REAM/S1P/98			98	精铰
17	S1P/ROUGH_BORE/S1P/97			97	粗镗
18	S1P/SEMI_BORE/S1P/96	一阶不通孔	一阶不通孔	96	半精镗
19	S1P/FINE_BORE/S1P/95			95	精镗
20	S1P/HONE/S1P/94			94	珩磨
21	S1P/DIA_BORE/S1P/93			93	金刚镗
22	S1P/SPOT_FA/S1P/92			92	锪孔
23	S1P_TH/TAP/S1P/100		一阶螺纹不通孔	100	攻螺纹

采用类似方法可依次构建二阶孔、多阶孔及平面加工的相应规则。

如图 7-18 所示为某发动机缸体模型，选取该发动机缸体上的十类主要孔特征作为实例，对其进行加工方案决策。十类主要孔特征及其部分参数见表 7-7。

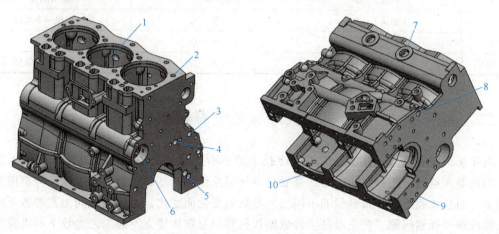

图 7-18　发动机缸体的图以及相应的孔标示

表 7-7　十类主要孔特征及其部分参数列表

特征编号	特征名称	尺寸精度等级	表面粗糙度/μm
1	缸孔 3×φ102	7 级	1.6
2	14×M12 螺纹孔	6 级	—
3	主油道孔 φ14	8 级	3.2
4	惰轮轴孔 φ14	8 级	3.2
5	机油泵孔 φ16	8 级	3.2
6	凸轮轴孔 φ50	7 级	1.6
7	水闷孔 2×φ30	8 级	3.2

（续）

特征编号	特征名称	尺寸精度等级	表面粗糙度/μm
8	主油道孔 φ14	8级	3.2
9	定位孔 2×φ10	8级	1.6
10	定位孔 2×φ14	8级	1.6

利用所构建的规则库，并依据多个加工方案的决策流程进行决策，获得的加工方案决策结果见表7-8。

表 7-8　特征多加工方案决策结果

特征编号	特征名称	加工方案 1	加工方案 2
1	缸孔 3×φ102	粗镗—半精镗—精镗	—
2	14×M12 螺纹孔	钻—攻丝	—
3	主油道孔 φ14	钻—扩—铰	钻—粗镗—半精镗
4	惰轮轴孔 φ14	钻—扩—铰	钻—粗镗—半精镗
5	机油泵孔 φ16	钻—扩—铰	钻—粗镗—半精镗
6	凸轮轴孔 φ50	粗镗—半精镗—精镗	粗扩—精扩—精镗
7	水闷孔 2×φ30	锪—铰	粗镗—精镗
8	主油道孔 φ14	钻—扩—铰	钻—粗镗—半精镗
9	定位孔 2×φ10	钻—扩—铰	—
10	定位孔 2×φ14	钻—扩—铰	钻—粗镗—半精镗

二、案例2：大平面机器人喷涂工艺参数优化

近年来，随着机器人技术、人工智能技术的不断发展，机器人喷涂正逐步取代人工喷涂，而机器人喷涂工艺参数的决策是开展自动化喷涂作业的基础。由于漆膜厚度分布模型很难建立，而且漆膜厚度分布模型随不同工艺参数的变化而变化，为解决不同工艺参数下的机器人喷涂路径规划问题，首先通过实验数据和机器学习算法建立不同工艺参数下的漆膜厚度分布模型，在此基础上，确定最优的喷涂工艺参数，保证漆膜厚度均匀。

1. 喷涂工艺参数实验

为寻找漆膜厚度分布规律，首先进行喷涂实验。考虑到喷涂装置、涂料特性等在同一喷涂机器人或者同一批喷涂作业来说是不变的，所以重点选择喷枪喷嘴和被喷涂表面的距离（h）、喷嘴雾幅宽度（w_1）、喷枪移动速度（v）三个喷涂工艺参数展开实验研究。为了获得足够的实验分析数据，采用正交实验设计法设计实验。w_1、h、v 的实验参数取值见表7-9。

表 7-9　正交实验因素水平表

因素	w_1/cm	h/cm	v/(mm·s^{-1})
Level 1	20	20	600
Level 2	25	25	700

（续）

因素	w_1/cm	h/cm	v/(mm·s^{-1})
Level 3	30	30	800
Level 4	35	35	900
Level 5	40	40	1000

选择 L25（56）正交实验方案进行实验，具体实验方案见表7-10，其中实验编号表示实验的次数。根据正交实验表中的喷涂工艺参数进行喷涂实验，获取测量点的漆膜厚度数据。

表 7-10　正交实验参数表

实验编号	因素		
	w_1/cm	h/cm	v/(mm·s^{-1})
1	25	30	800
2	25	35	700
3	25	25	900
4	25	40	600
5	25	20	1000
6	30	30	900
7	30	35	800
8	30	25	1000
9	30	40	700
10	30	20	600
11	20	30	700
12	20	35	600
13	20	25	800
14	20	40	1000
15	20	20	900
16	35	30	700
17	35	35	600
18	35	25	1000
19	35	40	900
20	35	20	800
21	40	30	800
22	40	35	700
23	40	25	600
24	40	40	1000
25	40	20	900

2. 基于 GA 的漆膜厚度 β 分布模型

漆膜厚度的离散数据的典型分布如图 7-19 所示，大致呈中间厚、两边薄分布，可以用

β 分布函数表征。在不同的喷涂工艺参数下，漆膜的分布情况不同，所对应的 β 分布函数也会有差异。为解决这一问题，采用遗传算法（Genetic Algorithm，GA）来确定多个不同的 β 分布模型。

在喷涂过程中，如果喷枪一直匀速运动，那么每个截面处的漆膜分布可以认为是不变的，所以假设每一截面处的漆膜分布函数均为

$$T(x) = T_{\max}\left(1 - \frac{4x^2}{w^2}\right)^{\beta-1} \tag{7-11}$$

式中，x 为图 7-20 所示位置坐标；$T_{\max}$ 为最大漆膜厚度；w 为雾幅宽度，即 x 轴方向的最大值；β 为 β 分布函数中的一个待定参数；$T(x)$ 为对应 x 轴坐标下的漆膜厚度值。其漆膜厚度分布如图 7-20 所示。

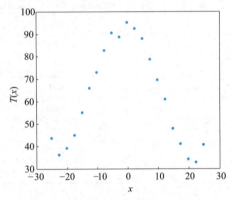

图 7-19　漆膜厚度测量值分布图

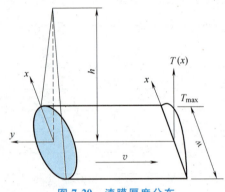

图 7-20　漆膜厚度分布

建立的优化数学模型，见式（7-12），采用 GA 对 $T_{\max}$、w 和 β 求解。

$$f_1 = \min \sum_{i=1}^{n}\left[T_i - T(x_i)\right]^2$$

$$\begin{cases} T(x) = T_{\max}\left(1 - \dfrac{4x^2}{w^2}\right)^{\beta-1} \\[2mm] 60 < T_{\max} < 200 \\[1mm] 0 \leqslant w \leqslant 120 \\[1mm] 1 < \beta < 10 \end{cases} \tag{7-12}$$

设置种群数量为 800，进化代数为 200，交叉概率和变异概率分别为 0.8 和 0.2。将前 15 组实验的实验数据进行计算，得到对应 β 分布模型的 $T_{\max}$、w 及 β。其值对应见表 7-11。

表 7-11　β 分布模型关键参数表

实验编号	$T_{\max}/\mu\mathrm{m}$	w/cm	β
1	81.03	86.00	6.50
2	75.59	89.09	6.93
3	118.29	71.22	8.00
4	89.31	81.95	4.33
5	164.21	60.41	7.19

（续）

实验编号	$T_{max}/\mu m$	w/cm	β
6	72.55	90.94	4.12
7	81.64	85.72	3.30
8	82.29	85.39	8.00
9	73.25	90.50	3.58
10	160.98	61.01	4.63
11	81.66	85.72	3.63
12	79.65	86.79	3.05
13	86.42	83.31	4.64
14	54.87	104.57	3.28
15	99.53	77.61	6.49

3. 基于 BP 神经网络对漆膜分布规律的推广

前面基于遗传算法对已有的实验数据进行了分析，计算出了漆膜厚度分布的 β 分布模型。这种方法只能对已有的实验数据进行分析计算，即在特定喷涂工艺参数下获得的实验数据，对应特定的漆膜分布规律，而对于没有实验数据的喷涂工艺参数组合，这种方法无能为力。为解决这一问题，采用 BP 神经网络来预测在不同喷涂工艺参数组合下，漆膜厚度的分布情况。

在已有的实验组合下，将遗传算法优化得到的 β 分布模型中的关键参数 T_{max}、w、β 作为 BP 神经网络训练的输出，实验中的喷涂工艺参数 w_1、h、v 作为 BP 神经网络训练的输入，将训练后的 BP 神经网络用于在其他喷涂工艺参数组合下对 β 分布函数中关键参数的预测，即对漆膜厚度分布的预测。从而实现从实验中获得漆膜厚度分布规律到对漆膜厚度分布模型的推广泛化。获得每一组喷涂工艺参数下 β 分布模型中的 T_{max}、w、β 后，代入 β 分布模型计算漆膜厚度分布，得到漆膜厚度分布与喷涂距离之间的三维漆膜厚度分布如图 7-21 所示。

4. 漆膜搭接宽度优化

大平面喷涂时喷枪的移动轨迹如图 7-22 所示。由于在不同的喷涂工艺参数下，漆膜厚度的分布情况不同，因此漆膜的搭接宽度 d 需要根据漆膜厚度的分布进行优化计算，以保证

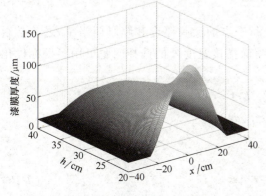

图 7-21　三维漆膜厚度分布

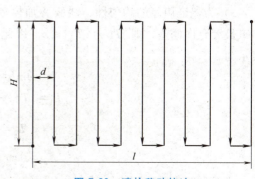

图 7-22　喷枪移动轨迹

211

漆膜厚度均匀、喷涂时间最短。以漆膜厚度最均匀、喷涂时间最短即喷涂效率最高为优化目标，喷涂搭接宽度 d 为优化变量，喷涂搭接模型上每个点的漆膜厚度和期望膜厚 T_d 之差小于最大允许偏差 ε 为约束条件，建立漆膜的搭接宽度 d 最优化问题数学模型进行求解。

合理的漆膜叠加宽度取值可以保证大平面上漆膜厚度的均匀性和较高的喷涂效率。要确定漆膜叠加宽度，首先需要知道漆膜叠加时的漆膜厚度分布情况。以两个有偏移的喷枪行程为例，其搭接区域的漆膜厚度分布规律如图 7-23 所示。

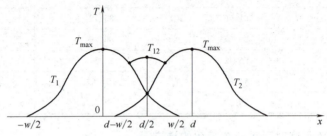

图 7-23　漆膜重叠区域涂层厚度分布

任意点处的漆膜厚度为

$$
\begin{aligned}
T_{12} &= T(x) + T(x-d) \\
&= T_{max}\left(1-\frac{4x^2}{w^2}\right)^{\beta-1} + T_{max}\left[1-\frac{4(x-d)^2}{w^2}\right]^{\beta-1}
\end{aligned}
\tag{7-13}
$$

式中，$T(x)$ 为对应 x 轴坐标下的漆膜厚度值，参见式（7-11）；d 为两个喷漆行程的间距；w 为单枪下漆膜的宽度；T_{max} 为单枪漆膜厚度最大值。

1）由搭接区域漆膜厚度分布可知，漆膜厚度由 3 个点控制。要使漆膜厚度最均匀，必须保证漆膜在 $x=d/2$ 处的累积厚度和 $x=0$ 或 $x=d$ 处的厚度偏差 L_1 最小。

$$
L_1 = \left| T(0) - 2 \cdot T\left(\frac{d}{2}\right) \right|
\tag{7-14}
$$

2）喷涂效率最高，即完成同一平面喷涂的时间最短。如图 7-22 所示，喷枪在竖直方向上的移动速度恒定为 v，平面的宽为 l，高度为 H，漆膜搭接宽度为 d，忽略横向移动时耗费的时间，则完成一块平面的喷涂所需的时间为

$$
L_2 = \frac{l}{d} \cdot \frac{H}{v}
\tag{7-15}
$$

3）为保证膜厚的均匀性，漆膜叠加模型上每个点的漆膜厚度和膜厚期望 T_d 之差必须小于最大允许偏差，即 $|T(x)-T_d| \le \varepsilon$。因此，喷涂搭接宽度 d 的选择问题可用多目标优化表示为

$$
\min L = (L_1, L_2)
$$
$$
L_1 = \left| T_{max} - 2 \cdot T(d/2) \right|
$$
$$
L_2 = \frac{l}{d} \cdot \frac{H}{v}
$$
$$
s.t. \ \left| T(x) - T_d \right| \le \varepsilon
\tag{7-16}
$$

为了说明大平面漆膜厚度的分布规律，首先设定大平面上的目标漆膜厚度为 $80 \sim 90 \mu m$。

然后在正交实验中筛选出符合要求的实验组，其中第 1、4、7、8、16、18 组的最大漆膜厚度满足要求。

以第 16 组实验为例，说明整个计算过程。第 16 组实验的喷涂工艺参数为 $w_1 = 35\,\mathrm{cm}$，$h = 30\,\mathrm{cm}$，$v = 700\,\mathrm{mm/s}$，根据遗传算法得到的 β 分布函数中的关键参数为 $T_{\max} = 81.66\,\mu\mathrm{m}$，$w = 85.7176\,\mathrm{cm}$，$\beta = 3.6343$。设定平面的大小为长度 $l = 1000\,\mathrm{mm}$，高度 $H = 10000\,\mathrm{mm}$。

运用 NSGA-II 算法，按照式（7-16）添加适应度函数、约束条件和边界条件，并调整 NSGA-II 算法的参数。设置种群数量为 80，Pareto 边界种群比例为 0.35，最大迭代步数为 100。运行 NSGA-II 算法后，得到 28 组非劣解，结果见表 7-12。

表 7-12　优化得到的非劣解表

编号	优化目标 $1(L_1/\mu\mathrm{m})$	优化目标 $2(L_2/\mathrm{s})$	d/cm
1	1.66	342.11	41.76
2	80.92	178.57	80.00
3	73.26	202.73	70.47
4	50.02	244.74	58.37
5	60.83	226.30	63.13
6	9.92	321.79	44.39
7	44.62	253.96	56.25
8	33.78	273.12	52.31
9	76.14	195.92	72.92
10	18.63	302.62	47.21
11	70.56	208.39	68.55
12	1.66	342.11	41.76
13	52.52	240.50	59.40
14	12.36	316.23	45.18
15	64.74	219.38	65.12
16	30.68	278.83	51.23
17	36.38	268.41	53.22
18	26.97	285.87	49.97
19	49.15	246.23	58.02
20	24.06	291.56	49.00
21	69.04	211.38	67.58
22	54.12	237.80	60.08
23	40.70	260.77	54.78
24	21.93	295.83	48.29
25	67.98	213.40	66.94
26	55.88	234.81	60.84
27	78.24	189.97	75.20
28	16.08	308.01	46.38

从表 7-12 中可以看到，优化目标 1 的最小值为 1.66，其对应的优化变量 d 取值为 41.76，说明此时漆膜厚度是最均匀的，漆膜最厚和最薄处只相差 $1.66\,\mu\mathrm{m}$。此时，喷涂的效

率相较于其他组非劣解相对较低，因为其漆膜叠加厚度相对更小，需要的迂回次数更多。比较漆膜厚度最均匀和喷涂效率最高这两个优化目标，前一个目标是为保证喷涂质量，是喷涂过程中最需关注的因素。因此，这一优化目标的优先级更高，最终确定漆膜叠加宽度为 41.76cm。

综上所述，以雾幅宽度 $w_1 = 35$cm，距离 $h = 30$cm，喷枪速度 $v = 700$mm/s，漆膜叠加宽度 $d = 41.76$cm 进行喷涂作业时，喷涂质量最好。

运用 MATLAB 进行仿真，仿真结果如图 7-24 所示。可以看出，其工作表面的漆膜厚度比较均匀，漆膜厚度偏差在允许的范围内，说明计算结果可信。

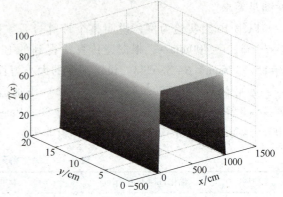

图 7-24　叠加后的漆膜厚度分布

第四节　汽车发动机缸体柔性加工生产线智能规划系统

一、加工生产线规划步骤

柔性加工线设计是一项复杂的工作，需要统筹产品、设备、控制等各个方面。生产线设计的优劣直接关系到投资成本、产品质量、生产线效率等，尤其是针对发动机缸体、缸盖等加工操作多、约束关系复杂的箱体类零件，要设计一条符合要求且构型最优的生产线更是一件费时费力的工作。

机械加工生产线设计的具体步骤（图 7-25）如下：

1）零件分析。对零件加工特征进行识别，确定加工方法，并描述加工操作。

2）工艺规划。确定将毛坯转化为零件的具体加工工艺过程，同时需要在准确理解零件功能、技术要求和加工条件的基础上明确约束关系，如加工操作之间的优先级、同工位和异工位约束关系等。

3）构型设计和线平衡。确定生产线构型并求解线平衡问题。考虑加工操作之间的约束

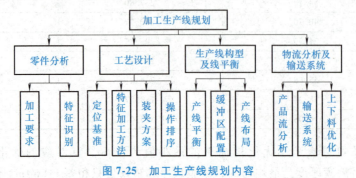

图 7-25　加工生产线规划内容

关系，将加工操作分配到工位，以满足生产线成本、生产效率和零件加工质量等要求，即对生产线进行设备选择、线平衡、缓冲区配置等优化设计，以使生产线构型方案更优。

4）动态性能分析和物流系统设计。在构型设计与线平衡方案的基础上，考虑生产过程随机事件的影响，仿真分析整线动态性能，同时对生产线中的输送系统、上下料设备等进行设计和选择，最后优化整体布局，确定设备位置。

5）详细设计和生产线的具体实施。整合构型、平衡和物流等设计环节，完成生产线详细设计方案，并构建实际生产系统。

二、缸体加工生产线智能规划系统结构

缸体柔性加工生产线由若干顺序排列的工位组成，每个工位包含一台或多台机床（数控加工中心），工位之间由输送系统传输零件，每个工位的所有机床都在每一节拍时间里重复执行相同的任务集合。以往针对复杂零件的加工线设计大多是依靠设计人员的经验或以相似零件的加工线为参考，系统性不强，设计理论还不成熟，很难达到全局最优的结果。缸体加工生产线智能规划系统主要包括特征识别、特征加工方案决策、加工参数优化、加工操作排序与平衡分配等功能，系统框架结构如图 7-26 所示。

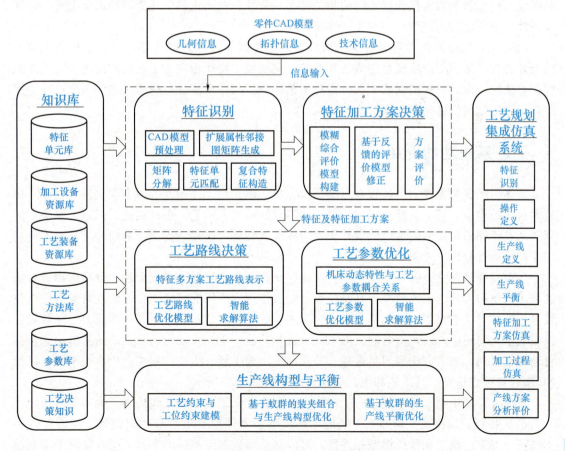

图 7-26　缸体加工生产线设计系统框架结构

（1）加工特征识别　为实现加工特征的自动识别，首先对零件三维 CAD 模型数据进行预处理，获得特征加工面，构建零件加工面扩展属性邻接图。通过分解获得最小属性邻接图，并与预定义的特征元匹配，获得特征因子。在此基础上，为满足特征识别结果工艺性的要求，对特征因子聚类，构造复合加工特征。将自动识别和交互工艺特征定义有机结合，解决复杂特征、相交特征识别困难和面向不同应用的多种特征解释问题。

（2）生产线工艺与生产线构型决策　分析特征加工方案决策、加工操作排序、加工操作分配与平衡等生产线规划各活动之间的偏序关系、问题的结构和特性，将生产线规划各阶段问题有机集成，给出相应的集成优化策略。构建制造资源约束的零件特征加工方案模糊综合评价模型，寻求加工质量最优和资源配置最为合理的特征加工方案。在此基础上开发加工方案选择与加工操作排序协同优化算法，以及生产线构型与平衡集成优化算法，以获取最优生产线构型方案。

（3）关键工艺参数优化　针对零件切削加工过程中的局部关键工序，分析工艺装备动态特性与工艺过程的交互作用，实现工艺装备动态行为约束下的工艺参数优化。

（4）知识库构建　为提高生产线规划的合理性，抽象和归纳加工设备、工艺装备等制造资源信息、工艺方法和工艺参数知识、工艺决策方法和生产线性能分析与优化算法等结构化和非结构化知识，建立能够准确描述各类知识的可扩展模型。通过集成的知识模型协调机制保证结构化和非结构化数据之间的相关性和一致性，在知识归一化处理的基础上建立缸体生产线规划的动态知识库，实现生产线智能规划。

（5）生产线规划仿真系统搭建　构建集工艺仿真、工艺控制策略、多方案分析决策及综合评价为一体的生产线规划集成仿真系统，完成加工特征识别、工艺路线优化、工艺参数优化算法的开发，根据规划的工艺方案对工艺路线、工序工步进行模拟仿真，为生产线方案的确定和优化提供选择和寻优策略的依据。

三、系统功能介绍

缸体生产线智能规划系统旨在对生产线、加工单元到工序操作的所有层次进行设计、仿真和优化的集成。基于系统知识库，对缸体零件的机加工工艺、生产线进行规划，解决方案涵盖从设计评估到详细的生产线设计和生产线调试的整个过程，提供一系列的工具对零件加工生产线进行分析、规划和仿真。

生产线规划系统能够自动识别加工特征、允许定义不同的生产线配置、自动选择最合适的加工操作和刀具、生成数控刀具路径和分配操作到生产线的相应工位。通过对每个装夹位置进行机加工工艺分析、优化机加工工艺和加工顺序，从而提高生产线生产能力，降低设备投资成本，缩短生产线调试时间。为了实现这些功能，生产线规划仿真系统的基础功能包括自动特征识别、加工方法和刀具选择、刀具加工轨迹生成、生产线定义、生产线平衡，以及 NC 编程和整线仿真。其工艺和生产线规划流程如图 7-27 所示。

系统有特征识别、操作创建、生产线定义、生产线平衡和生产线仿真五大功能模块。

（1）特征识别模块　对导入系统的毛坯模型和零件模型可以自动识别其上所需要的加工特征。将毛坯模型和零件模型相连接，可以自动得到加工特征的参数。同时提供手动创建加工特征和修改已识别特征的参数的功能，还可以定义不同特征之间的层次关系。

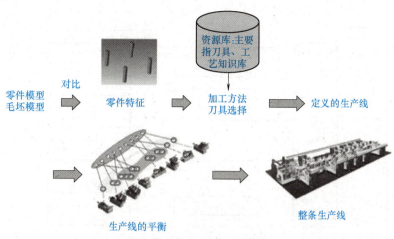

图 7-27　工艺和生产线规划流程

（2）操作创建模块　对识别的特征依据知识库存储的加工工艺知识自动创建特征的加工操作，生成刀具轨迹并自动计算工艺参数。同时提供手动修改功能。

（3）生产线定义模块　通过该模块可以定义零件的生产线，确定生产线的构型模式、工位数量、机床数量等。

（4）生产线平衡模块　根据之前模块已经定义好的生产线，为各工位设置节拍，刀具库最大刀具数量。系统根据约束限制，可以自动将所有操作分配到工位上，最终实现生产线的平衡。

（5）生产线仿真模块　提供生产线的虚拟仿真功能。利用虚拟的机床三维模型和运动机构，以及指定的机床控制器，进行三维材料切除仿真、碰撞自动检验和循环时间计算。

同时，该系统采用了前述的数据库、知识库技术，建立了相应的知识库、数据库系统，将整个工艺规划过程所需要用的数据和知识存储其中，使得系统模块之间的数据交流更加流畅。

四、系统工作过程

生产线规划系统能够实现对零件的机加工生产线的规划设计，可对生产线及详细的工位进行设计，覆盖零件生产的完整加工工艺，生产线规划流程如图 7-28 所示。

工艺规划集成系统的使用首先需针对企业的个性化加工需求，编写具有针对性的加工环境库，使工艺规划的过程与结果更接近企业的实际加工情况，加工环境库以 XML 的形式可以实现在软件中的导入/导出，工艺规划过程在此特定加工环境下进行。加工环境库主要包括资源库和知识库。资源库中包括加工中的各种资源，如机床、刀具、夹具等；知识库主要包括加工中的工艺知识，如材料、加工方法及工艺规则。

五、缸体加工生产线规划案例

下面以图 7-29、图 7-30 所示的发动机缸体为例，详细介绍缸体加工生产线在系统中进行规划仿真的过程。

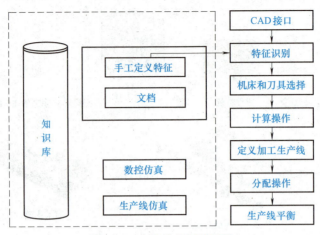

图 7-28　生产线规划流程图

（1）特征识别　系统可根据零件和毛坯的三维模型，自动计算出机加工特征。首先将用 SOLIDWORKS 建立的毛坯（图 7-29）和零件模型（图 7-30）以 STEP 格式导入，通过计算得到绝大多数特征，通过人工添加部分无法识别的特征及工艺参数，得到完整的加工特征信息。

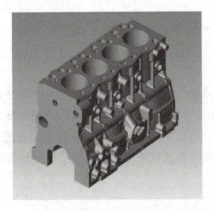

图 7-29　缸体毛坯模型

图 7-30　缸体零件模型

识别出的加工特征三维模型如图 7-31 所示。

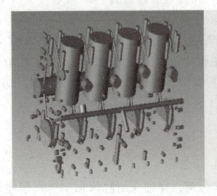
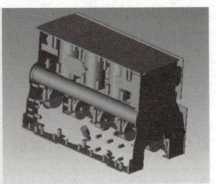

图 7-31　识别的加工特征

（2）特征加工操作计算 加工操作是指在一道工序中刀具连续切削加工的动作。为了使系统中选择的加工方法与实际情况一致，可将企业用到的机床信息添加到软件中。同理，将实际加工中需要的刀具信息在软件中进行建模。定义机床和刀具库信息后，在软件中自动推理出特征的加工操作，如图 7-32 所示。

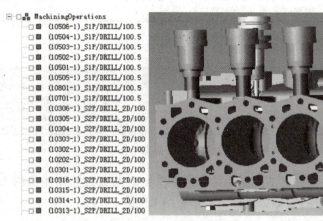

图 7-32 加工操作计算示意

该缸体零件有 56 个特征，如图 7-33 所示。通过推理计算后得到 115 个操作。

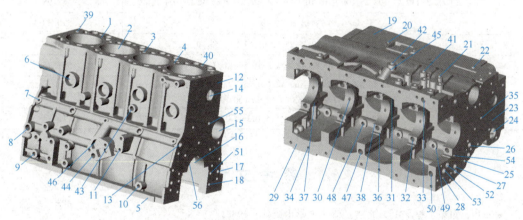

图 7-33 加工特征编号

（3）生产线定义 根据企业的已有加工资源，考虑工艺路线设计的原则，生产线上共有 6 个工位，各工位采用工作台相同的 B 轴旋转的 4 轴卧式加工中心进行加工，其设备数量、装夹方式和加工范围由表 7-13 给出，加工范围（ob）i 代表该工位可分配 i 面上的倾斜方向操作。

表 7-13 生产线构型及工位装夹方式、加工范围

工位编号 i	机床数	装夹方式	加工范围 R_i
1	1	底面向下,缸孔定位	2 3 4 5
2	1	左侧面向下,一面两销	1 2 5 6
3	2	后端面向下,一面两销	（ob）1 （ob）3 （ob）4 （ob）6

（续）

工位编号 i	机床数	装夹方式	加工范围 R_i
4	1	后端面向下，一面两销	(ob)1 (ob)3 (ob)4 (ob)6
5	2	左侧面向下，一面两销	1 2 5 6
6	2	左侧面向下，底面一面两销	1 2 5

缸体在各个工位上的装夹姿态如图 7-34 所示。

图 7-34　生产线上缸体的装夹姿态

（4）生产线平衡　生产线平衡是将特征的操作按照一定的约束分配到相应的工位。利用优化算法对该缸体工艺路线进行规划，生产线的平衡结果见表 7-14。

表 7-14　生产线最优平衡方案

工位号	操作序列	工位时间
1	23 28 29 112 47 108 25 109 9 15 10 11 91 89 19 20 38 35 36 53 104 33 30	562.98
2	76 77 78 26 27 49	570.59
3	12 13 92 90 93 14 17 18 21 22 61 62 1 3 5 8 79	1139.7
4	40 86 45 87 46 83 41 42 84 85 88 43 44 6 7 16 59 70 71 60 94 96 95 68	567.75
5	50 101 102 113 31 57 58 105 106 54 51 52 114 75 110 111 56 48 55 73 74 67 99 69 97 98 72 63 64 65 66 100 107	1139.7
6	80 2 81 4 82 39 24 34 115 103 32 37	1137.4

参 考 文 献

[1]　史忠植. 知识工程 [M]. 北京：清华大学出版社，1988.

[2]　陈文伟，陈晟. 知识工程与知识管理 [M]. 2 版. 北京：清华大学出版社，2016.

[3]　王万良. 人工智能导论. [M]. 5 版. 北京：高等教育出版社，2020.

[4]　李爱平，王龙涛，刘雪梅. 起重机桥架广义模块化快速设计的研究与实现 [J]. 中国工程机械学报，2009，7 (4)：421-427.

[5]　曾氢菲，刘雪梅，邱呈溶. 多臂协同焊接机器人运动学逆解及误差分析 [J]. 焊接学报，2019，40 (11)：21-27.

[6]　刘雪梅，刘涛，杨连生，等. 平面喷涂漆膜厚度分布规律研究与搭接参数优化 [J]. 表面技术，2018，47 (9)：116-124.

[7]　李爱平，朱璟，陆嘉庆，等. 发动机缸体加工方案选择与操作排序协同优化 [J]. 同济大学学报（自然科学版），2016 (7)：1084-1090.

[8]　李爱平，鲁力，王世海，等. 复杂箱体零件柔性机加工生产线平衡优化 [J]. 同济大学学报（自然科学版），2015，43 (4)：625-632.

习　题

1. 专家系统的基本结构包括哪几部分？每部分的主要功能是什么？
2. 专家系统和传统程序的区别是什么？
3. 专家系统的发展经历了哪几个阶段？
4. 试开发一个简单箱体零件的工艺规划专家系统。
5. 请采用 BP 神经网络对图 7-12 所示的机器人支链 1 进行运动学逆解求解。